高等职业教育计算机教育新形态系列教材

计算机网络技术

姜　雪　焦永杰　张世民◎主　编
张　楠　吕品品　陶　凯　王馨宇◎副主编

中国铁道出版社有限公司
CHINA RAILWAY PUBLISHING HOUSE CO., LTD.

内 容 简 介

本书是高等职业教育计算机教育新形态教材，针对高等职业教育计算机网络技术课程大纲和职业教育特点编写，知识与技能相融合，教学做一体化。本书共七个单元，包括认识计算机网络、网络设备和传输介质的使用、IP 协议与网络地址规划、中小型计算机网络构建、中小型计算机网络基础管理、无线网络构建、Internet 接入等内容。各单元均配有可通过华为 eNSP 模拟器来完成的实训任务，避免了不具备实物实训条件的情况；另外，配有拓展知识、心灵启迪、思考与练习。附录为一些相关的专业基础知识，以助力所学知识的融会贯通。

本书在智慧树平台开设了在线精品课程，有丰富的在线资源，可线上、线下相结合，自主学习与交流互动形成互补，全方位提升学习效果。

本书适合作为高等职业院校计算机相关专业教材，也可作为计算机培训教材及计算机从业人员和爱好者的参考书。

图书在版编目（CIP）数据

计算机网络技术 / 姜雪，焦永杰，张世民主编 . —北京：中国铁道出版社有限公司，2023. 8（2025. 8 重印）
高等职业教育计算机教育新形态系列教材
ISBN 978-7-113-30435-5

Ⅰ.①计… Ⅱ.①姜… ②焦… ③张… Ⅲ.①计算机网络 - 高等职业教育 - 教材 Ⅳ.① TP393

中国国家版本馆 CIP 数据核字（2023）第 142437 号

书　　名： 计算机网络技术
作　　者： 姜　雪　焦永杰　张世民

策　　划： 祁　云　　　　**编辑部电话：**（010）63549458
责任编辑： 祁　云　徐盼欣
封面设计： 刘　颖
责任校对： 刘　畅
责任印制： 赵星辰

出版发行： 中国铁道出版社有限公司（100054，北京市西城区右安门西街 8 号）
网　　址： https://www.tdpress.com/51eds
印　　刷： 三河市兴达印务有限公司
版　　次： 2023 年 8 月第 1 版　2025 年 8 月第 2 次印刷
开　　本： 850 mm×1 168 mm 1/16　**印张：** 11.5　**字数：** 301 千
书　　号： ISBN 978-7-113-30435-5
定　　价： 36.00 元

前 言

网络已经成为人们工作、学习和生活中非常重要的一部分，网信事业发展水平是衡量一个国家综合国力的新维度。在我国大力实施网络强国战略的新时代，计算机网络技术不仅是高等院校计算机及其相关专业的专业基础课，而且也是许多其他专业的选修课。

本书根据高等职业院校计算机网络技术课程教学要求编写，知识与技能相融合，教学做一体化，共七个单元，分别是：第 1 单元认识计算机网络，介绍计算机网络的形成与发展、功能、分类、性能指标、组成、体系结构和拓扑结构；第 2 单元网络设备和传输介质的使用，讲解网卡及其使用、双机互联组建对等网络、物理层和数据链路层协议、局域网常用的连接设备和以太网；第 3 单元 IP 协议与网络地址规划，讲解 IP 协议与 IP 地址、特殊 IP 地址与子网掩码、子网划分、IP 数据报格式和 IPv6 协议；第 4 单元中小型计算机网络构建，讲解交换机的工作原理、交换机的帧转发方式、交换机互联、VLAN 划分、路由器的工作原理及路由选择算法；第 5 单元中小型计算机网络基础管理，讲解传输层协议、TCP 和 UDP 协议、ARP 和 RARP 协议、ICMP 协议和常用的网络管理命令的使用；第 6 单元无线网络构建，介绍无线局域网标准及其组建模式；第 7 单元 Internet 接入，介绍 Internet 的接入方式和网络地址转换。

本书在智慧树平台开设了在线精品课程“计算机网络技术”，该课程在 2022 年 3 月入选国家智慧教育公共服务平台——智慧高教课程，读者可线上、线下相结合，自主学习与交流互动形成互补，全方位提升学习效果。本书的在线教学资源多样，包括各单元的教学视频、课件、随堂测验、讨论和单元作业与单元测试等。另外，根据线上 + 线下的学时安排，本书的课程网站还提供了每周学习内容及导学单、每周预习测试、实验指导书、每周课程思政主题等补充在线资源，学生可以有效利用闲散时间随时随地学习，及时和同学或老师针对存在的问题进行沟通交流，让学生轻松愉悦地学习网络知识。

考虑到高等职业教育以技术应用为目的，且学制较短，导致专业基础理论相对薄弱的问题，本书在编写时，各单元除了必要的重点和难点以外，均增加了专业拓展知识，并在附录部分补充了相关的基础理论知识，为读者夯实专业基础、将所学知识融会贯通，以及在专业上的可持续发展奠定了基础。为了避免因不具备实物条件而无法开展实验的情况，本书中的实训任务均通过华为 eNSP 模拟器来实现，让实践环节真正落到实处。

本书由姜雪、焦永杰、张世民任主编，张楠、吕品品、陶凯、王馨宇任副主编。

由于编者水平有限，书中疏漏和不妥之处在所难免，敬请广大读者批评指正。

为了解决本书中的疑难问题，读者可以访问智慧树平台或者国家智慧教育公共服务平台——智慧高教课程的“计算机网络技术”课程网站之“问答”板块，也可以发送邮件至 913617153@qq.com，课程专员将全力为您服务。

编 者

2023 年 6 月

目　录

第1单元 认识计算机网络

知识导图

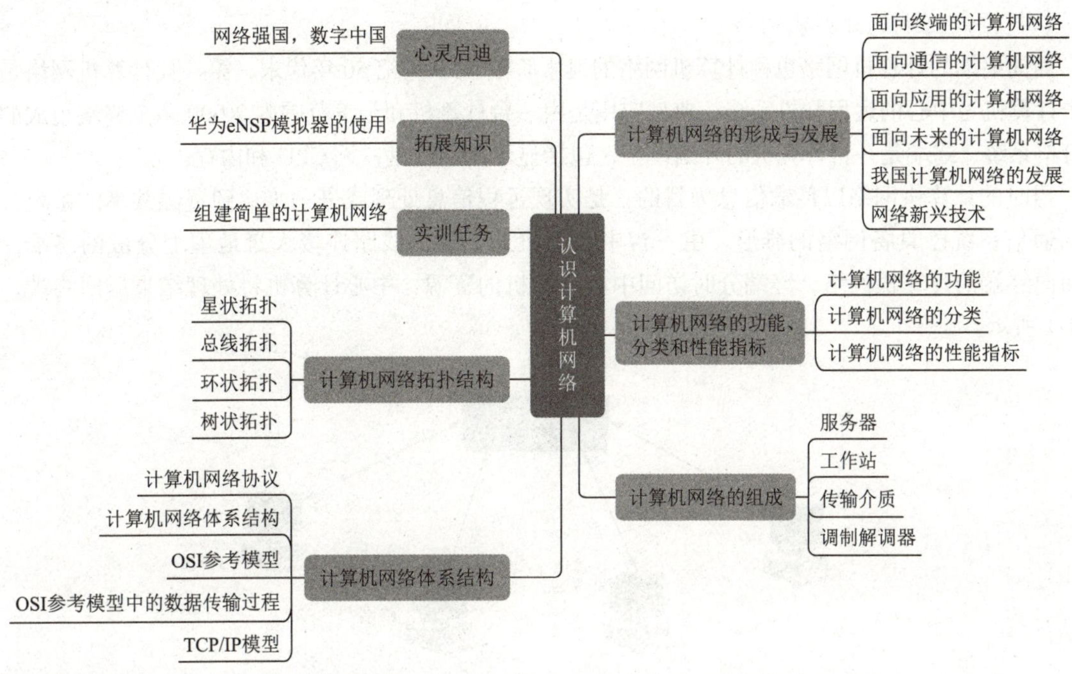

学习目标

- 掌握：计算机网络的功能和分类。
- 理解：计算机网络体系结构。
- 了解：计算机网络的形成与发展、体系结构、拓扑结构。
- 应用：能够运用华为 eNSP 网络仿真工具平台组建简单的计算机网络。
- 养成：分析和解决实际问题的能力，具有“网络强国，数字中国”思想。

网络已经成为人们工作、学习和生活中非常重要的一部分。在国际上，网络空间是国际发展和竞争的新场域，网信事业发展水平是衡量一个国家综合国力的新维度。本单元将讲解计算机网络的形成与发展，计算机网络的功能、分类和性能指标，计算机网络的组成，计算机网络体系结构，计算机网络拓扑结构等知识，通过完成实训任务——组建简单的计算机网络，进一步认识计算机网络。

1.1 计算机网络的形成与发展

21 世纪的重要特征是数字化、网络化和信息化，网络已经成为人们工作、学习和生活中非常重要的一部分，与此同时，网络也已经成为信息社会的命脉和发展经济的重要基础。

1946 年世界上第一台通用计算机 ENIAC 在美国宾夕法尼亚大学诞生，它是一部体型庞大且只能单机工作的计算机。随着科技的不断发展，计算机技术与通信技术相结合，计算机网络的时代到来了。计算机网络的发展经历了面向终端的计算机网络、面向通信的计算机网络、面向应用的计算机网络和面向未来的计算机网络。

1. 计算机网络的发展

（1）面向终端的计算机网络

面向终端的计算机网络也称计算机网络的诞生阶段。20 世纪 50 年代末，第一代计算机网络是以单个计算机为中心的远程联机系统，典型应用是由一台计算机和全美范围内 2 000 多个终端组成的飞机订票系统，终端是一台计算机的外围设备，包括显示器和键盘，无 CPU 和内存。

当时的计算机网络以传输信息为目的，是实现远程信息处理或进一步达到资源共享的系统，这样的通信系统已具备网络的雏形。由一台中央主机通过通信线路连接大量地理上分散的终端，构成面向终端的计算机网络，终端分时访问中心计算机的资源，中心计算机将处理结果返回终端，如图 1-1 所示。

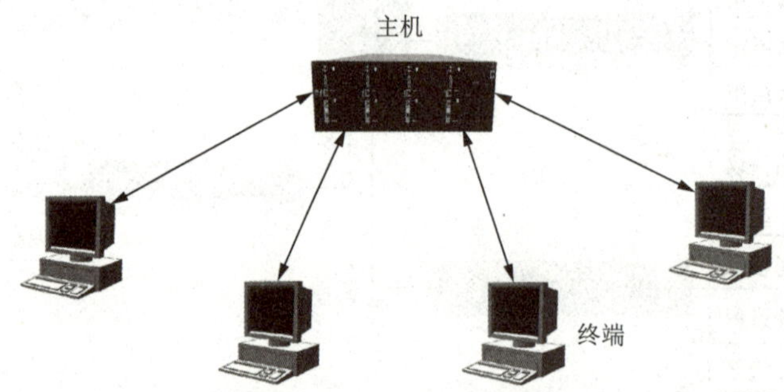

图1-1　面向终端的计算机网络

（2）面向通信的计算机网络

面向通信的计算机网络也称计算机网络的形成阶段。20 世纪 60 年代中期至 70 年代，第二代计算机网络以多个主机通过通信线路互联起来为用户提供服务，典型代表是 1969 年由美国国防部研究组建的 ARPANET，它当时只连接了四台主机，每台主机都具有自主处理能力，彼此之间不存在主从关系，相互共享资源。ARPANET 是世界上第一个真正意义上的计算机网络，是计算机网络技术发展的一个里程碑。

这个时期的计算机网络以资源共享为目的，是具有独立功能的计算机集合体，形成了计算机网络的基本概念。主机之间不是直接用线路相连，而是由接口报文处理机（IMP）转接后互联的，IMP 和它们之间互联的通信线路一起负责主机间的通信任务，构成了通信子网。通信子网互联的主机负责运行程序，提供资源共享，组成资源子网，如图 1-2 所示。

（3）面向应用的计算机网络

面向应用的计算机网络也称计算机网络的互联互通阶段。20 世纪 70 年代末至 90 年代，第三代计算机网络具有统一的网络体系结构，遵守国际标准的开放式和标准化。ARPANET 兴起后，计算机网络发展迅猛，各大计算机公司相继推出自己的网络体系结构及实现这些结构的软硬件产品。由于没有统一的标准，不同厂商的产品之间互联很困难，人们迫切需要一种开放性的标准化实用网络环境，由此两种国际通用的最重要的体系结构应运而生，即 TCP/IP（transmission control protocol/Internet protocol）体系结构和国际标准化组织的 OSI（open system interconnection）体系结构。

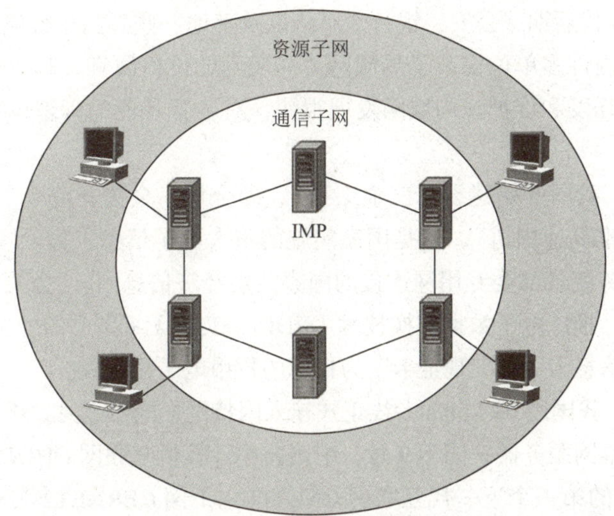

图1-2 资源子网和通信子网

1983 年 TCP/IP 成为 ARPANET 上的标准协议，使得所有使用 TCP/IP 的计算机都能利用互联网相互通信，如图 1-3 所示，因此 1983 年成为因特网的诞生之年。1990 年，ARPANET 因实验任务完成而宣布关闭。

图1-3 互联互通的计算机网络

（4）面向未来的计算机网络

面向未来的计算机网络也称高速网络技术阶段。20 世纪 90 年代至今，由于局域网技术发展不断成熟，出现光纤及高速网络技术，整个网络就像一个对用户透明的大计算机系统，发展为以因特网（Internet）为代表的互联网。1993 年美国宣布了国家信息基础设施建设计划（即信息高速公路计划 NII），促成了 Internet 爆炸式的飞跃发展，也使得计算机网络进入了高速化的互联阶段。

Internet 由众多网络相互连接而成，是全球最大的、开放的计算机网络，它采用 TCP/IP 协议族作为通信的规则。用户可以利用 Internet 实现全球范围的信息传输、信息查询、电子邮件、语言与图像通信服务等功能。

2. 我国计算机网络的发展

我国于 1980 年开始进行计算机联网实验。1989 年 11 月，我国第一个公用分组交换网 CNPAC 建成运行。20 世纪 80 年代后期，公安、银行、军队以及其他一些部门相继建立了各自的专用计算机广域网。与此同时，国内许多单位安装了局域网。局域网的价格便宜，其所有权和使用权都属于本单位，因此便于管理、开发和维护。局域网发展很快，对各行各业的管理现代化和办公自动化起到了积极作用。

1993 年 3 月 12 日，我国开始建设“三金工程”，即金桥、金关、金卡工程。“三金工程”的目标是建设中国的“信息准高速国道”，这是国家实施的重大电子信息工程。“金桥工程”的目标是建立一个覆盖全国并与国务院各部委专用网连接的国家共用经济信息网。“金关工程”是对国家外贸企业的信息系统实现联网，推广电子数据交换技术（EDI），实行无纸贸易的外贸信息管理工程。“金卡工程”是以推广使用“信息卡”和“现金卡”为目标的货币电子化工程。

1994 年 4 月 20 日，我国用 63 kbit/s 专线正式连入因特网；同年 5 月，中国科学院高能物理研究所设立了我国第一个万维网服务器；同年 9 月，中国公用计算机互联网 CHINANET 正式启用。

2004 年 2 月，我国的第一个下一代互联网 CNGI 的主干网 CERNET2 实验网正式开通并提供服务，这标志着中国的互联网发展已达到国际先进水平。

2023 年 3 月 2 日，中国互联网络信息中心（CNNIC）第 51 次《中国互联网络发展状况统计报告》发布。该报告显示，截至 2022 年 12 月，我国网民规模达 10.67 亿，较 2021 年 12 月增长 3 549 万，互联网普及率达 75.6%。

3. 网络新兴技术

随着信息技术和网络技术的快速发展，云计算、大数据、物联网、移动互联网、区块链、人工智能等新兴技术逐渐深入到人们的工作、学习和生活的方方面面，在国家经济建设和社会发展中发挥着越来越重要的作用。

（1）云计算

云计算是一种通过 Internet，以服务的方式提供动态可伸缩的虚拟化资源的计算模式。“云”实质上是一个网络，云计算是一种提供资源的网络，使用者可以随时获取“云”上的资源，按需付费，就像每个家庭使用自来水一样，按照使用量付费给自来水厂，便可以获得持续的生活用水。

云计算是与信息技术、软件、互联网相关的一种服务，“云”是指这种计算资源共享池。云计算把许多计算资源集合起来，通过软件实现自动化管理，只需要很少的专业人员进行管理和运维，用户就可以快速得到可使用的硬件或软件资源。

云计算在各个领域已经得到了广泛的应用，如教育云、医疗云、金融云、云存储、云交通、云社交等。

（2）大数据

大数据（big data）又称巨量资料，是指所涉及的数据量规模非常庞大，无法在合理时间内通过主流软件工具进行获取、管理和分析，最终将其处理成为帮助政府、企业等决策的、具有更积极目的的资讯。

大数据技术的战略意义不在于掌握庞大的数据信息，而在于提高对数据的“加工”能力，通过“加工”实现数据的“增值”。大数据是互联网发展到现今阶段的一种表象或特征，在以云计算为代表的技术创新背景下，这些原本很难收集和使用的数据开始被利用起来，大数据技术正逐步为人类创造更多的价值。

大数据不仅适用于公司和政府，也适用于每个人，如智能手环通过采集的卡路里消耗、活动量和睡眠质量等数据，分析出一些独到的见解反馈给用户；在图书网站购买书籍时，系统会推荐用户可能会喜欢的相关书籍。

（3）物联网

物联网是指通过信息传感设备，按约定的协议，将任何物体与网络相连接，物体通过信息传播媒介进行信息交换和通信，以实现智能化识别、定位、跟踪、监管等功能。物联网基于互联网、传统电信网等信息承载体，让所有能够被独立寻址的普通物理对象形成互联互通的网络。

物联网技术全面推动了智能化发展，被广泛应用于工业、农业、交通、教育、医疗、金融和军事等领域，使得有限的资源更加合理地被分配和使用，它改变着人们的生活方式，使整个社会产生深刻的变革。

（4）移动互联网

移动互联网是指移动通信与互联网相互结合的一个整体，用户使用手机、Pad或其他无线设备，通过移动网络在移动状态下（如在地铁、公交车等）随时、随地访问互联网以获取信息或进行商务、娱乐等各种网络服务。移动互联网将会是未来最具创新活力和市场潜力的产业之一，已获得全球资金的广泛关注。

移动互联网正逐渐渗透到人们的工作、学习和生活等各个方面，微信、支付宝、定位服务等丰富多彩的移动互联网应用迅猛发展，为人们办公、居家和出行等提供了很大便利。

（5）区块链

区块链是指将一个个保存一定信息的区块按照各自产生的时间顺序连接成链条。该链条被保存在所有的服务器中，只要整个系统中有一台服务器可以工作，整条区块链就是安全的。服务器在区块链系统中被称为节点，为整个区块链系统提供存储空间和算力支持。

如果要修改区块链中的信息，必须征得半数以上节点的同意并修改所有节点中的信息，而这些节点通常掌握在不同的主体手中，因此篡改区块链中的信息是一件极其困难的事。区块链具有数据难以篡改和去中心化两个特点，因此区块链所记录的信息更加真实可靠，可以让人们彼此之间相互信任，在通信业、医疗行业、电子政务等领域有广泛应用。

（6）人工智能

人工智能以计算机科学为基础，由计算机、心理学、哲学等多学科交叉融合，是研究、开发用于模拟、延伸和扩展人的智能的理论、方法、技术及应用系统。通过人工智能的研究，人们企图了解智能的实质，并生产出一种新的能以人类智能相似的方式做出反应的智能机器。该领域的研究包括机器人、语音识别、图像识别、自然语言处理和专家系统等。

人工智能的应用范围很广，包括计算机科学、金融贸易、医药、诊断、重工业、运输、远程通信、在线和电话服务、法律、科学发现、玩具和游戏、音乐等诸多方面。

1.2 计算机网络的功能、分类和性能指标

计算机网络是将地理上分散且具有独立功能的计算机，通过通信设备及传输媒体连接起来，在网络操作系统、网络管理软件及网络通信协议的管理和协调下，实现计算机间资源共享、信息交换或协同工作系统。

1. 计算机网络的功能

① 数据通信：利用计算机网络，可实现各地各计算机之间快速可靠地互相传送数据，进行信息处理。数据通信是计算机网络最基本的功能。

② 资源共享：资源是指网络中所有的硬件、软件和数据资源；共享是指网络中的用户都能够部分或全部地享用这些资源。

③ 分布式处理：将原来单个计算机无法处理的大型任务分解成多个小型任务，由网络上的多台计算机协同工作、分布式处理。

④ 集中管理：随着计算机网络技术的发展和应用，出现了许多管理信息系统、办公自动化系统等，它们可以实现日常工作的集中管理，提高了工作效率，增加了经济效益。

⑤ 负荷均衡：网络控制中心负责分配和检测，当某台计算机负荷过重时，系统会自动转移到负荷较轻的计算机系统去处理。

⑥ 综合信息服务：计算机网络的发展使应用日益多元化，在一套系统上可提供集成的信息服务，包括来自社会、政治、经济等各方面资源，甚至提供多媒体信息，如图像、语音、动画等。在多元化发展的趋势下，许多网络应用形式不断涌现，如电子邮件、网上交易、视频点播、联机会议、网络教学等。

2. 计算机网络的分类

计算机网络的分类方式很多，按网络的覆盖范围，可将计算机网络分为局域网、城域网、广域网等；按网络的使用者，可将计算机网络分为公用网和专用网；按网络的拓扑结构，可将计算机网络分为星状网、总线网、环状网、树状网、网状网等；按网络的传播方式，可将计算机网络分为点对点传输网络、广播式传输网络等。

（1）局域网

局域网（local area network，LAN）指在小范围内，将两台或多台计算机连接起来所构成的网络，如办公室机房等。局域网一般位于一个建筑物或一个单位内，它的特点是连接范围窄、用户数量少、配置容易、连接速率快、可靠性高。局域网的传输速率一般在 10 ～ 100 Mbit/s 之间，最快传输速率可达到 10 Gbit/s。

（2）城域网

城域网（metropolitan area network，MAN）是介于广域网与局域网之间的一种高速网络，传输距离通常为几千米到几十千米，覆盖范围通常是一座城市。城域网的设计目标是要满足多个局域网互联的需求，以实现大量用户之间的数据、语音、图形与视频等信息的传输。早期的 MAN 产品主要是光纤分布式数据接口（fiber distributed data interface，FDDI）。目前的城域网建设方案有几个共同点，那就是传输介质采用光纤，交换节点采用基于 IP 交换的高速路由交换机或 ATM 交换机，在体系结构上采用核心交换层、业务汇聚层与接入层的三层模式。

(3) 广域网

广域网（wide area network，WAN）的覆盖范围从几十千米到几千千米甚至全球，可以把众多的LAN连接起来，具有规模大、传输延迟大的特点。最为人们熟知的WAN就是Internet，虽然它的传输速率相对于LAN要低得多，但它的信息量大、传播范围广。广域网很复杂，因此其实现技术在所有网络中也是最复杂的。广域网从逻辑功能上可分为通信子网和资源子网。通信子网采用分组交换技术，利用公用分组交换网、卫星通信网和无线分组交换网实现网络互联。资源子网负责全网的数据处理，向网络用户提供各种网络资源与网络服务，主要包括主机和终端。

3. 计算机网络的性能指标

性能指标从不同的方面来度量计算机网络的性能。计算机网络重要的性能指标如下：

(1) 速率

计算机发送出的信号都是数字形式的。比特（bit）是计算机中数据量的单位，也是信息论中使用的信息量的单位。bit来源于binary digit，意思是一个“二进制数字”，因此一个比特就是二进制数字中的一个1或0。网络技术中的速率指的是连接在计算机网络上的主机在数字信道上传送数据的速率，也称数据率或比特率。速率是计算机网络中最重要的一个性能指标，速率的单位是bit/s（bit per second，比特每秒）。

(2) 带宽

“带宽”有以下两种不同的意义：

① 带宽本来是指某个信号具有的频带宽度。信号的带宽是指该信号所包含的各种不同频率成分所占据的频率范围，此时带宽的单位是赫兹（或千赫兹、兆赫兹、吉赫兹等）。在过去很长一段时间，通信的主干线路传输的是模拟信号（即连续变化的信号），因此信号的带宽就是表示通信线路允许通过的信号频带范围。

② 在计算机网络中，带宽用来表示网络的通信线路所能传送数据的能力，因此网络带宽表示在单位时间内从网络中的某一点到另一点所能通过的“最高数据率”。此时带宽的单位是比特每秒（bit/s）。

(3) 吞吐量

吞吐量表示在单位时间内通过某个网络（或信道、接口）的数据量。吞吐量更经常地用于对现实世界中网络的测量，以便知道实际上有多少数据量能够通过网络。吞吐量受网络带宽或网络额定速率的限制。例如，对于一个100 Mbit/s的以太网，其额定速率是100 Mbit/s，这个数值也是该以太网吞吐量的绝对上限值。因此，对100 Mbit/s的以太网而言，其典型的吞吐量可能只有70 Mbit/s。有时吞吐量还可用每秒传送的字节数或帧数来表示。

(4) 时延

时延是指数据（一个报文或分组，甚至比特）从网络（或链路）的一端传送到另一端所需的时间。时延有时也称延迟或迟延，网络中的时延由以下几个部分组成：

① 发送时延。发送时延是主机或路由器发送数据帧所需要的时间，也就是从发送数据帧的第一个比特算起，到该帧的最后一个比特发送完毕所需的时间。因此，发送时延也称传输时延，发送时延的计算公式为：

发送时延（s）= 数据帧长度（bit）/ 信道带宽（bit/s）

由此可见，对于一定的网络，发送时延并非固定不变，而是与发送的帧长（单位是比特）成正比，与信道带宽成反比。

② 传播时延。传播时延是电磁波在信道中传播一定的距离需要花费的时间，传播时延的计算公式为：

传播时延（s）= 信道长度（m）/ 电磁波在信道上的传播速率（m/s）

电磁波在自由空间的传播速率是光速，即 3.0×10^5 km/s，电磁波在网络传输媒体中的传播速率比在自由空间要略低一些，在铜线电缆中的传播速率约为 2.3×10^5 km/s，在光纤中的传播速率为 2.0×10^5 km/s。例如，1 000 km 长的光纤线路产生的传播时延大约是 5 ms。

③ 处理时延。主机或路由器在收到分组时要花费一定的时间进行处理，如分析分组的首部、从分组中提取数据部分、进行差错检验或查找适当的路由等，这就产生了处理时延。

④ 排队时延。分组在网络中传输时，要经过许多路由器，但分组在进入路由器后要先在输入队列中排队等待处理。在路由器确定转发接口后，还要在输出队列中排队等待转发，这就产生了排队时延。

数据在网络中经历的总时延就是以上四种时延之和，即

总时延 = 发送时延 + 传播时延 + 处理时延 + 排队时延

（5）时延带宽积

把传播时延和带宽相乘，得到传播时延带宽积，即时延带宽积 = 传播时延 × 带宽。例如，设某段链路的传播时延为 20 ms，带宽为 10 Mbit/s，算出的时延带宽积 $=20 \times 10^{-3} \times 10 \times 10^6=2 \times 10^5$（bit）。这表示，若发送端连续发送数据，则在发送的第一个比特即将达到终点时，发送端就已经发送了 20 万个比特，而这 20 万个比特都正在链路上向前移动，因此，链路的时延带宽积又称以比特为单位的链路长度。

对于一条正在传送数据的链路，只有链路充满比特时，链路才能得到充分利用。

（6）往返时间

在计算机网络中，从发送方发送数据开始，到发送方收到来自接收方的确认（接受方收到数据后便立即发送确认）总共经历的时间称为往返时间（round-trip time，RTT）。

往返时间与所发送的分组长度有关，发送很长的数据块的往返时间应当比发送很短的数据块的往返时间要多些。

对于上述例子，往返时间为 40 ms，而往返时间和带宽的乘积为 4×10^5 bit，它表示，假定数据的接收方及时发现了差错，并告知发送方，即使发送方立即停止发送，但也已经发送了 40 万个比特了。

（7）利用率

利用率有信道利用率和网络利用率两种。信道利用率指某信道时间利用（有数据通过）的百分比，完全空闲的信道的利用率是零。网络利用率是全网络的信道利用率的加权平均值。信道利用率并非越高越好。根据排队论，当某信道的利用率增大时，该信道引起的时延也就迅速增加。

1.3 计算机网络的组成

计算机系统是由硬件系统和软件系统组成的，同样，一个完整的计算机网络系统也是由计算机网络硬件系统和计算机网络软件系统组成。其中，计算机网络的硬件系统通常由服务器、工作站、

传输介质、调制解调器等组成。

1. 服务器

服务器是网络运行、管理和提供服务的中枢，它影响网络的整体性能，一般在大型网络中采用大型机、中型机或小型机作为网络服务器；对于网点不多、网络通信量不大、数据安全要求不高的网络，可以选用高档微型计算机作为网络服务器。

服务器按照提供服务的不同，可分为数据库服务器、邮件服务器、打印服务器、WWW 服务器、文件服务器等。

2. 工作站

工作站也称客户机（client），由服务器进行管理和提供服务的、连入网络的任何计算机都属于工作站，其性能一般低于服务器。比如在 Internet 中，个人计算机就是一个工作站。

服务器或工作站中一般都安装了网络操作系统，网络操作系统除具有通用操作系统的功能外，还应具有网络支持功能，能管理整个网络的资源。常见的网络操作系统主要有 Windows、Netware、UNIX、Linux 等。

3. 传输介质

传输介质是网络中信息传输的物理通道。计算机网络通常分为有线网和无线网。在有线网中，计算机通过光纤、双绞线、同轴电缆等传输介质连接；在无线网中，计算机通过无线电、微波、红外线、激光和卫星信道等无线介质进行连接。下面仅介绍有线网中的传输介质。

（1）光纤

光纤又称光导纤维，其在使用前一般由几层保护结构包覆，包覆后的缆线即称为光缆。光缆具有很大的带宽，是目前常用的传输介质。光缆是由许多细如发丝的玻璃纤维外加绝缘护套组成，如图 1-4 所示。光束在玻璃纤维内传输，具有防电磁干扰、传输稳定可靠、传输带宽高等特点，适用于高速网络和主干网。利用光纤连接网络，每端必须连接光 / 电转换器，另外还需要其他辅助设备。

图1-4　光缆

光纤分为单模光纤和多模光纤，“模”是指以一定角度进入光纤的一束光线。在单模光纤中，芯的直径一般为 9 μm 或 10 μm，使用激光作为光源，并且只允许一束光线穿过光纤，定向性强，传递数据质量高，传输距离远，可达 100 km，通常用于长途干线传输及城域网建设等。在多模光纤中，芯的直径一般是 50 μm 或 62.5 μm，使用发光二极管作为光源，允许多数光线同时穿过光纤，定向性差，最大传输距离为 2 km，一般用于距离相对较近区域内的网络连接。

(2)双绞线

双绞线是布线工程中最常用的一种传输介质，由不同颜色的四对 8 芯线组成，每根芯线加绝缘层，每两根芯线按一定规则交织在一起（为了降低信号之间的相互干扰），成为一个芯线对。

双绞线可分为非屏蔽双绞线（unshielded twisted pair，UTP）和屏蔽双绞线（shielded twisted pair，STP），如图 1-5 所示。平时人们接触的大多是非屏蔽双绞线，其最大传输距离为 100 m。

使用双绞线组网时，双绞线和其他设备连接必须使用 RJ-45 接头（俗称水晶头），如图 1-6 所示。RJ-45 水晶头中的线序有两种标准，分别为 EIA/TIA 568A 和 EIA/TIA 568B。568A 标准的线序为绿白 -1、绿 -2、橙白 -3、蓝 -4、蓝白 -5、橙 -6、棕白 -7、棕 -8；568B 标准的线序为橙白 -1、橙 -2、绿白 -3、蓝 -4、蓝白 -5、绿 -6、棕白 -7、棕 -8，如图 1-7 所示。

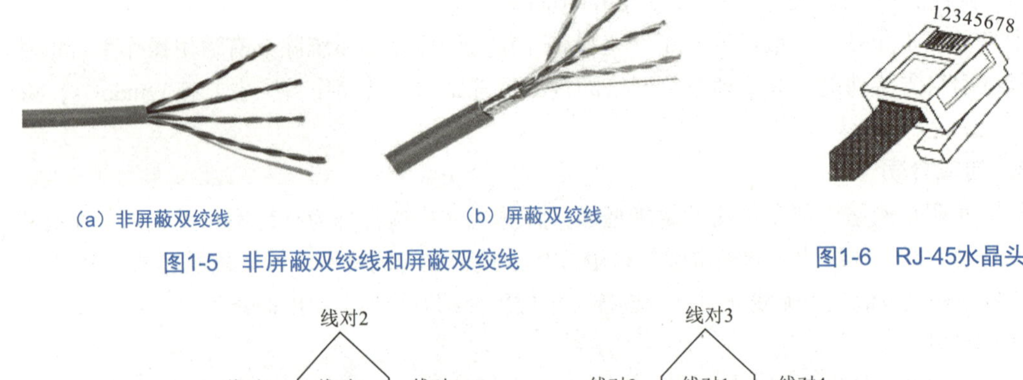

（a）非屏蔽双绞线 （b）屏蔽双绞线

图1-5 非屏蔽双绞线和屏蔽双绞线

图1-6 RJ-45水晶头

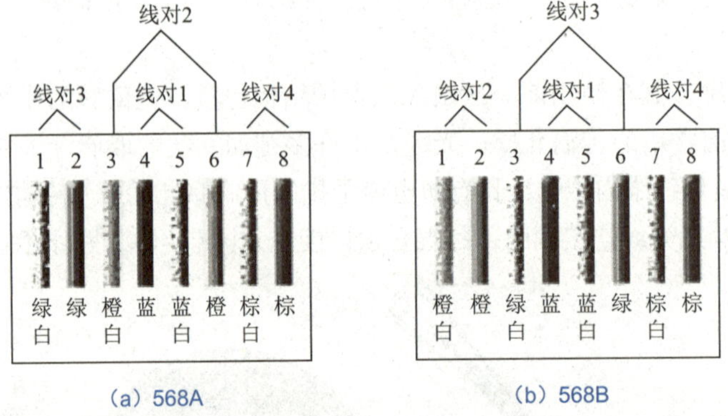

（a）568A （b）568B

图1-7 两种双绞线线序标准

在双绞线中，直接参与通信的导线是线序为 1、2、3、6 的四根线，其中 1 和 2 负责发送数据，3 和 6 负责接收数据。

针对应用场合的不同，网线分为直通线和交叉线。直通线是指双绞线两端线序都为 568A 或 568B，用于连接不同种的设备；交叉线的一端线序为 568A，另一端线序为 568B，用于连接同种设备，如图 1-8 所示。

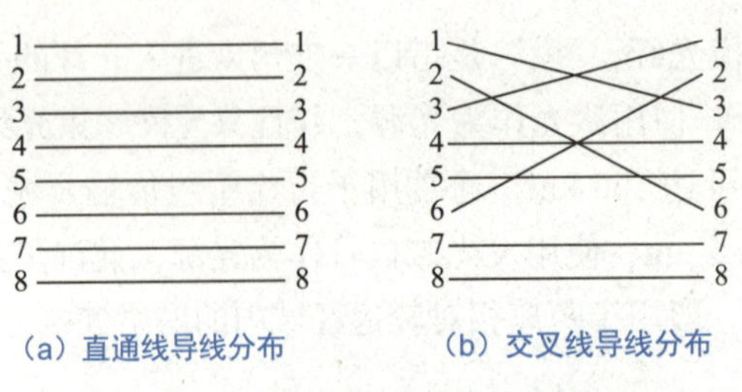

（a）直通线导线分布 （b）交叉线导线分布

图1-8 两种双绞线导线分布

（3）同轴电缆

同轴电缆有粗缆和细缆之分，在实际中有广泛应用。比如，有线电视网中使用的就是粗缆。同轴电缆由中心铜线、环绕绝缘层以及绝缘层外的金属屏蔽网和最外层的塑料封套组成，如图 1-9 所示。这种结构的金属屏蔽网可防止中心铜线向外辐射电磁场，也可用来防止外界电磁场干扰中心铜线中的信号。

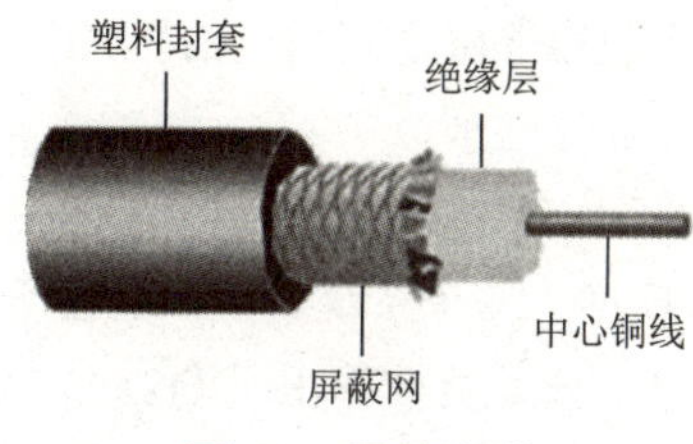

图1-9　同轴电缆

4. 调制解调器

调制解调器（modem）通过电话线提供网络访问，它是 modulator/demodulator（调制器 / 解调器）的缩写。调制解调器的作用是把来自计算机的数字信号转化为能够通过电话系统传输的模拟信号，同时把来自电话线的模拟信号转化为计算机能够理解的数字信号，如图 1-10 所示。

图1-10　调制解调器

1.4　计算机网络体系结构

网络体系结构是指通信系统的整体设计，它为网络硬件、软件、协议、存取控制和拓扑提供标准。它广泛采用的是国际标准化组织（International Organization for Standardization，ISO）在 1979 年提出的 OSI 参考模型。

1. 计算机网络协议

在计算机网络中，为实现计算机之间的正确数据交换，必须制定一系列有关数据传输顺序、信息格式和信息内容等的规则，这些规则称为计算机网络协议。

计算机网络协议一般至少包括以下三个要素：

① 语法，规定数据与控制信息的结构和格式。

② 语义，规定需要发出何种控制信息，完成何种动作以及做出何种响应。

③ 时序，规定事件发生的顺序，也称“同步”。

2. 计算机网络体系结构概述

计算机网络体系结构是计算机网络层次模型和各层协议的集合，通过一些硬件和软件来具体实现，多采用层次结构。采用层次结构可以让各层之间相互独立，各层均可采用最合适的技术来实现，有利于维护和促进标准化。

划分层次遵循以下原则：

① 网中各节点都有相同的层次。

② 不同节点的同等层具有相同的功能。

③ 同一节点内相邻层之间通过接口通信。

④ 每一层使用下层提供的服务，并向其上层提供服务。

⑤ 不同节点的同等层按照协议实现对等层之间的通信。

3. OSI 参考模型

国际标准化组织在 1979 年建立了一个分委员会来专门研究一种用于开放系统互联的体系结构。“开放”的意思是只要遵循 OSI 参考模型，一个系统就可以和位于世界上任何地方的、也遵循 OSI 参考模型的其他任何系统进行连接。这个分委员会提出了 OSI 参考模型，它定义了异质系统互联的标准框架。OSI 参考模型分为七层，从下往上分别是物理层、数据链路层、网络层、传输层、会话层、表示层、应用层，如图 1-11 所示。

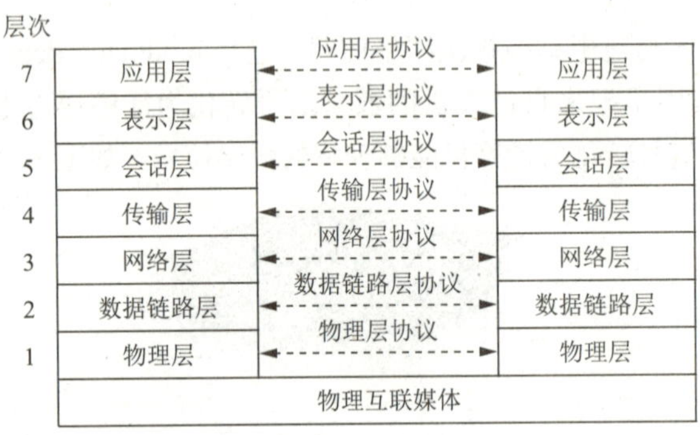

图1-11　OSI参考模型

OSI 参考模型各层次的功能：

① 物理层的任务是提供网络的物理连接，物理层是建立在物理介质上的，其作用是使原始的数据比特流能在物理介质上传输。

② 数据链路层传送以帧为单位的数据，数据链路层的主要作用是通过校验、确认和反馈重发等手段，将不可靠的物理链路改造成对网络层来说无差错的数据链路。数据链路层还要进行流量控制，以防止接收方因来不及处理发送方传来的高速数据而导致溢出及线路阻塞等问题。

③ 网络层要解决的是网络与网络之间（而不是同一网段内部）的通信问题，负责数据转发的路径选择。网络层的主要功能是提供路由，即选择到达目的主机的最佳路径，并沿该路径传送数据包（分组）。此外，网络层还具有流量控制和拥挤控制的能力。

④ 传输层负责完成两个站之间数据的传送。当两个站确定建立联系后，传输层负责数据正确无误地传送，提供可靠的端到端数据传输功能。

⑤ 会话层主要控制每一站究竟什么时候可以传送或接收数据。例如，如果有多个终端同时进行传送与接收消息，此时会话层的任务就是保证在接收消息或发送消息时不会有“碰撞”的情况发生。

⑥ 表示层负责将数据转换成使用者可以看懂的内容，包括格式转换、数据加密与解密、数据压缩与恢复等功能。

⑦ 应用层为操作系统或网络应用程序提供网络服务的接口。

4. OSI 参考模型中的数据传输过程

数据在网络中传送时，在发送方自上而下有一个封装的过程，在接收方自下而上有一个解封装的过程，如图 1-12 所示。

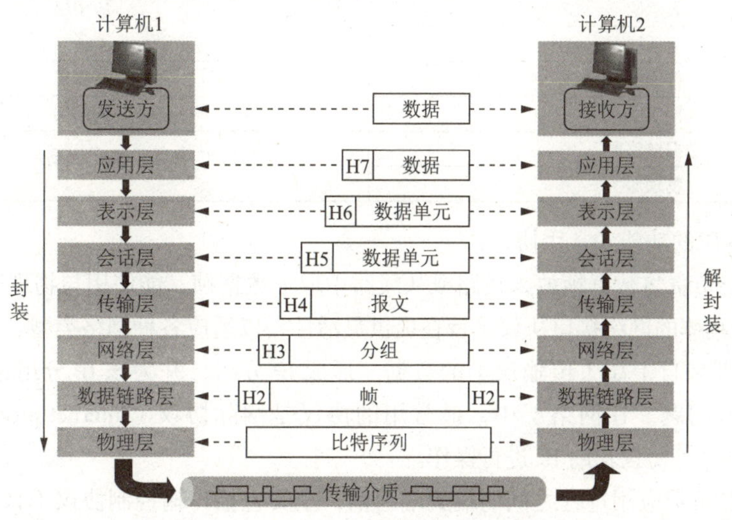

图1-12　数据的封装和解封装的过程

① 当计算机 1 的数据传送到应用层时，应用层为数据加上本层控制报头，组成应用层的服务数据单元，再传输给表示层。

② 表示层接收到这个数据单元后，加上本层的控制报头，组成表示层的服务数据单元，再传送给会话层，依此类推，数据被传送到传输层。

③ 传输层接收到这个数据单元后，加上本层的控制报头，构成传输层的服务数据单元，称为报文（message）。

④ 传输层的报文传输到网络层时，由于网络层数据单元长度的限制，传输层的长报文将被分成多个较短的数据段，加上网络层的控制报头，构成网络层的服务数据单元，称为分组（packet）。

⑤ 网络层的分组传送到数据链路层时，加上数据链路层的控制信息（帧头或帧尾），构成数据链路层的服务数据单元，称为帧（frame）。

⑥ 数据链路层的帧传送到物理层后，将以比特流的方式通过传输介质传送出去。

当比特流到达目的节点计算机 2 时，再从物理层依次上传，每层对各层的控制报头进行剥离，将用户数据上交给上一层，最后将计算机 1 的数据传送给计算机 2。

5. TCP/IP 模型

OSI 参考模型为网络通信提供了一种统一的国际标准，主要用于教学研究，而 TCP/IP 模型被公认为当前的工业标准或“事实上的标准”。

TCP/IP 模型的特点：

① 开放的协议标准，可以免费使用，独立于特定的计算机硬件和操作系统。

② 可以运行在局域网、广域网中，更适用于互联网，独立于特定的网络硬件。

③ 统一的网络地址分配方案，使得每个 TCP/IP 设备在网络中都具有唯一的地址。

④ 标准化的高层协议，可提供多种可靠的服务。

TCP/IP 模型分为网络接口层、网络层、传输层、应用层，它与 OSI 参考模型的对应关系见表 1-1。

表1-1 OSI参考模型与TCP/IP模型的对应关系

OSI参考模型	TCP/IP模型
应用层	应用层
表示层	
会话层	
传输层	传输层
网络层	网络层
数据链路层	网络接口层
物理层	

TCP/IP 模型各层的功能和常用协议：

① 网络接口层负责将数据帧放入线路或从线路中取下数据帧，能使用与物理网络进行通信的协议。标准没有定义具体的网络接口协议，旨在提供灵活性，以适应各种网络类型。

② 网络层处理来自上层（传输层）的数据，形成 IP 分组，并为该 IP 分组进行路径选择，处理流量控制与拥塞问题。在网络层中，最常用的协议是网际协议（Internet protocol，IP）,ICMP、IGMP、ARP、RARP 等协议辅助 IP 进行操作。

③ 传输层主要负责应用进程之间的端到端通信，主要包括传输控制协议（TCP）和用户数据报协议（UDP）。

④ 应用层提供网络服务，是应用程序进入网络的通道。应用层包括了所有的高层协议，主要协议有远程登录协议（Telnet）、文件传输协议（FTP）、简单邮件传输协议（SMTP）、域名系统（DNS）、动态主机配置协议（DHCP）、路由信息协议（RIP）、网络文件系统（NFS）、超文本传输协议（HTTP）等，同时也有新的协议不断出现。

1.5 计算机网络拓扑结构

在计算机网络中，设备分布和连接状态的几何图形表示就是网络拓扑结构，它反映了网络中各实体间的结构关系。网络拓扑结构设计是组建计算机网络的第一步，也是实现各种网络协议的基础，它对网络性能、系统可靠性与通信费用都有重大影响。

局域网中采用的拓扑结构主要有星状拓扑、总线拓扑、环状拓扑和树状拓扑。

1. 星状拓扑

星状拓扑是由中央节点和通过点到点通信链路接到中央节点的各站点组成，如图 1-13 所示。中央节点执行集中式通信控制策略，任何两个站点之间的通信都要经过中央节点，因此中央节点相当复杂，而各站点的通信处理负担都很小。

星状拓扑的优点：结构简单，连接方便，管理和维护都相对容易，而且扩展性强；每个节点直接连到中央节点，故障容易检测和隔离，可以很方便地排除故障节点；任何一个连接只涉及中央节点和一个站点，访问协议十分简单。

星状拓扑的缺点：依赖中央节点，一旦中央节点出现故障，则整个网络将瘫痪，所以中央节点的可靠性和冗余度要求很高；每个站点直接和中央节点相连，需要大量电缆，安装、维护等费用较高；所有通信都要经过中央节点，中央节点成为信息传输速率的瓶颈。

2. 总线拓扑

所有端用户都连接在同一传输介质（总线）上，利用该公共传输介质以广播的方式发送和接收数据，如图 1-14 所示。因为所有的站点共享一条公用的传输链路，所以一次只能由一个设备传输信号，这就需要采用某种形式的访问控制策略来决定下一次哪个站点可以发送信号。

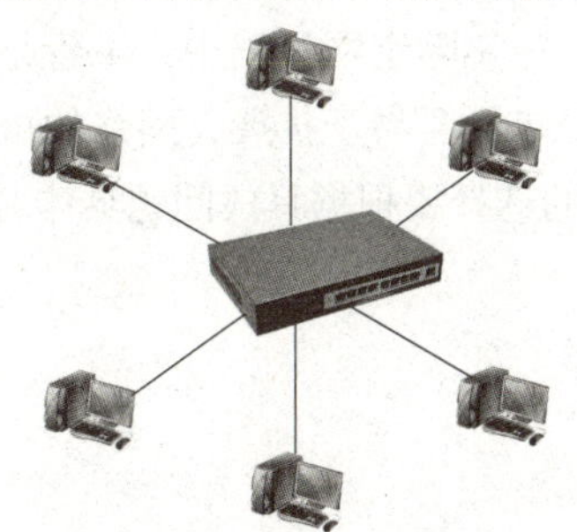

图1-13　星状拓扑

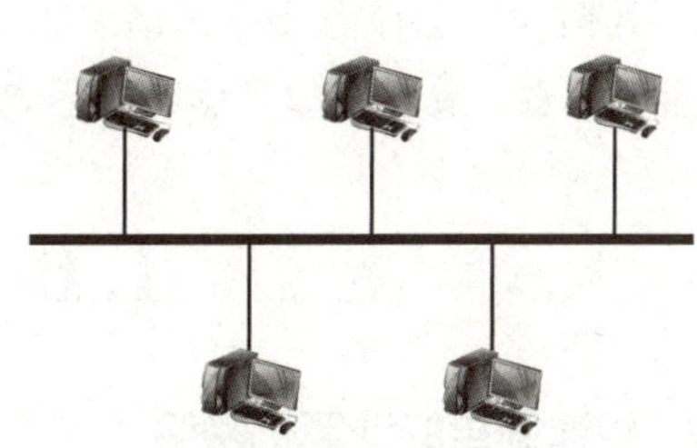

图1-14　总线拓扑

总线拓扑的优点：易于扩充，增加或减少用户比较方便；电缆长度短，易于布线和维护；多个节点共用一条传输信道，信道利用率高。

总线拓扑的缺点：总线的传输距离有限，通信范围受到限制；故障诊断和隔离比较困难；因为一次仅能由一个站点发送数据，其他站点必须等待，直到获得发送权，因此介质访问协议较复杂。

3. 环状拓扑

传输介质从一个端用户到另一个端用户，直到将所有端用户连成环状，如图 1-15 所示。在环路上，信息单向从一个节点传送到下一个节点，没有路径选择问题。由于多个设备共享一个环，因此需要进行访问控制，以便决定每个站点在什么时候可以发送数据。

环状拓扑的优点：结构简单，容易实现，无路径选择；电缆长度和总线拓扑网络相似，但比星状拓扑要短得多；信息传输的延迟时间相对稳定；可使用传输速率很高的光纤。

环状拓扑的缺点：环上的数据传输要通过接在环上的每一个节点，一旦环中某一节点发生故障则全网停止工作；因为某一个节点故障都会导致全网瘫痪，所以故障诊断困难。

4. 树状拓扑

树状拓扑由星状拓扑或总线拓扑演变而来，形状像一棵倒置的树，顶端是树根，树根以下带分支，每个分支还可再带分支，如图 1-16 所示。树根接收各站点发送的数据，然后再发送到相应的分支。树状拓扑结构在中小型局域网中应用较多。

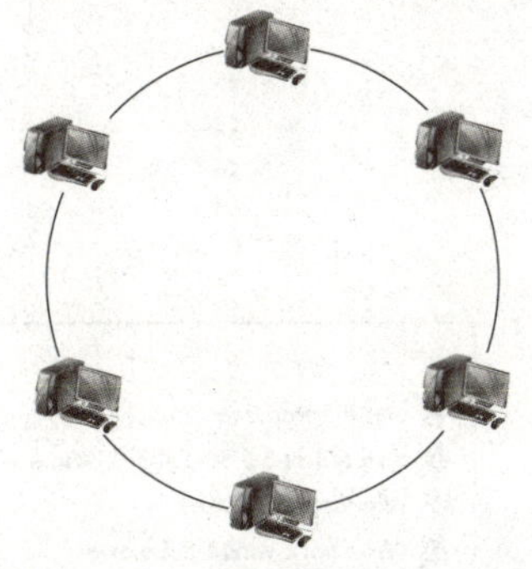

图1-15　环状拓扑

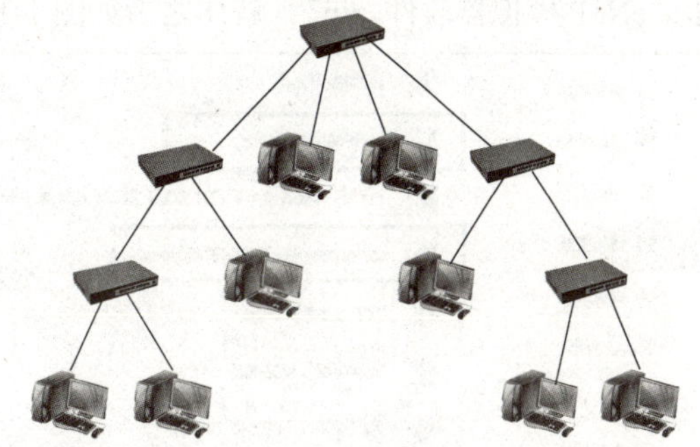

图1-16　树状拓扑

树状拓扑的优点：可以延伸出很多分支和子分支，新节点和分支很容易加入网内；如果某一分支的节点或线路发生故障，很容易将该分支与整个系统隔离开来。

树状拓扑的缺点：各个节点对根的依赖性太大，如果根发生故障，则全网不能正常工作，因此树状拓扑的可靠性与星状拓扑类似。

以上分析了局域网中主要采用的四种拓扑结构及其优缺点。在实际组网过程中，不管是局域网或广域网，其拓扑的选择需要考虑诸多因素，如网络既要易于安装又要易于扩展，网络的可靠性也是考虑的重要因素，要易于故障诊断和隔离等。总之，网络拓扑的选择要根据具体问题具体对待。

1.6 实训任务

任务：组建简单的计算机网络

(1) 任务目标

① 熟悉华为 eNSP 网络仿真工具平台的使用。

② 掌握组建简单的计算机网络的方法。

(2) 任务内容

① 安装华为 eNSP 网络仿真工具平台。

② 学习华为 eNSP 网络仿真工具平台的使用。

③ 组建双机互联对等网络。

(3) 完成任务所需的设备和软件

安装有 Windows 10 操作系统的 PC 一台，华为 eNSP 软件包。

(4) 网络拓扑结构

网络拓扑结构如图 1-17 所示。

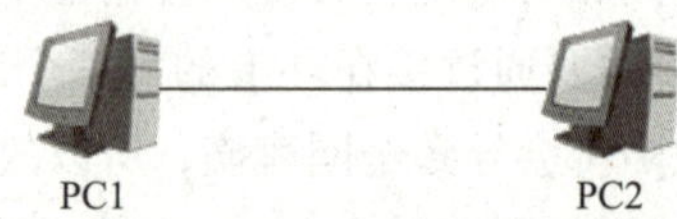

图1-17 网络拓扑结构

(5) 任务实施步骤

步骤 1：在智慧树课程平台进入“计算机网络技术”课程的“课程资源”如图 1-18 所示，下载并解压“eNSP 模拟器软件 .zip”，解压之后如图 1-19 所示。

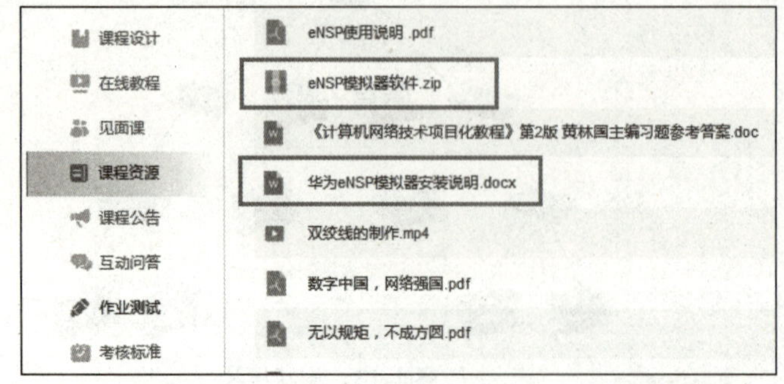

图1-18 智慧树“计算机网络技术”课程资源

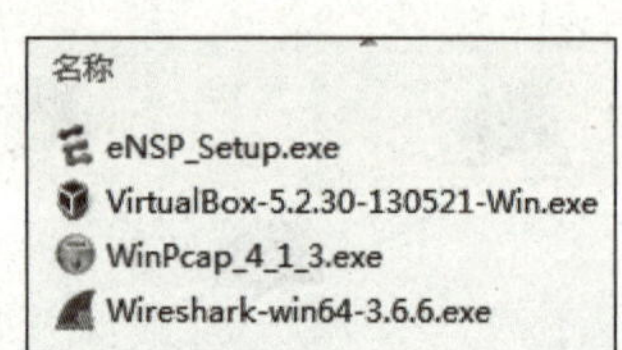

图1-19 eNSP模拟器软件.zip解压

步骤 2：按照“华为 eNSP 模拟器安装说明”安装 eNSP 模拟器，注意安装顺序为 WinPcap → WireShark → VirtualBox → eNSP，安装完成后在计算机桌面出现图 1-20 所示图标。

图1-20　eNSP桌面图标

步骤 3：双击 eNSP 桌面图标打开华为 eNSP 模拟器，单击“新建拓扑”按钮，进入网络实训编辑状态，查看上面的工具按钮的作用和左侧设备等的类别及型号，如图 1-21 所示。

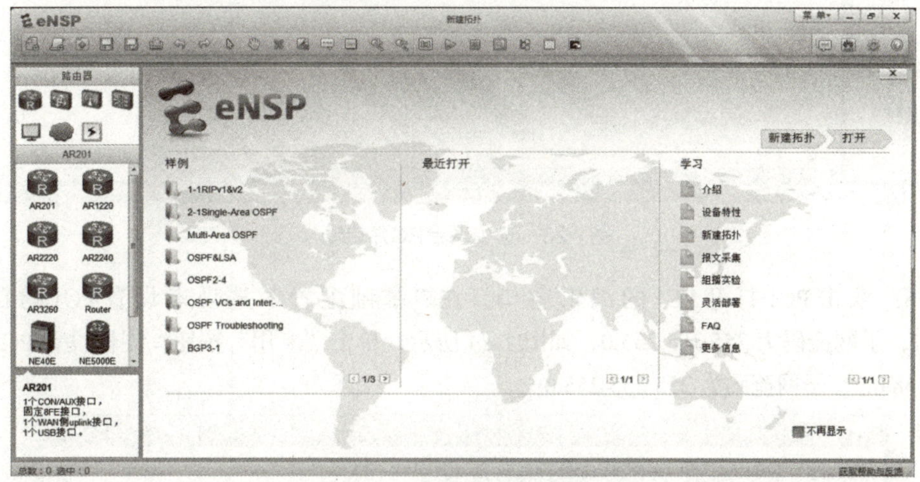

图1-21　华为eNSP模拟器编辑窗口

步骤 4：单击“终端”，拖动两台 PC 到编辑器；单击“设备连线”，选择 Auto 连线自动选择接口连接 PC1 和 PC2，如图 1-22 所示。

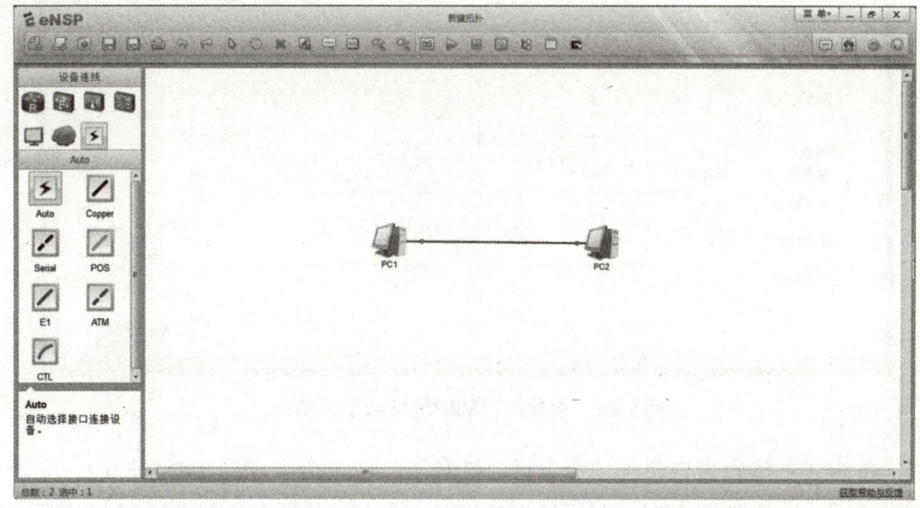

图1-22　用设备连线连接两台PC

步骤 5：选择两台 PC，单击“开启设备”按钮，如图 1-23 所示。

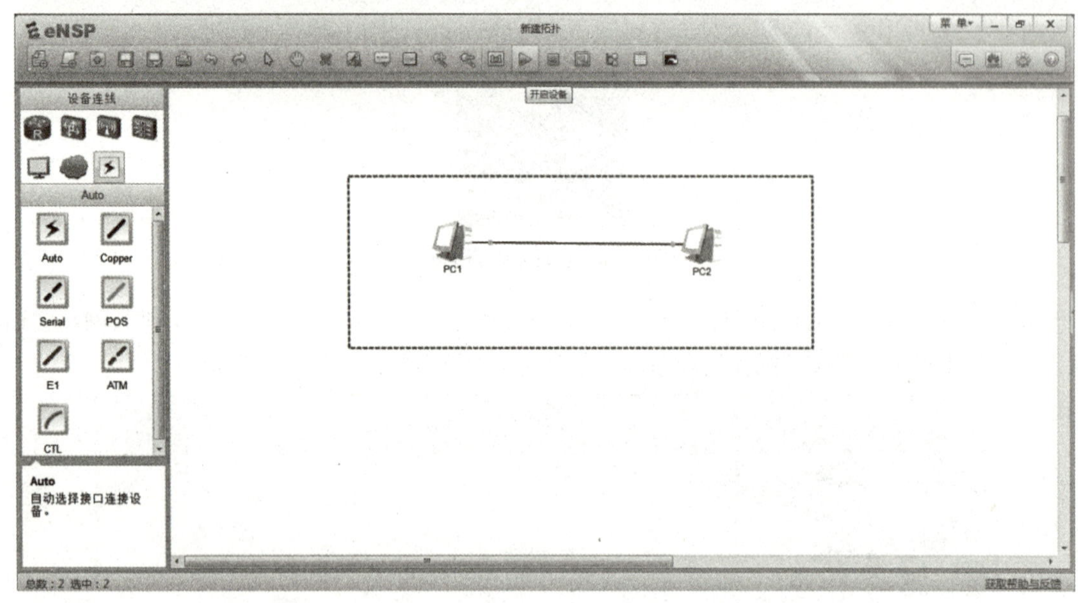

图1-23 选中两台PC并启动

步骤 6：双击 PC1 打开 PC1 的编辑窗口，在“基础配置”选项卡设置 PC1 的 IP 地址为 192.168.0.1，子网掩码为 255.255.255.0，如图 1-24 所示，单击“应用”按钮；同样设置 PC2 的 IP 地址为 192.168.0.2，子网掩码为 255.255.255.0。

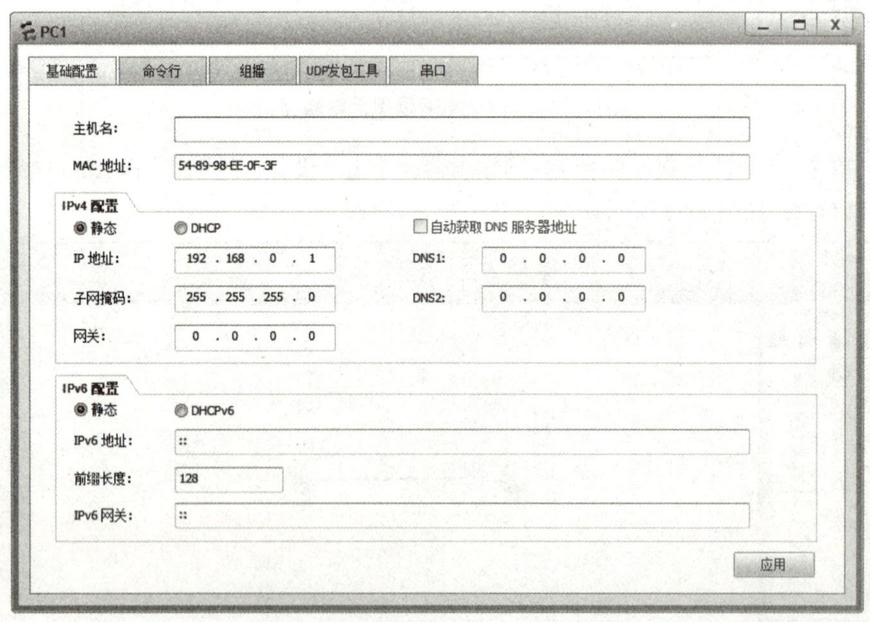

图1-24 设置PC1的IP地址和子网掩码

步骤 7：在 PC1 的编辑窗口单击“命令行”选项卡，输入命令 ping 192.168.0.2，或者在 PC2 的命令行中输入命令 ping 192.168.0.1，显示 0.00% packet loss，表明 PC1 与 PC2 已经连通，如图 1-25 所示。

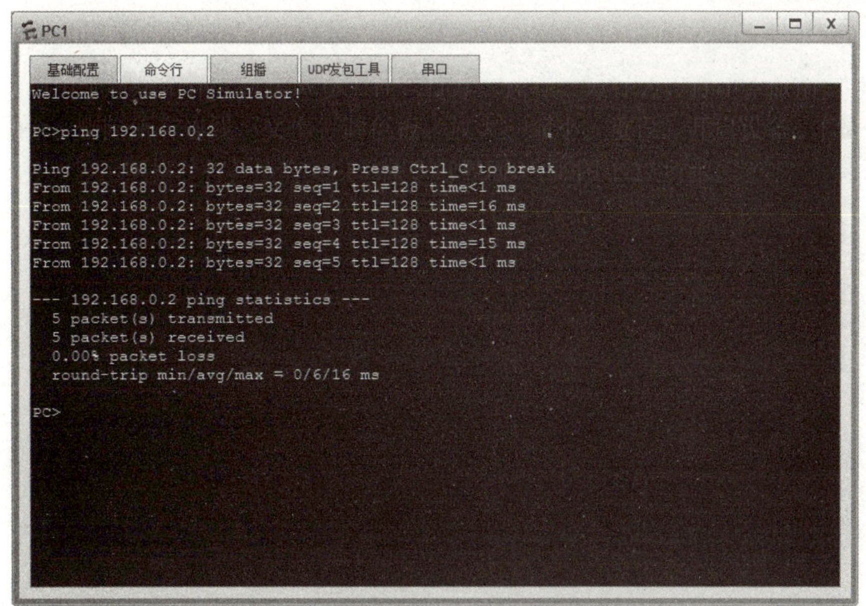

图1-25 测试PC1和PC2的连通性

拓展知识：华为eNSP模拟器的使用

1. eNSP 简介

eNSP（enterprise network simulation platform）是一款由华为推出的免费的、可扩展的图形化网络仿真工具平台，界面友好、操作简单。主要对企业网络路由器、交换机进行软件仿真，完美呈现真实设备实景，支持大型网络模拟，让广大用户有机会在没有真实设备的情况下模拟网络架构和建设，学习网络技术。

2. eNSP 的特点

① 可模拟华为 AR 路由器、x7 系列交换机的大部分特性。

② 可模拟 PC 终端、Hub、云、帧中继交换机等。

③ 仿真设备配置功能，快速学习华为命令行。

④ 可模拟大规模设备组网。

⑤ 可通过真实网卡实现与真实网络设备的对接。

⑥ 模拟接口抓包，直观展示协议交互过程。

3. eNSP 使用说明

（1）基本界面

eNSP 的主界面如图 1-26 所示，中心区域为工作区域，用于新建和显示拓扑图；工作区域左侧为网络设备区，提供设备和网线；工作区域右侧为设备接口区，显示拓扑中的设备和接口。

工具栏分别用于新建拓扑、新建试卷工程、打开、保存、另存为、打印、撤销、恢复、恢复鼠标、拖动、删除、删除所有连线、文本、调色板、放大、缩小、重设、开启设备、停止设备、数据抓包、显示接口、显示网格、打开所有 CLI（命令行界面）, 如图 1-27 所示。

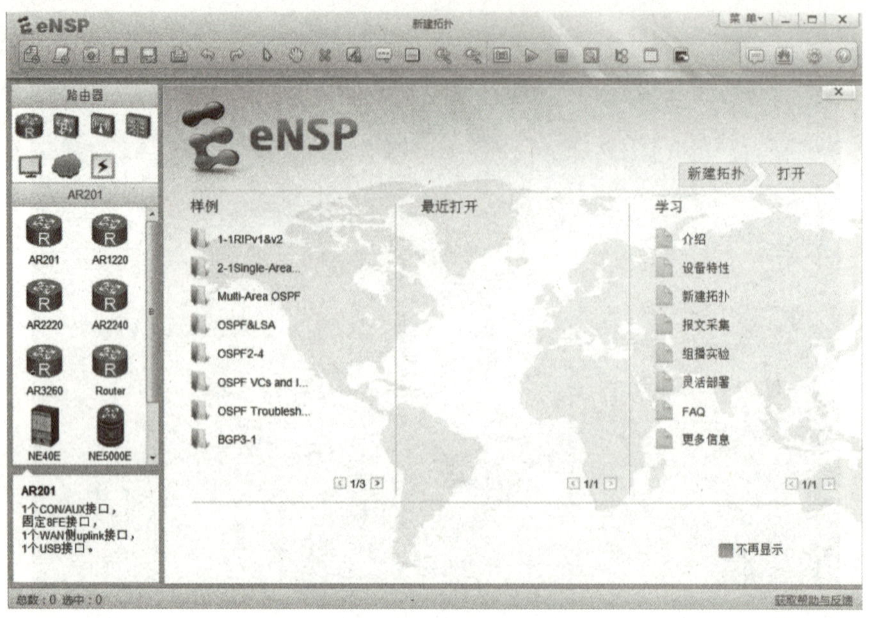

图1-26　eNSP的主界面

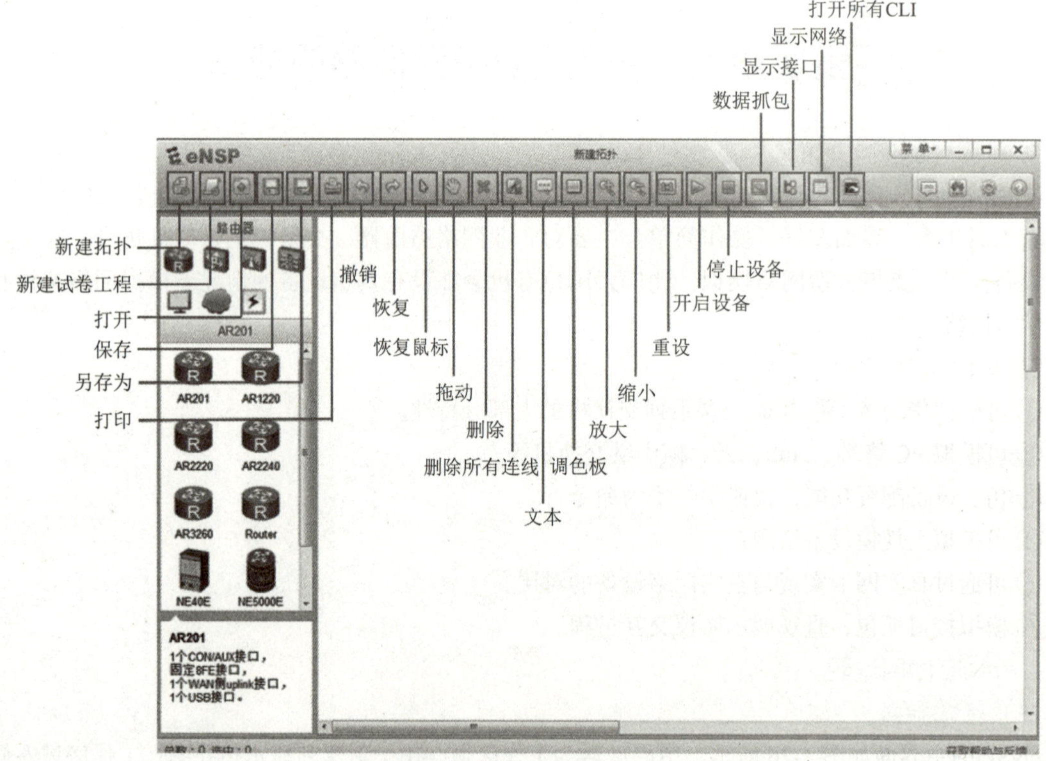

图1-27　工具栏各按钮功能

（2）设备选择

单击“新建拓扑”开始建立工程，左侧有网络组成单元可供选择，如路由器、PC、交换机、网桥等，对应每种设备下面都有相应的型号，可根据需求选择不同的型号，如图 1-28 所示。

图1-28　网络组成单元

(3) 建立网络拓扑

建立好自己需要的拓扑，图 1-29 所示配置了两个 AR2220 路由器，并通过连接线将路由器连接。

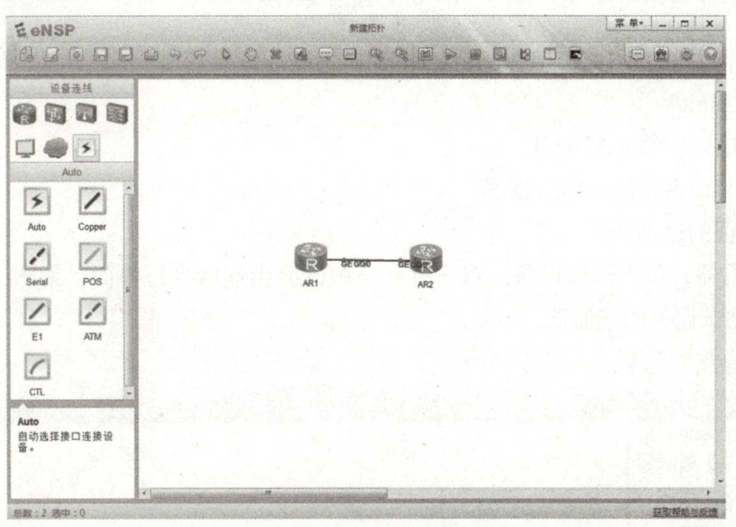

图1-29　建立网络拓扑

连接线类型如图 1-30 所示。

① Auto：自动连接设备接口。

② Copper：双绞线，网线。用来连接设备的以太网和千兆以太接口。

③ Serial：连接设备的串口，可以用来堆叠交换机（多台交换机通过该接口并联后成为逻辑上的一台交换机），也可以是管理接口。

④ POS：连接设备的 POS 接口。POS（packet over SONET/SDH）是一种在 SONET/SDH 上承载 IP 和其他数据包的传输技术，将长度可变的数据包直接映射到 SONET/SDH 同步载荷中，使用 SONET/SDH 物理层传输标准，提供一种高速、可靠、点到点的数据连接。

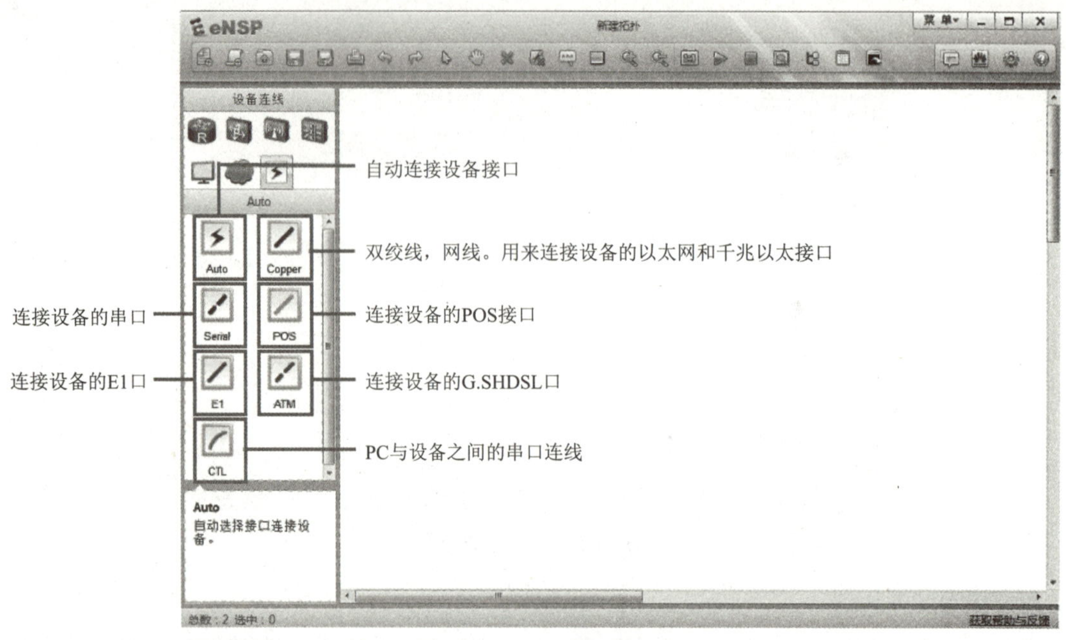

图1-30　连接线类型

⑤ E1：连接设备的 E1 口（2M 接口）。E1 接口用脉冲编码调制（即 PCM）编码进行数模转换，传输速率为 2.048 Mbit/s。

⑥ ATM：连接设备的 G.SHDSL 口。

⑦ CTL：PC 与设备之间的串口连线。

（4）测试设备的连通性

选中两个路由器，单击开启设备。双击打开路由器会出现命令行界面，如图 1-31 所示，配置好路由器之后可以测试设备的连通性。

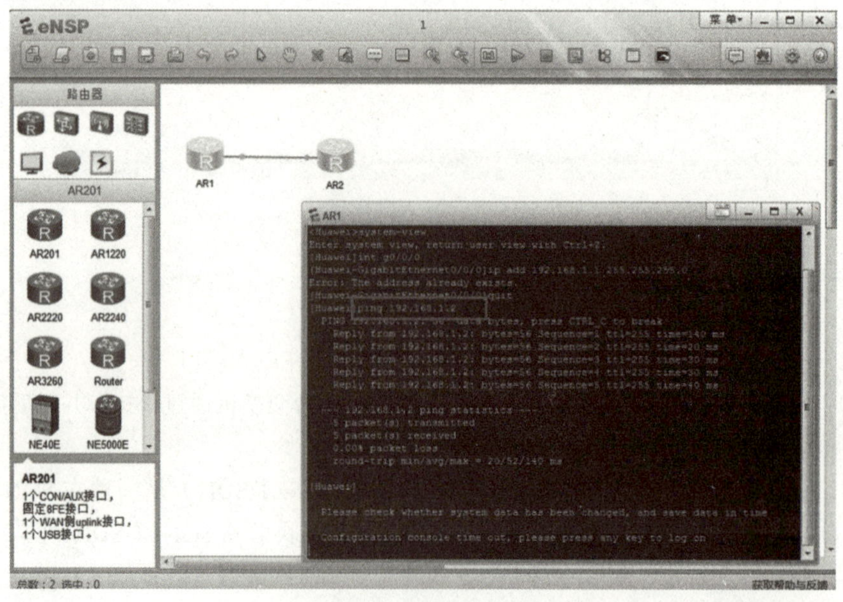

图1-31　路由器命令行界面

3. 部分命令

system-view：用户模式切换到系统配置模式。

display this：显示当前位置的设置信息，便于了解系统设置。

display 端口：显示端口的相关信息。

shutdown：当进入一个端口后，使用 shutdown 可以关闭该端口。

undo 命令：执行与命令相反的操作，如 undo shutdown 是开启该端口。

quit：退出当前状态。

sysname 设备名：更改设备的名称。

interface eth-trunk 1：创建汇聚端口 1（若已创建则是进入）。

interface GigaBitEthernet 0/0/1：进入千兆以太网端口 1 的设置状态。

bpdu enable：允许发送 bpdu 信息。

ip address 192.168.0.10 24：设置 IP 地址，24 代表 24 位网络号。

vlan 10：进入 vlan 10 的配置状态。

心灵启迪：网络强国，数字中国

信息化和经济全球化相互促进，互联网已经融入社会生活方方面面，深刻改变了人们的生产和生活方式。我国正处在网络发展的大潮之中，“网络强国，数字中国”敲响了时代最强音，引领我国的发展走向更高更强。

在国际上，网络空间是国际发展和竞争的新场域，网信事业发展水平是衡量一个国家综合国力的新维度。当下，建设网络强国、数字中国就是紧紧抓住时代发展的“牛鼻子”，助力中国发展实现“弯道超车”。

党的二十大报告指出：“坚持把发展经济的着力点放在实体经济上，推进新型工业化，加快建设制造强国、质量强国、航天强国、交通强国、网络强国、数字中国。”

在这样的发展契机之下，作为计算机相关专业的青年，要打好专业基础，努力学习网络知识，掌握好网络科技的前沿技术，不负青春，为“网络强国，数字中国”建设做出应有的贡献。

小　结

本单元介绍了计算机网络的形成与发展、功能、分类和性能指标、组成，分析了计算机网络的体系结构和拓扑结构，从而使读者对计算机网络有初步的认识。通过完成实训任务“组建简单的计算机网络”，将计算机网络知识运用到动手实践中，加强读者对知识的理解，锻炼其分析问题和解决问题的能力，提升其专业素养，为其更深入地学习计算机网络知识打下良好的基础。

思考与练习

一、单选题

1. 世界上第一个真正意义上的计算机网络是（　　）。

A. ENIAC　　B. Internet　　C. ARPAnet　　D. CSTNET

2. 局域网的传输速率多在 10 ～ 100 Mbit/s，其中的 bit/s 是指（　　）。

A. 比特　　B. 带宽

C. 每秒传输的字节数　　D. 每秒传输的比特数

3. 同一体系结构的网络产品互联和不同系统体系结构的产品互联的实现分别为（　　）。

A. 非常容易，容易实现　　B. 非常容易，很难实现

C. 非常困难，容易实现　　D. 非常困难，很难实现

4. 计算机网络是（　　）相结合的产物。

A. 计算机技术和通信技术　　B. 软件技术和硬件技术

C. 媒体技术和软件技术　　D. 通信技术和软件技术

5. 计算机网络是用通信线路和网络连接设备将分布在不同地点的若干台独立计算机系统互相连接，按照（　　）进行数据通信，实现资源共享，为网络用户提供各种应用服务的信息系统。

A. IP 地址　　B. 数据转发　　C. 网络协议　　D. MAC 地址

二、多选题

1. 云计算是一种通过 Internet 以服务的方式提供（　　）资源的计算模式。

A. 固定　　B. 动态可伸缩　　C. 虚拟化　　D. 硬件

2. 计算机网络的主要功能有（　　）。

A. 数据通信　　B. 资源共享　　C. 分布式处理　　D. 综合信息服务

3. 按传播方式可将计算机网络分为（　　）。

A. 局域网　　B. 总线网

C. 点对点传输网络　　D. 广播式传输网络

4. OSI 参考模型分为物理层、（　　）、会话层、表示层和应用层。

A. 网络接口层　　B. 数据链路层　　C. 网络层　　D. 传输层

5. TCP/IP 模型分为（　　）、应用层。

A. 物理层　　B. 网络接口层　　C. 网络层　　D. 传输层

三、简答题

1. 计算机网络中常用的传输介质有哪些？有何特点？

2. OSI 参考模型与 TCP/IP 模型有何异同？

第2单元　网络设备和传输介质的使用

知识导图

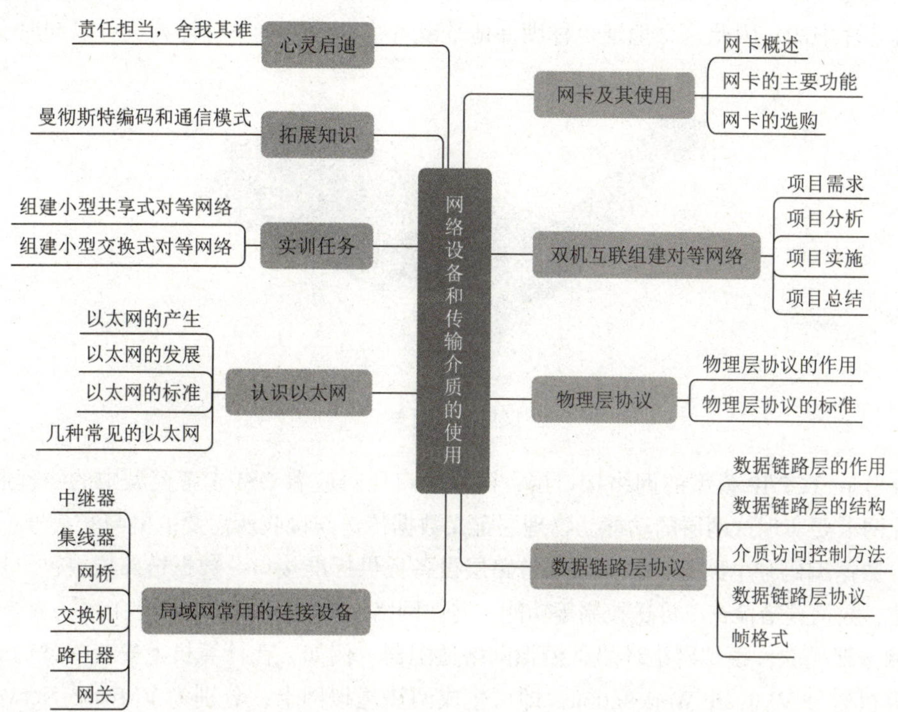

学习目标

- 掌握：局域网常用连接设备的应用场合。
- 理解：物理层协议和数据链路层协议。
- 了解：以太网的产生和发展。
- 应用：能够应用华为 eNSP 组建双机互联对等网络和小型共享式 / 交换式网络。
- 养成：分析和解决实际问题的能力，具有“责任担当，舍我其谁”的精神。

计算机安装网卡之后，才能在网络上进行通信。在计算机网络中，除了服务器、工作站、传输介质等设备之外，还有非常重要的通信设备，如中继器、集线器、网桥、交换机、路由器、网关等，这些设备为计算机网络的正常工作提供了保障。本单元介绍网卡的使用、双机互联组建对等网络、物理层协议、数据链路层协议、局域网常用的连接设备和以太网的产生以及发展等知识，通过完成小型共享式 / 交换式对等网络的组建，深入理解网络设备在计算机网络中的作用。

2.1 网卡及其使用

网卡是安装在计算机主板上的一块电路板，是计算机的组成部件。早期的计算机在出厂的时候是不安装网卡的，如果要连入计算机网络，就要添置一款合适的网卡。现在的计算机出厂时都默认安装了网卡。

1. 网卡概述

网卡也称网络适配器（network interface card，NIC），是计算机网络中最基本的部件之一，如图 2-1 所示。计算机主要通过网卡连接网络，网卡的功能是负责在计算机和网络之间实现双向数据传输。每块网卡均设置唯一的 48 位二进制网卡地址，该地址是网卡生产厂家在生产时烧入 ROM（只读存储器）芯片中的，因此这个地址也称硬件地址或者物理地址。一台计算机可以同时安装两块或多块网卡。

图2-1　网卡

网卡工作在 TCP/IP 模型的网络接口层，网络接口层对应着 OSI 参考模型中的物理层和数据链路层，因此网卡要实现这两层的功能。物理层定义数据传送与接收所需要的电与光信号、线路状态、时钟基准、数据编码和电路等，并向数据链路层设备提供标准接口。数据链路层提供寻址机构、数据帧的构建、数据差错检查、传送控制等功能，并向网络层提供标准的数据接口。

虚拟网卡即用软件模拟网络环境，模拟网络适配器。例如，在计算机上安装一款功能强大的桌面虚拟计算机软件 VMware Workstation，即可生成两块虚拟网卡，分别为 VMware Network Adapter VMnet1 和 VMware Network Adapter Vmnet8，如图 2-2 所示。VMware Workstation 可以在一台实体机器上模拟完整的网络环境。

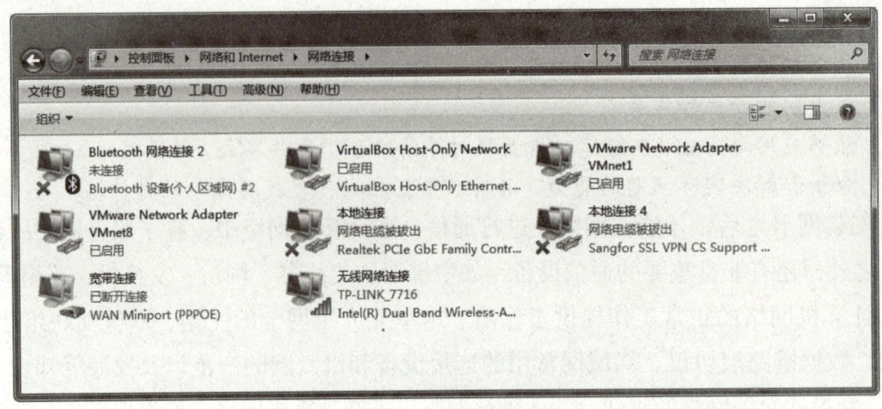

图2-2　计算机安装VMware Workstation生成两块虚拟网卡

2. 网卡的主要功能

① 数据的封装与解封。发送数据时网卡将上一层（即网络层）交下来的数据加上首部和尾部，使之成为帧，也就是封装数据。接收数据时，网卡剥去帧的首部和尾部，然后送交上一层，也就是解封装数据。

② 链路管理。主要通过 CSMA/CD（carrier sense multiple access with collision detection，带冲突检测的载波监听多路访问）协议来实现。

③ 数据编码与译码，如曼彻斯特编码与译码，即对数据进行物理层的编码与译码。

3. 网卡的选购

选购网卡时考虑的因素包括网络的类型、计算机主板总线接口类型、网卡支持的电缆接口类型、传输速率以及价格与品牌。

网卡类型要与组建的网络类型相一致。目前比较流行的网络类型包括以太网、令牌环网、FDDI 网、无线网络（WLAN）等，网卡的选择应根据计算机要连入的实际网络类型来决定。

网卡要与计算机相连接，因此选择网卡时要考虑计算机主板接口的总线类型。目前计算机主板接口的总线类型主要有 ISA、PCI、PCI-X、PCI-E、PCMCIA、USB 和 ExpressCard 等。由于计算机技术的飞速发展，ISA 总线接口的网卡的使用越来越少；PCI 总线接口普遍使用在台式计算机上，也是目前最主流的一种网卡接口类型；PCI-X 总线接口是服务器网卡经常采用的总线接口，比 PCI 接口具有更快的数据传输速度；PCI-E 总线是一种通用的总线规格，由 Intel 所提倡和推广，其设计目的是取代现有计算机系统内部的总线传输接口，不只包括显示接口，还囊括了 CPU、PCI、HDD、Network 等多种应用接口；PCMCIA 总线接口是笔记本电脑专用的网卡接口类型；USB 总线接口一般是外置式的，主要是为了满足没有内置网卡的笔记本电脑用户的需求；ExpressCard 标准向台式计算机和笔记本电脑提供更薄、更快、更轻的扩展模块。

如图 2-3 所示，主板的左侧三个白色的是 PCI-X 总线接口，中间黑色的是 PCI-E 总线接口，右边白色的是一个 PCI 总线接口。

图2-3 主板

选购的网卡一定要与计算机主板上支持的总线接口相匹配，才能与计算机主板连接并且正常工作。

有线网卡通过线缆连接网络，因此还要考虑线缆接口类型。目前常见的线缆接口类型主要有以太网的 RJ-45 接口、细同轴电缆的 BNC 接口和粗同轴电缆的 AUI 接口、FDDI 接口、ATM 接口等，不同的接口差别较大。

网卡是在计算机和网络之间传输数据的，网卡的传输速率应与计算机的带宽需求和物理传输介质所能提供的最大传输速率相适应。另外，不同速率、不同品牌的网卡价格差别较大，选购的时候并非越贵越好，要考虑实际情况，只有匹配才能发挥性能。

2.2 双机互联组建对等网络

最简单的计算机网络，就是两台计算机互联组建的一个对等网络。在此将双机互联组建对等网络作为一个项目，从项目需求、项目分析、项目实施和项目总结几个方面对其进行分析。

1. 项目需求

将两台计算机互联，组建一个简单的计算机网络，实现这两台计算机软硬件资源的共享。

2. 项目分析

目前，实现双机互联的典型方法包括：

① 使用电缆连接两台计算机的串口或并口，其特点是：不需要网卡，但速度慢、连接距离短。

② 使用 USB-Link 连接线连接两台计算机，USB-Link 连接线也称 USB 数据桥电缆，这需要计算机上有 USB 接口，以及相应的驱动程序。它的特点是：每台计算机都拥有对另一台计算机的完全的操作权，不管是否设置了共享。

③ 使用双绞线连接两台计算机的网卡，这是一种最常见的双机互联方式，其特点是方便快捷，操作简单。

④ 如果计算机上安装有无线网卡，可以使用无线连网的方式实现两台计算机之间的互联。

该项目选用双绞线连接两块网卡以实现双机互联。

3. 项目实施

对于一般的计算机，网卡都已经安装好了，在项目实施的时候可以跳过本步骤。如果需要进行网卡安装，不仅要进行网卡硬件的安装，还要安装网卡的驱动程序。

① 制作交叉双绞线。网线一端按照 EIA/TIA 568A 标准制作，另一端按照 EIA/TIA 568B 标准制作，通过“剥”“理”“插”“压”“测”的步骤进行。

② 双机互联。将交叉线两端分别插入两台计算机网卡的 RJ-45 接口，如果观察到网卡的指示灯绿色亮起，则表示网线连接良好。

③ 配置两台计算机的 IP 地址。在 Windows 操作系统的计算机上，在“以太网 属性”对话框中选择“此连接使用下列项目”中的“Internet 协议版本 4（TCP/IPv4）”，然后单击“属性”按钮，如图 2-4 所示。在弹出的“Internet 协议版本 4（TCP/IPv4）属性”对话框中，可以设置该计算机的 IP 地址、子网掩码、默认网关等信息，如图 2-5 所示。比如，可以将两台计算机的 IP 地址分别设置为 192.168.0.1 和 192.168.0.2，子网掩码都设置为 255.255.255.0。

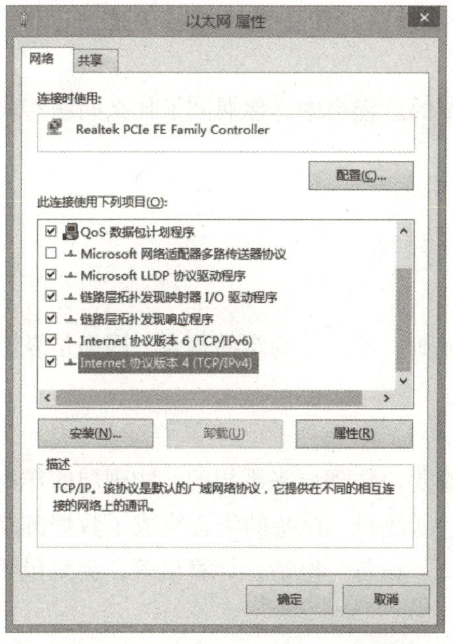

图2-4　“以太网 属性”对话框

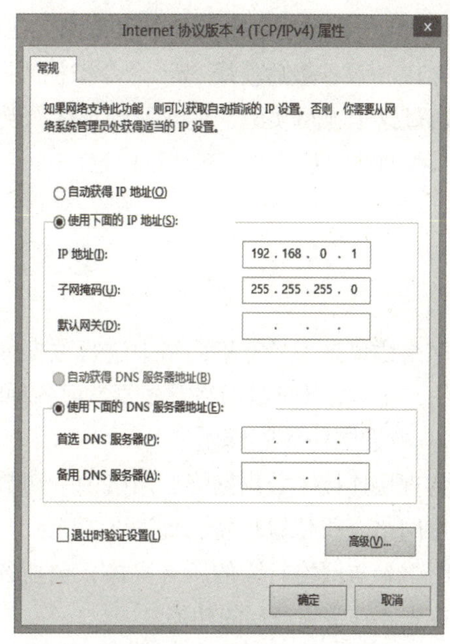

图2-5　设置计算机的IP地址和子网掩码

④ 测试两台计算机的连通性。打开其中一台计算机的 CMD 窗口，使用 ping 命令可以测试两台计算机的连通性。例如，在 IP 地址是 192.168.0.1 的计算机上，输入 ping 192.168.0.2 命令，可以测试它们的连通性，如果得到的回复 Lost = 0，如图 2-6 所示，表示两台计算机连网正常。

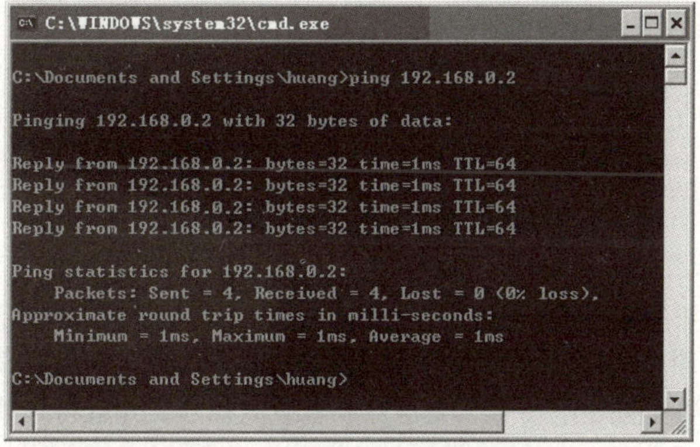

图2-6　测试两台计算机的连通性

如果 ping 命令的结果回复 100% 丢失，则说明两台计算机连网异常，可以按照以下三个步骤进行检查：

① 确认网线是否有问题。

② 确认网卡物理连接是否正常。

③ ping 本计算机的 IP 地址，检查协议安装是否正常；如果 ping 自己能通，建议关闭另一台计算机上的防火墙，再次进行测试。

4. 项目总结

该项目是用双绞线连接两台计算机的网卡，实现两台计算机互联互通。其中用双绞线连接了两块以太网卡，搭建了一个简单的以太网；在项目实施当中还设置了 IP 地址，其实 IP 地址背后是一个强大的 IP 协议；最后使用 ping 命令来检测网络的连通性。

通过这个项目实施，你学习到了什么呢？在项目实施的过程当中，你遇到了什么问题？欢迎大家到课程网站的互动区一起交流讨论。

2.3 物理层协议

网络协议是为计算机网络中进行数据交换而建立的规则、标准或约定的集合。网络是靠协议来工作的，要学好计算机网络首先要学习各种网络协议。

1. 物理层协议的作用

物理层连接了数据网络，网络中一切数据传递最终都是由物理层来承担的。物理层的作用概括为通过网络介质传输比特，如图 2-7 所示。比特就是二进制数码，比特的集合构成了数据链路层的帧。图中参与网络行为的所有实体，包括各种线缆、接口、设备、电话、计算机等，甚至包括人在内，首先要具备物理层的功能。

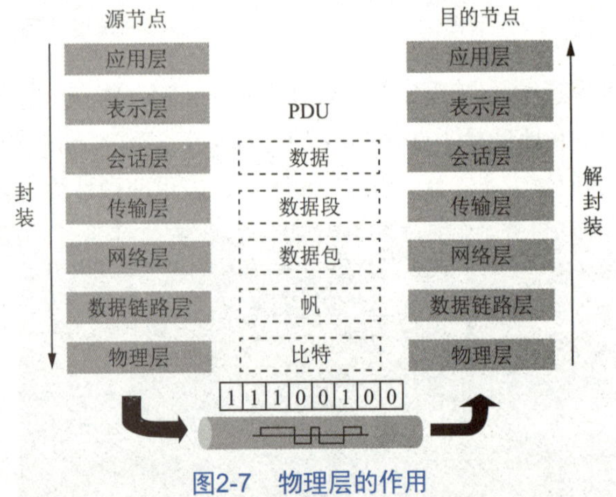

图2-7 物理层的作用

计算机网络中的物理层设备，一般指具有物理层功能的设备，如集线器就是仅具有物理层功能的一个设备，其功能主要是创建电信号、光信号或者微波信号，并且将这些信号放到物理介质上进行传输。

2. 物理层协议的标准

物理层协议或者物理层的标准，与上层的标准比起来，完全是在硬件中实现的。比如，制作网线时用到的 RJ-45 水晶头，它的尺寸、构成能够看得见、摸得着。不同的物理器件会有不同的标准，国际标准化组织（ISO）、国际互联网工程任务组（the internet engineering task force，IETF）、电气与电子工程师协会（institute of electrical and electronics engineers，IEEE）都可以制定物理层标准。

物理层标准一般会规定网络信号、连接器和对电缆的要求，如图 2-8 所示。比如，不同的信号标准使不同的设备之间能够实现互操作；国际标准化组织（ISO）制定的 RJ-45 插孔和插头的标准，能够使不同厂家生产的连接器完美连接；电缆的标准能够使不同厂家制作的电缆和网卡协同工作。

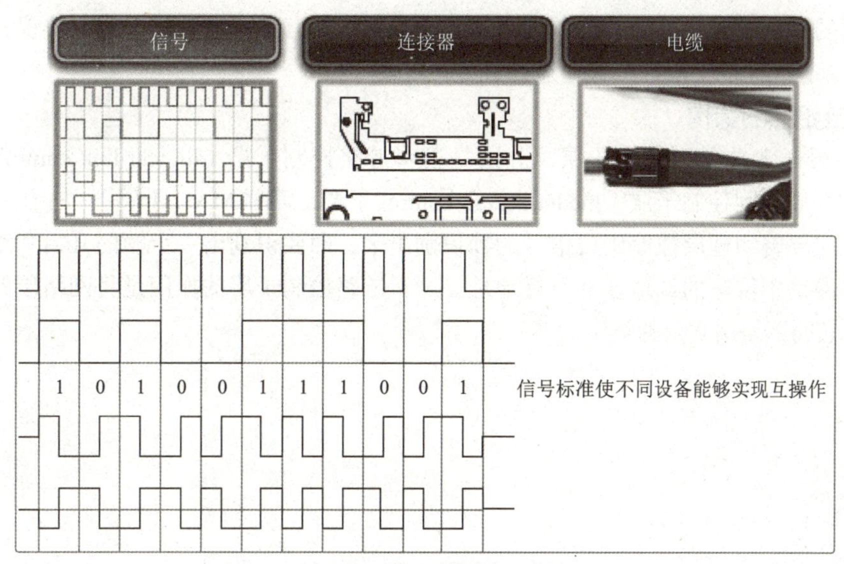

图2-8　信号、连接器和电缆

2.4　数据链路层协议

物理层协议实现了通过网络介质传输比特，而比特构成了数据链路层的帧，帧是数据链路层上的协议数据单元（protocol data unit，PDU）。在分层网络结构，例如在 OSI 参考模型中，在传输系统的每一层都将建立协议数据单元（PDU），PDU 包含来自上层的信息和当前层的实体附加的信息，这个 PDU 会被传送到下一层。

1. 数据链路层的作用

数据链路层负责通过物理网络在节点之间交换帧。物理网络的节点是一个连接到网络的有源电子设备，能够通过通信通道发送、接收或转发信息，节点可以是工作站、客户、个人计算机和其他网络连接设备等。在计算机网络体系结构中，数据链路层起到了连接软件层和硬件层的作用，因为它的下层是纯硬件的物理层，上层是纯软件的网络层，如图 2-9 所示。网卡就是一个典型的数据链路层设备，它本身由软件和硬件两种组件构成。

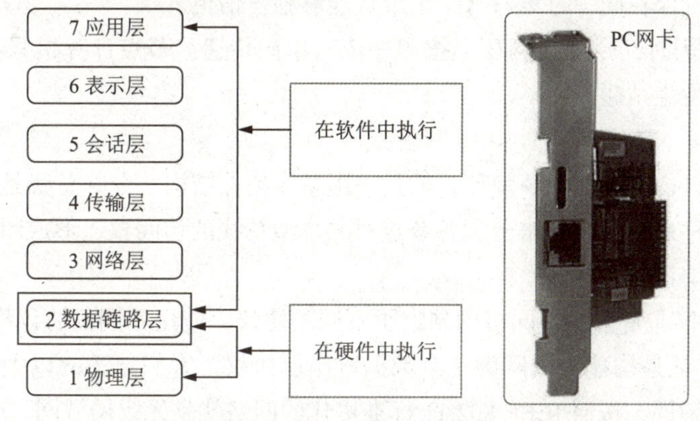

图2-9　数据链路层的作用

所谓不同的局域网或者不同的广域网，是指这些网络具有不同的数据链路层协议，不同的数据链路层协议可以让相同的上层数据包通过并且进行传输。

2. 数据链路层的结构

数据链路层通常被分为两个子层，分别是逻辑链路控制子层（logical link control 子层，简称 LLC 子层）和介质访问控制子层（media access control 子层，简称 MAC 子层），如图 2-10 所示。介质访问控制子层要将物理层被编码成信号的帧识别出来，即要识别出一个帧的开始和结束位置，并且要标明帧在网络中传输的源地址和目标地址。逻辑链路控制子层的作用是将网络层的数据包封装成帧，并且要表明网络层协议的类型。

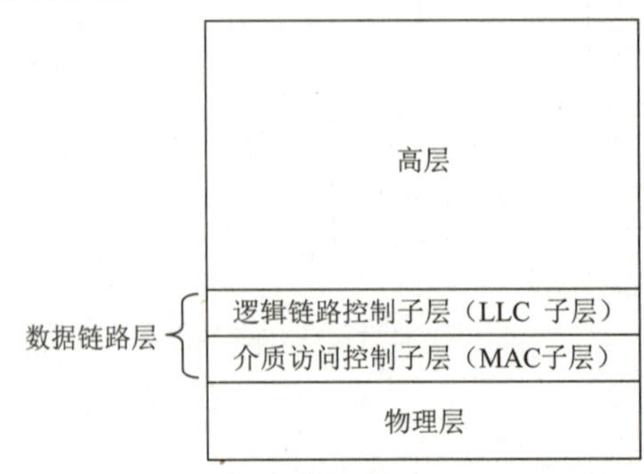

图2-10 数据链路层分为两个子层

3. 介质访问控制方法

常见的介质访问控制方法有 CSMA/CD、令牌环和令牌总线。

（1）CSMA/CD

CSMA/CD（carrier sense multiple access with collision detection）控制方法是一种争用型的介质访问控制协议，它只适用于总线拓扑结构的局域网，能有效解决总线局域网中介质共享、信道分配和信道冲突等问题。

CSMA/CD 的工作原理可概括为 16 个字：“先听后发，边听边发，冲突停止，延时重发”。

（2）令牌环

令牌环（token ring）适用于环状拓扑结构的局域网，在令牌环网中有一个令牌（token）沿着环状总线在入网节点计算机间依次传递。令牌实际上是一个特殊格式的控制帧，本身并不包含信息，仅控制信道的使用，确保在同一时刻只有一个节点能够独占信道。

当环上节点都空闲时，令牌在网环上按顺序依次单向传递。节点计算机只有取得令牌后才能发送数据帧，因此不会发生“碰撞”。

（3）令牌总线

令牌总线（token bus）类似于令牌环，但其采用总线拓扑结构。令牌总线是在总线的基础上，通过在网络节点之间有序地传递令牌来分配各节点对共享型总线的访问权，形成闭合的逻辑环路。

4. 数据链路层协议概述

数据链路层的协议非常多，不同机构制定了不同的协议，使用不同的协议搭建的网络也就不同，如 ISO 颁布的 HDLC 就是构建广域网的一个数据链路层协议。人们熟悉的以太网是按照 IEEE 802.3 的数据链路层协议搭建的，按照 IEEE 802.11 标准搭建的网络就是无线局域网。

数据链路层协议一般是在网络适配器中实施的，在实际工程中数据链路层协议的选用取决于网络的拓扑结构以及物理层的实施方式。不同的数据链路层协议体现在不同的帧结构上，而不同的帧其帧头和帧尾中所包含的字段有很大差异。

5. 帧格式

在脆弱的环境当中，需要较多的控制信息才能确保帧的送达。由于所需要的控制信息较多，因此这种帧的帧头和帧尾字段都较大，传输速度较慢，如图 2-11 所示。而在受保护的环境下，可以轻易确保帧能顺利到达目的设备，由于需要的控制信息较少，因此这种帧的帧头和帧尾就可以比较小，传输速度较快。

帧头			数据	帧尾	
帧首	地址	类型/长度		FCS	停止位

图2-11　帧格式

帧头是封装在数据包前面的数据片段，帧头一般包含帧首字段、地址字段，以及类型 / 长度字段。帧首字段表示帧的起始位置，告知网络中的其他节点，一个帧将沿介质传输过来。地址字段用于标明帧的源地址和目的地址。类型 / 长度字段是可选字段，某些协议用其说明即将传输的数据类型，也可用于说明帧的长度。

封装在数据包后面的数据片段称为帧尾。帧尾一般包含帧校验序列字段（FCS）和停止位两部分。帧校验序列字段适用于帧传输中的差错校验，停止位字段是“类型 / 长度”字段中未指定帧的长度时使用的，是可选字段，表明帧在传输时的结束位置。

以太网的帧结构中，如图 2-12 所示，前导码用于同步，一般不计入帧的长度。接收数据帧的目的节点 MAC 地址和发送数据帧的源节点 MAC 地址各用 6 字节来标识。接下来的 2 字节标识以太网帧所携带的上层数据类型，如 0x0800 代表 IP 协议数据，0x809B 代表 AppleTalk 协议数据等，数据包部分是 46 ~ 1 500 字节，后面是帧校验序列的 4 字节。

前导码 8字节	目的MAC地址 6字节	源MAC地址 6字节	类型 2字节	数据 46~1 500字节	帧校验序列（FCS） 4字节

图2-12　以太网的帧格式

2.5　局域网常用的连接设备

计算机网络一般由服务器、用户工作站和通信设备等构成，其中服务器和工作站是计算机网络的终端设备，通信设备也称连接设备，它们把计算机网络连成一体。局域网中常用的通信设备主要包括中继器、集线器、网桥、交换机、路由器、网关等。

1. 中继器

不同厂家生产的中继器（repeater）设备从外观上看差别较大，如图 2-13 所示，它们在网络中的作用是一样的。

图2-13　中继器设备

信号在介质中传输时，由于介质的阻抗会使信号越来越弱，以致会让信号衰减失真。当网线的长度超过一定限度后，若想再继续传递下去，必须将信号整理放大，恢复成原来的强度和形状。中继器的主要功能就是将收到的信号重新整理放大，使其恢复到原来的波形和强度，以实现更远距离的信号传输。中继器工作在 OSI 参考模型的物理层，即中继器是一个纯物理层设备。

2. 集线器

集线器（hub）设备如图 2-14 所示。多台终端通过集线器连成一个网络。集线器也是运行在 OSI 参考模型的物理层，是一个物理层设备。集线器能够提供多个网络接口，从而将多台计算机连在一起，但是它所有的端口设备共享一条数据总线的带宽。用集线器组建的网络在物理上属于星状拓扑结构，但逻辑上属于总线拓扑结构。

3. 网桥

网桥（bridge）设备如图 2-15 所示。网桥在数据链路层实现同类网络的互联，其功能在延长网络跨度上类似于中继器，然而它比中继器更智能化，能根据数据帧的目的地址对数据帧进行转发和过滤。网桥可将网络分为多个网段，缓解网络繁忙的程度，提高通信效率。

图2-14　集线器设备

图2-15　网桥设备

4. 交换机

交换机（switch）设备如图 2-16 所示。交换机是多端口的网桥，也工作在数据链路层，基于 MAC 地址识别转发数据帧。交换机的多个端口只有发出请求的端口和目的端口之间相互响应，不影响其他端口，因此交换机能够隔离冲突域，还能有效抑制广播风暴的产生。交换机的端口可以工作在全双工模式下，也就是每一个端口可以同时收、发数据，而不会相互干扰。

5. 路由器

路由器（router）设备如图 2-17 所示。路由器工作在 OSI 参考模型的网络层，主要用来实现不同网络之间的连接。路由器能够分析各种不同类型网络传来的数据包的目的地址，再根据选定的路由算法把各数据包按最佳路线传送到指定位置。路由器是互联网的主要节点设备，路由器系统构成了基于 TCP/IP 的 Internet 的主体脉络。

图2-16　交换机设备

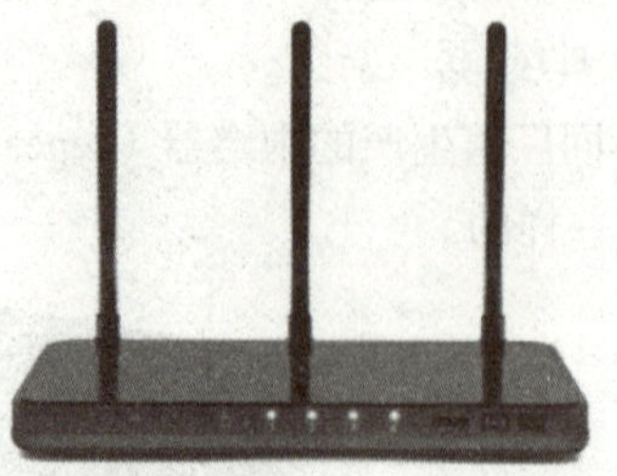

图2-17　路由器设备

6. 网关

路由器作为连接两个或多个网络的硬件设备，在网络间起网关（gateway）的作用，网关通过把信息重新包装来适应不同的网络环境。网关能互联异类的网络，从一个网络中读取数据，剥去数据的老协议，然后用目的网络的新协议进行重新包装。网关可以看作一个翻译器。与网桥只是简单地传达信息不同，网关对收到的信息要重新打包，以适应目的系统的需求。

2.6　认识以太网

1. 以太网的产生

1976 年 7 月，美国的科学家 Bob 在 ALOHA 网络的基础上提出总线局域网的设计思想，并提出冲突检测、载波侦听与随机后退延迟算法，将这种局域网命名为以太网（Ethernet）。

早期以太网的拓扑结构如图 2-18 所示。早期的以太网用同轴电缆作为传输介质，以总线拓扑结构连接计算机，使用的同轴电缆有细缆和粗缆之分，其中，使用粗缆的以太网标准是 10BASE5，使用细缆的以太网标准是 10BASE2。

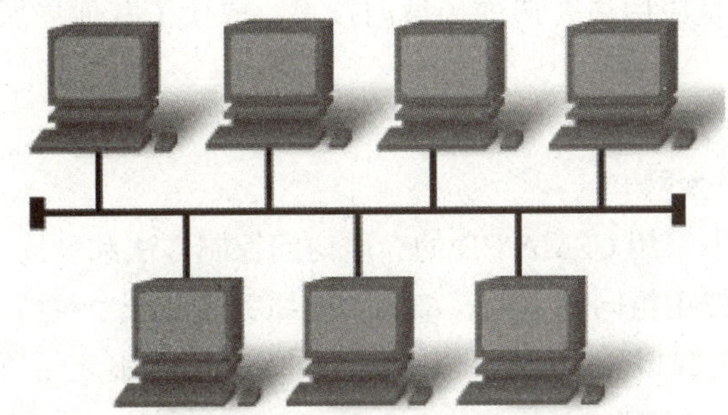

图2-18　早期以太网的拓扑结构

以太网的核心技术是介质访问控制方法 CSMA/CD，它解决了多节点共享公用总线的问题。每个站点都可以接收到所有来自其他站点的数据，目的站点将该帧复制，其他站点则丢弃该帧。

2. 以太网的发展

出现了集线器以后，非屏蔽双绞线取代了同轴电缆等物理介质，物理拓扑从总线结构变成更容易施工的星状结构。值得注意的是，集线器是一个纯物理层的设备，虽然拓扑结构在物理上由总线结构变成了星状结构，但在逻辑上（或者信号的传输方式上）仍然是总线结构。

传统的以太网在逻辑上是总线拓扑结构，工作在半双工模式。由于它是基于介质共享的，因此每次只有一个站点能够成功发送信息。这种传统的半双工以太网随着更多设备的加入而使冲突量大幅增加，传输效率比较低。

当今的以太网，交换机替代了集线器，通信介质不仅可以使用铜缆，还可以使用光缆。交换机是一个数据链路层的设备，可以识别每个端口，它只会将数据帧发送到正确的目的地，而不是像集线器那样发送到每个端口。另外，交换机的端口可以设置为全双工模式，实现同时、双向的数据传输，因此当今的以太网可以实现全双工的数据转发。

3. 以太网的标准

以太网的国际标准是 1980 年 2 月由美国电气电子工程师协会（IEEE）制定的，因此被称为

IEEE 802 标准，该标准只涉及数据链路层和物理层协议，分别是 IEEE 802.2 标准和 IEEE 802.3 标准，它们的关系如图 2-19 所示。

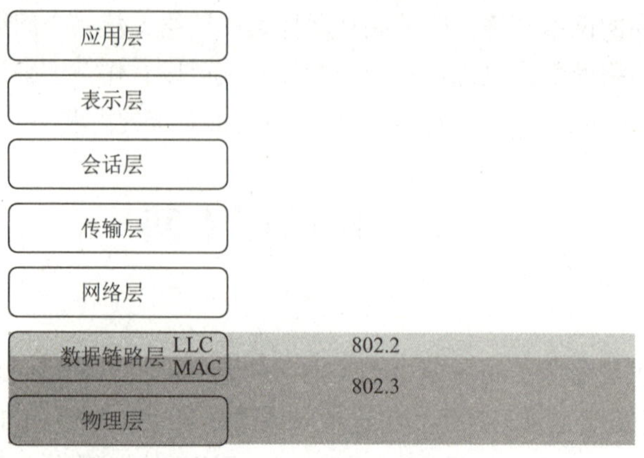

图2-19 以太网的标准

IEEE 802.3 标准制定了以太网的技术标准，它规定了包括物理层的连线、电子信号和介质访问层协议的内容。以太网是应用最普遍的局域网技术，取代了其他局域网技术如令牌环、FDDI 和 ARCNET。

4. 几种常见的以太网

（1）10 Mbit/s 标准以太网

标准以太网指的是早期采用 CSMA/CD 的介质访问控制方法和曼彻斯特编码、工作在 10 Mbit/s 的以太网。标准以太网中使用粗同轴电缆、细同轴电缆、非屏蔽双绞线、屏蔽双绞线和光纤等多种传输介质进行连接，并且在 IEEE 802.3 标准中为不同的传输介质制定了不同的物理层标准。

（2）100 Mbit/s 快速以太网

与 10 Mbit/s 标准以太网相比，快速以太网仍然采用相同的帧格式、相同的 CSMA/CD 介质访问控制和组网方法，但由于定义了新的物理层标准，使速率从 10 Mbit/s 提高到 100 Mbit/s。快速以太网的标准为 IEEE 802.3u。

（3）千兆以太网

千兆以太网是建立在以太网标准基础之上的技术。千兆以太网与大量使用的标准以太网和快速以太网完全兼容，并利用了原以太网标准所规定的全部技术规范，其中包括 CSMA/CD 协议、以太网帧、全双工、流量控制以及 IEEE 802.3 标准中所定义的管理对象。千兆以太网有 IEEE 802.3z 标准和 IEEE 802.3ab 两种标准。

（4）万兆以太网

万兆以太网技术与千兆以太网类似，仍然保留了传统以太网的帧结构，但只支持光纤作为传输介质，不存在介质争用问题，不再使用 CSMA/CD 介质访问控制方法，仅支持全双工传输方式。通过不同的编码方式或波分复用技术提供 10 Gbit/s 传输速度。万兆以太网的标准为 IEEE 802.3ae。

以太网最初局限于单一建筑物中的局域网技术，后来在以太网中使用光缆后，电缆连接距离大幅延长，现在可以覆盖一个城市，因此也可以将现在的以太网称为城域网技术。

2.7 实训任务

任务 2-1：组建小型共享式对等网络

(1) 任务目标

掌握用集线器组建小型共享式对等网络的方法。

(2) 任务内容

用华为 eNSP 组建小型共享式对等网。

(3) 完成任务所需的设备和软件

安装有 Windows 10 操作系统的 PC 一台，华为 eNSP。

(4) 网络拓扑结构

网络拓扑结构如图 2-20 所示。

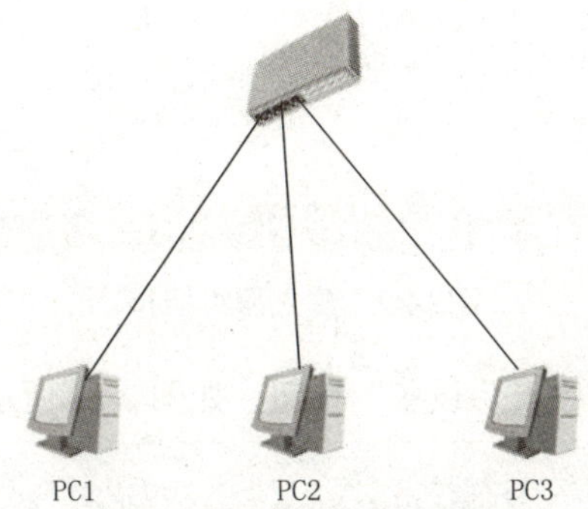

图2-20 网络拓扑结构

(5) 任务实施步骤

步骤 1：打开 eNSP 模拟器，在“其他设备”中拖动 HUB 到编辑区，如图 2-21 所示。

图2-21 拖动HUB到编辑区

步骤 2：拖动三台 PC 到编辑区，并用 Auto 连线将三台 PC 与集线器连接，如图 2-22 所示。

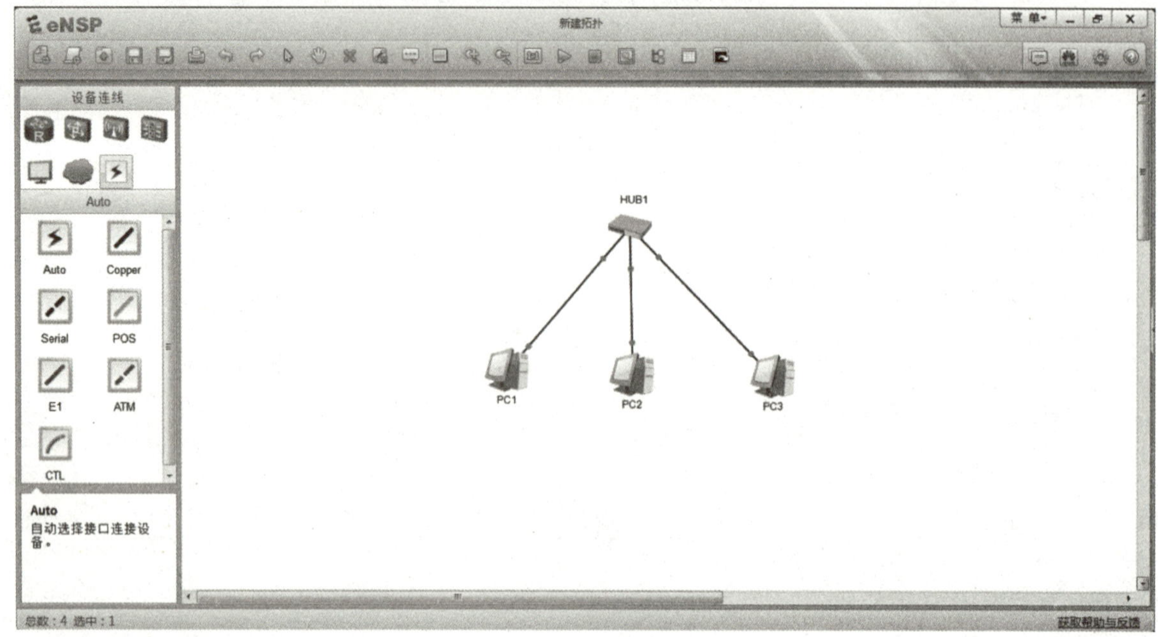

图2-22　建立网络拓扑

步骤 3：选中所有设备，单击“开启设备”按钮，如图 2-23 所示。

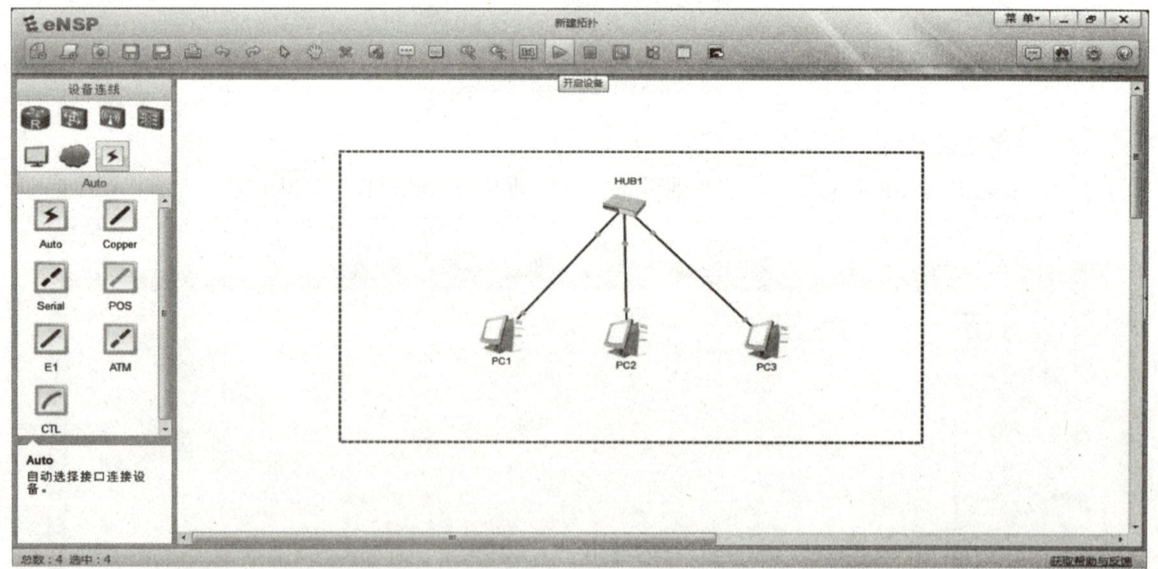

图2-23　开启设备

步骤 4：分别双击三台 PC，在编辑窗口的“基本配置”选项卡中配置 PC1 的 IP 地址为 192.168.1.10，子网掩码为 255.255.255.0（见图 2-24）；配置 PC2 的 IP 地址为 192.168.1.20，子网掩码为 255.255.255.0；配置 PC3 的 IP 地址为 192.168.1.30，子网掩码为 255.255.255.0。

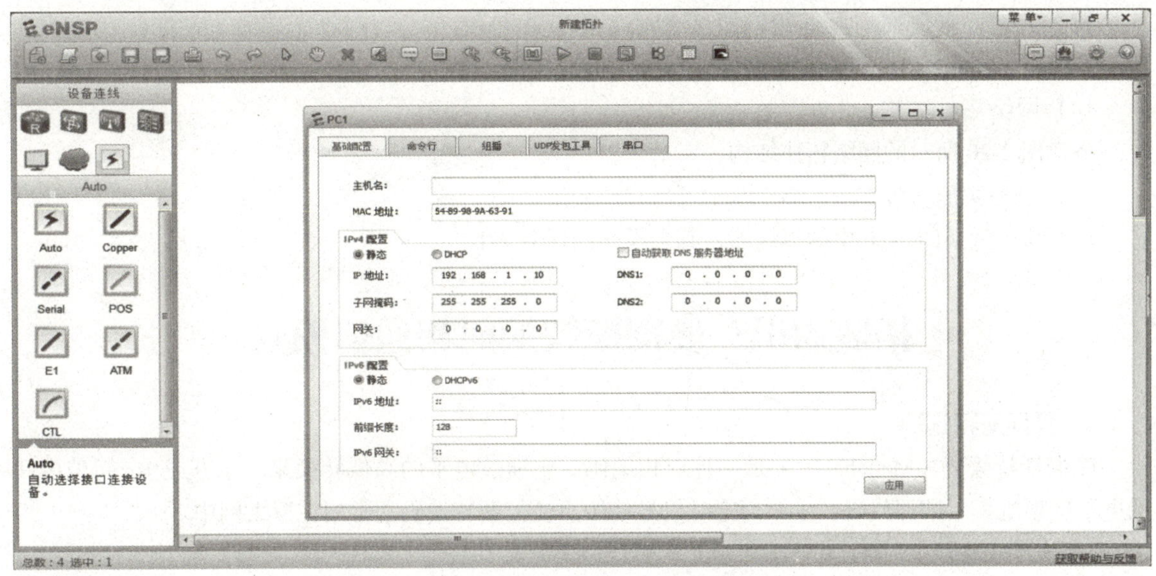

图2-24　配置三台PC的IP地址和子网掩码

步骤 5：在 PC1、PC2 和 PC3 之间用 ping 命令测试网络的连通性，如图 2-25 所示。

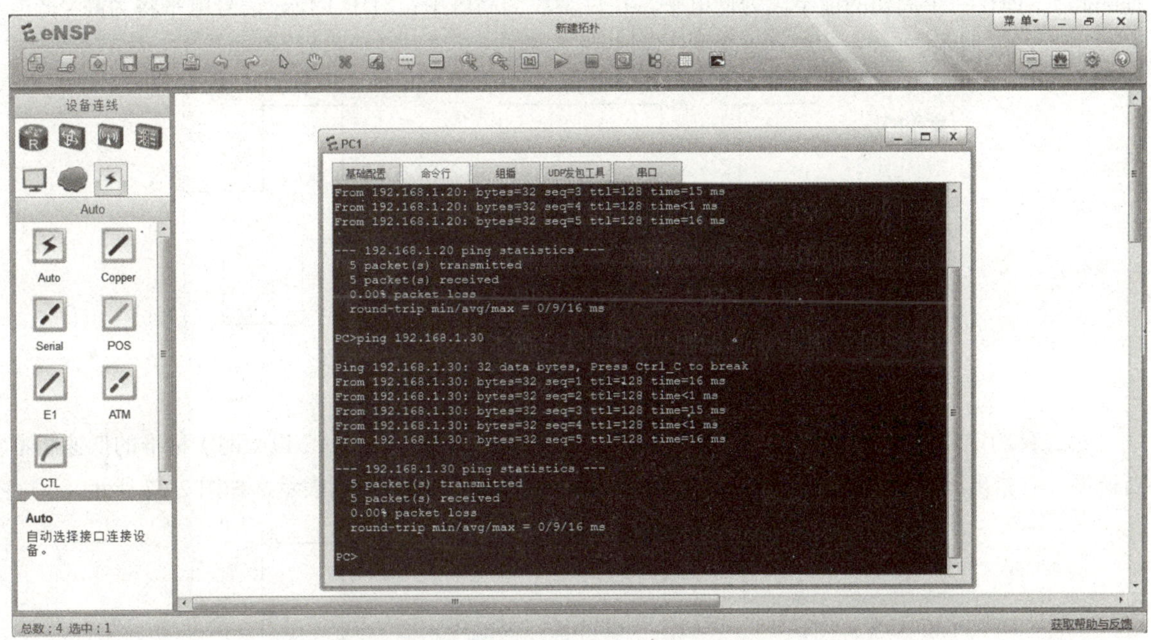

图2-25　测试网络连通性

任务 2-2：组建小型交换式对等网络

（1）任务目标

掌握用交换机组建小型交换式对等网络的方法。

（2）任务内容

用华为 eNSP 组建小型交换式对等网。

(3) 完成任务所需的设备和软件

安装有 Windows 10 操作系统的 PC 一台，华为 eNSP。

(4) 网络拓扑结构

搭建图 2-20 所示的网络拓扑结构。

(5) 任务实施步骤

用交换机替换图 2-20 中的集线器，其余操作同任务 2-1。

拓展知识：曼彻斯特编码和通信模式

1. 曼彻斯特编码

曼彻斯特编码（Manchester）是一种双相编码，它通过电平的高低转换来表示 0 或 1，每位中间的电平转换既表示数据代码，也作为定时信号使用。曼彻斯特编码常常用在以太网中。

(1) 编码规则

曼彻斯特编码有两种相反的约定。

第一种约定的曼彻斯特编码指定：对于 0 位，信号电平将为低 - 高电平（假设对数据进行幅度物理编码），即在一个周期的前半段为低电平，在后半段为高电平；对于 1 位，信号电平将为高 - 低电平，如图 2-26 所示。

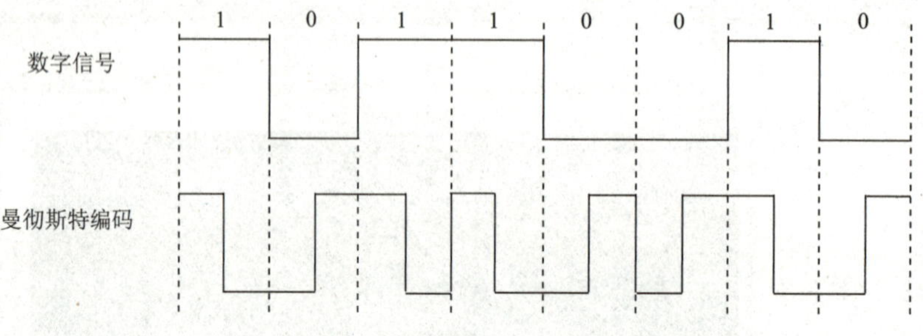

图2-26 第一种约定的曼彻斯特编码

第二种约定的曼彻斯特编码为 IEEE 802.4（令牌总线）和 IEEE 802.3（以太网）标准的低速版本所遵循。它指出逻辑 0 由高 - 低信号序列表示，逻辑 1 由低 - 高信号序列表示，如图 2-27 所示。

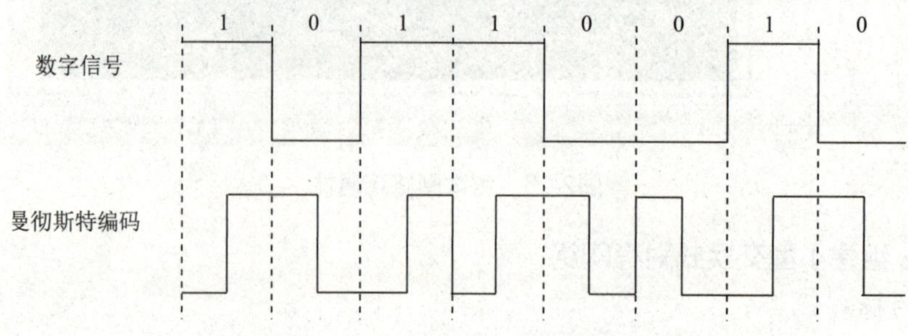

图2-27 第二种约定的曼彻斯特编码

值得注意的是，在每一位的“中间”必有一跳变，根据此规则，可以得出曼彻斯特编码波形图的画法，如图 2-28 所示。

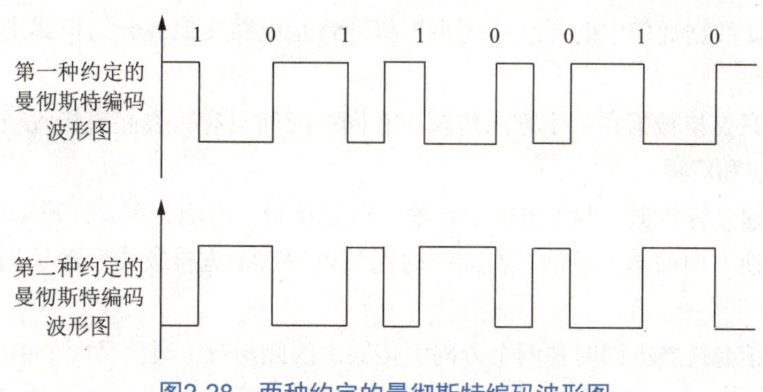

图2-28 两种约定的曼彻斯特编码波形图

(2) 编码原理

曼彻斯特编码是将时钟和数据包含在信号流中，在传输代码信息的同时，也将时钟同步信号一起传输到对方。曼彻斯特编码的每一个码元都被调制成两个电平，所以数据传输速率只有调制速率的 1/2。

曼彻斯特编码方法主要具有以下优点：

① 1 个比特的中间有一次电平跳变，两次电平跳变的时间间隔可以是 $T/2$ 或 T。

② 利用电平跳变可以产生收发双方的同步信号，曼彻斯特编码是一种自同步的编码方式，即时钟同步信号就隐藏在数据波形中。在曼彻斯特编码中，每一位的中间有一跳变，该跳变既可作为时钟信号，又可作为数据信号。因此，发送曼彻斯特编码信号时无须另发同步信号。

采用曼彻斯特编码，信号传输流的速率是原始数据流的两倍，要占用较宽的频带。信号解码简单，只要找到信号的边缘进行异步提取即可。10 Mbit/s 以太网采用曼彻斯特码。

(3) 差分曼彻斯特编码

差分曼彻斯特编码也是一种双相码。和曼彻斯特码不同的是，这种编码的码元中间的电平转换边只作为定时信号，而不表示数据。数据的表示在于每一位开始处是否有电平转换，有电平转换表示 0，无电平转换表示 1，如图 2-29 所示。差分曼彻斯特码用在令牌环网中。

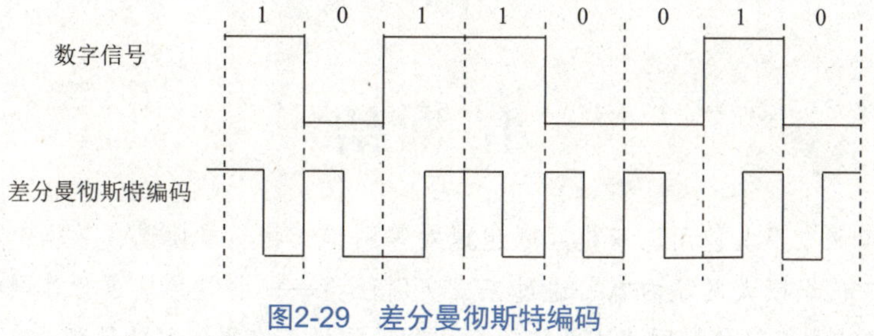

图2-29 差分曼彻斯特编码

这两种双相码的每一个码元都要调制为两个不同的电平，因而调制速率是码元速率的 2 倍。这无疑对信道的带宽提出了更高的要求，所以实现起来更困难也更昂贵。但由于其具有良好的抗噪声特性和自定时能力，因此在局域网中仍被广泛应用。

2. 通信模式

单工、半双工、全双工是计算机网络中的三种通信模式。这些通信通道可以提供信息传达的途径。通信信道可以是物理传输介质或通过多路复用介质的逻辑连接。物理传输介质是指能够传播能量波的材料物质，如数据通信中的导线。逻辑连接通常指电路交换或分组模式虚拟电路连接，如无线电信通道。

单工数据传输只支持数据在一个方向传输。在同一时间只有一方能够接收或发送信息，不能实现双向通信，如电视和广播。

半双工数据传输允许数据在两个方向上传输，但是在某一时刻，只允许数据在一个方向上传输，它实际上是一种切换方向的单工通信。在同一时间只可以有一方接收或发送信息，可以实现双向通信，如对讲机。

全双工数据通信允许数据同时在两个方向上传输，因此全双工通信是两个单工通信方式的结合。它要求发送设备和接收设备都有独立的接收和发送能力。在同一时间可以同时接收和发送信息，实现双向通信，如电话通信。

心灵启迪：责任担当，舍我其谁

交换机、路由器、服务器、网线及光缆等构成了整个网络的硬件基础设施，这些硬件设施的安全是整个网络正常运行的基础。身处网络时代，我们要自觉维护网络设施的安全，以责任担当、舍我其谁的责任意识，做好自己并影响身边的人。

当今时代，经济迅速发展，科技日新月异，给当代青年更多的机会、更大的空间去施展手脚。与此同时，也面临着更多的诱惑、竞争和不确定性。正因为如此，青年人的理想信念、责任担当就显得尤为可贵。

党的二十大报告指出："我国发展进入战略机遇和风险挑战并存、不确定难预料因素增多的时期，各种'黑天鹅'、'灰犀牛'事件随时可能发生。我们必须增强忧患意识，坚持底线思维，做到居安思危、未雨绸缪，准备经受风高浪急甚至惊涛骇浪的重大考验。"

青年们正处在实现中国梦的年富力强时期，生逢其时，也重任在肩。今天的青年是社会主义的建设者，是中华民族伟大复兴的中国梦的锻造者，青年有梦想希望，有责任担当，国家的美好未来就有保障。

小　结

本单元讲解了网卡及其使用、双机互联组建对等网络、物理层协议、数据链路层协议、局域网常用的连接设备、认识以太网等内容。通过完成实训任务——小型共享式对等网络和小型交换式对等网络的组建，使读者对计算机网络中的传输介质和通信设备有更深刻的认识。

思考与练习

一、单选题

1. 网卡工作在 TCP/IP 模型的（　　）。

A. 网络接口层　B. 网络层　C. 传输层　D. 应用层

2. 物理层的作用是通过网络介质传输（　　）。

A. 比特　　B. 数据　　C. 电信号　　D. 光信号

3. 数据链路层负责通过物理网络在节点之间交换（　　）。

A. 数据　　B. 字节　　C. 帧　　D. 比特

4. 双绞线的每两根芯线按一定规则交织在一起成为一个芯线对，其主要原因是（　　）。

A. 结实耐用　　B. 降低信号之间的相互干扰

C. 区分不同芯线　　D. 做法随机

5. 交换机是多端口的网桥，因此交换机也工作在数据链路层，它基于（　　）识别转发数据帧。

A. IP 地址　　B. MAC 地址　　C. 发送信号　　D. 接收信号

二、多选题

1. 有线网络中，计算机通过（　　）等传输介质连接。

A. 光纤　　B. 双绞线　　C. 同轴电缆　　D. 红外线

2. 路由器工作在 OSI 模型的（　　），主要用来实现（　　）之间的连接。

A. 数据链路层　　B. 网络层　　C. 相同同网络　　D. 不同网络

3. 数据链路层通常被分为两个子层，分别是（　　）。

A. 逻辑链路控制子层　　B. 数据传输控制子层

C. 介质访问控制子层　　D. 网络转发控制子层

4. 网关能互联异类的网络，从一个网络中读取数据，剥去数据的（　　），然后用目的网络的（　　）进行重新包装。

A. TCP/IP　　B. HTTP 协议　　C. 老协议　　D. 新协议

5. 当今的以太网，（　　）替代了集线器，通信介质不仅可以使用铜缆，还可以使用（　　）。

A. 中继器　　B. 交换机　　C. 光缆　　D. 无线电

三、简答题

1. 简述局域网常用的连接设备有哪些，并说明它们在网络中的作用。

2. 简述当今以太网的特点。

第3单元 IP协议与网络地址规划

知识导图

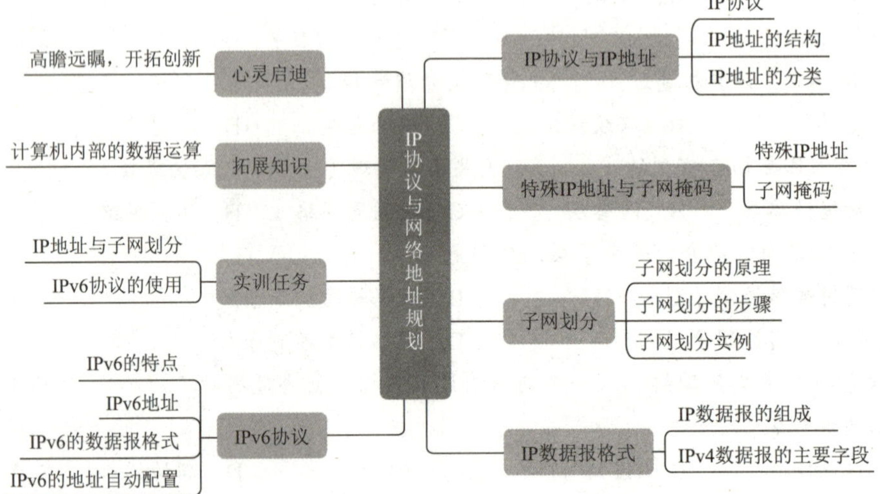

学习目标

- **掌握**：IP 地址的结构与分类，私有 IP 地址及子网掩码。
- **理解**：子网划分的方法与步骤。
- **了解**：IP 数据报格式和 IPv6 协议。
- **应用**：能够应用子网划分的方法解决实际工程问题。
- **养成**：分析和解决实际问题的能力，具有“高瞻远瞩，开拓创新”的精神。

本单元首先介绍 IP 协议和 TCP/IP 协议，在此基础上讲解 IP 地址的结构和分类，进而介绍特殊 IP 地址和子网掩码、子网划分的原理和方法，以及如何解决实际工程中的子网划分问题；最后介绍 IP 数据报格式、IPv6 协议等内容。通过实训任务——IP 地址与子网划分和 IPv6 协议的使用，让读者对 IP 协议和网络地址规划有更好的理解。

3.1　IP协议与IP地址

1. IP 协议

IP（Internet protocol，网际协议）是 TCP/IP 体系中的网络层协议，其作用是提高网络的可扩展性，如实现大规模、异构网络的互联互通，分割顶层网络应用和底层网络技术之间的耦合关系以利于两者的独立发展。根据端到端的设计原则，IP 只为主机提供一种无连接、不可靠的、尽力而为的数据包传输服务。IP 精确定义了 IP 数据报格式，并且对数据寻址和路由、数据报分片和重组、差错控制和处理等作出了具体规定。

TCP/IP 是指能够在多个不同网络间实现信息传输的协议族。TCP/IP 协议不仅仅指的是 TCP 和 IP 两个协议，而是指一个由 FTP、SMTP、TCP、UDP、IP 等协议构成的协议族，如图 3-1 所示。因为 TCP 和 IP 最具代表性，所以被称为 TCP/IP。

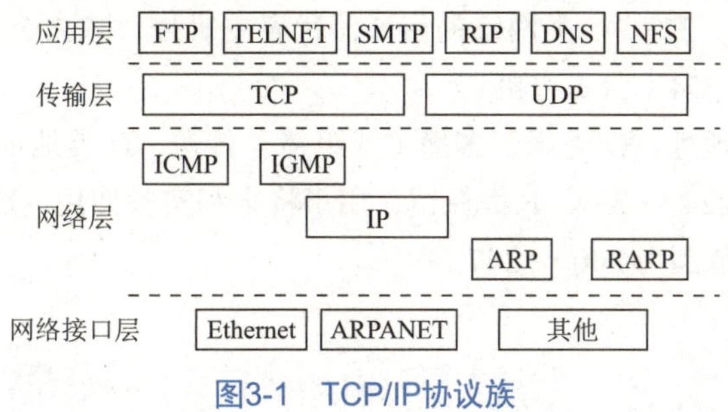

图3-1 TCP/IP协议族

2. IP 地址的结构

根据 TCP/IP 协议，连接在 Internet 上的每个设备都必须至少有一个 IP 地址。IP 地址是一个 32 位的二进制数，为方便表示，将每 8 位二进制数作为 1 组转换成十进制数，四组数之间用“.”隔开，便得到 IP 地址如 192.168.10.25。

IP 地址包括三部分，分别是地址类别、网络号和主机号，如图 3-2 所示。通常将“地址类别”和“网络号”合称“网络号”。其中，网络号用于标明不同的网络；主机号用于标明每一个网络中的主机地址。

图3-2 IP地址的结构

3. IP 地址的分类

IP 地址主要分为 A、B、C、D、E 五类，如图 3-3 所示。

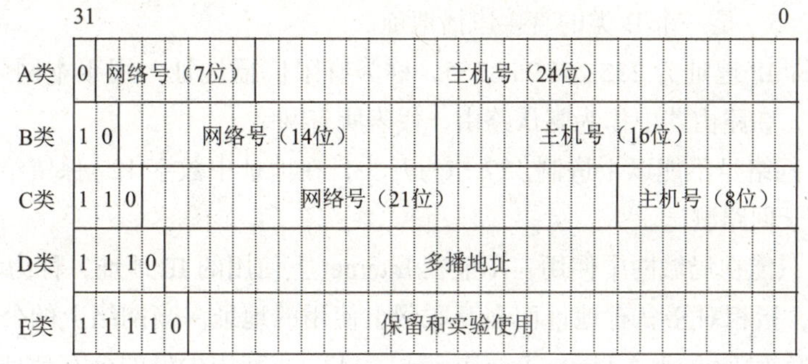

图3-3 IP地址的分类

① A 类大型网：高 8 位代表网络号，网络号的最高位是 0，后 24 位代表主机号。A 类 IP 地址

的第一个数值的范围为 0 ～ 127。由于 0 和 127 有特殊用途，因此有效的地址范围是 1 ～ 126。A 类网络的后 24 位代表主机号，减去全 0 和全 1 的两种特殊情况，每个 A 类网络可连接的主机台数为 $2^{24}-2$ = 16 777 214。

② B 类中型网：前 16 位代表网络号，网络号的高两位是 10，后 16 位代表主机号。B 类 IP 地址的第一个数值的范围为 128 ～ 191。B 类网络的后 16 位代表主机号，减去全 0 和全 1 的两种特殊情况，每个 B 类网络可连接的主机台数为 $2^{16}-2$=65 534。

③ C 类小型网：前 24 位代表网络号，网络号的高 3 位是 110，低 8 位代表主机号。C 类 IP 地址第一个数值的范围为 192 ～ 223。C 类网络的后 8 位代表主机号，减去全 0 和全 1 的两种特殊情况，每个 C 类网络可连接 $2^{8}-2$=254（台）主机。

④ D 类、E 类为特殊地址。D 类用于多播（或组播）传送，D 类地址的高 4 位为 1110，D 类 IP 地址第一个数值的范围为 224 ～ 239。E 类保留，用于将来和实验使用，E 类地址的高 5 位为 11110，E 类 IP 地址第一个数值的范围为 240 ～ 247。

3.2 特殊IP地址与子网掩码

1. 特殊 IP 地址

IP 地址空间中，某些已经为特殊目的而保留的地址称为特殊 IP 地址。这些 IP 地址通常不允许作为主机地址，如表 3-1 中的网络地址、广播地址、回送地址，另外还有私有地址。

表3-1 特殊IP地址

网络号	主机号	地址类型	用途
Any	全 0	网络地址	代表一个网段
Any	全 1	直接广播地址	特定网段的所有节点
127	Any	回送地址	回送测试
全 0		所有网络	在路由器中作为默认路由
全 1		有限广播地址	本网段的所有节点

① 网络地址：用于表示网络本身，具有正常的网络号部分，而主机号部分全为 0。如 129.5.0.0 是一个 B 类网络地址。

② 广播地址：用于向网络中的所有设备进行广播，具有正常的网络号部分，而主机号部分为全 1。如 129.5.255.255，是一个 B 类的直接广播地址。

32 位全为 1，即 IP 地址为 255.255.255.255，称为有限广播地址，用于本网广播。32 位全为 0，即 IP 地址为 0.0.0.0，在路由器中作为默认路由，代表所有网络。

③ 回送地址：网络号不能以十进制 127 作为开头，在地址中数字 127 保留给系统作诊断用。如 IP 地址 127.0.0.1 用于回路测试。

④ 私有地址：只能在局域网中使用，不能在 Internet 上使用的 IP 地址，称为私有 IP 地址。与之相对的是共有地址，指相对于私有地址而在互联网上使用的地址。当网络上的公有地址不足时，可以通过网络地址转换（Network Address Translation，NAT），利用少量的公有地址，把大量配有私有地址的机器连接到公用网络上。

下列三组地址作为私有 IP 地址：

① 10.0.0.0 ～ 10.255.255.255，表示 1 个 A 类地址。

② 172.16.0.0 ～ 172.31.255.255，表示 16 个 B 类地址。

③ 192.168.0.0 ～ 192.168.255.255，表示 256 个 C 类地址。

2. 子网掩码

子网掩码用于识别 IP 地址中的网络号和主机号。子网掩码也是 32 位的二进制数字，对应于网络号的部分用 1 表示，对应于主机号的部分用 0 表示。

A 类网络的默认子网掩码为 255.0.0.0，B 类网络的默认子网掩码为 255.255.0.0，C 类网络的默认子网掩码为 255.255.255.0，如图 3-4 所示。

A类地址	IP地址	网络号（8位）	主机号（24位）
	默认子网掩码 255.0.0.0	1 1 1 1 1 1 1 1	0 0 0 0 0 0 0 0 0 0 0 0 0 0 0 0 0 0 0 0 0 0 0 0
B类地址	IP地址	网络号（16位）	主机号（16位）
	默认子网掩码 255.255.0.0	1 1 1 1 1 1 1 1 1 1 1 1 1 1 1 1	0 0 0 0 0 0 0 0 0 0 0 0 0 0 0 0
C类地址	IP地址	网络号（24位）	主机号（8位）
	默认子网掩码 255.255.255.0	1 1 1 1 1 1 1 1 1 1 1 1 1 1 1 1 1 1 1 1 1 1 1 1	0 0 0 0 0 0 0 0

图3-4 A、B、C类网络的默认子网掩码

子网掩码还可以用网络前缀法表示，即“/< 网络号位数 >”。例如，156.80.0.0/16 表示 B 类网络 156.80.0.0 的子网掩码为 255.255.0.0。

这里补充一下“按位求与”操作。“按位求与”类似于“按位相乘”，0 和 0 相与为 0，0 和 1 相与为 0，1 和 1 相与为 1。当然，IP 地址和子网掩码都要转换成二进制数才能进行“按位求与”操作。

通过子网掩码与 IP 地址的“按位求与”操作，屏蔽掉主机号得到网络号。例如，B 类地址 128.22.25.6，如果子网掩码为 255.255.0.0，那么“按位求与”后得到网络号为 128.22.0.0；如果子网掩码为 255.255.255.0，那么“按位求与”后得到网络号为 128.22.25.0。

3.3 子网划分

在 A 类地址中，每个网络最多可以容纳 16 777 214 台主机；在 B 类地址中，每个网络最多可以容纳 65 534 台主机。在实际的网络设计中，一个网络内部不可能有这么多机器，另一方面，IPv4 面临 IP 地址资源短缺的问题，在这种情况下，可以采用划分子网的办法来有效利用 IP 地址资源。

1. 子网划分的原理

通过借用 IP 地址的若干位主机位来充当子网号，从而将原网络划分为若干子网。如图 3-5 所示，在未划分子网的时候，IP 地址分为两部分，分别是网络号和主机号；在划分子网之后，借用主机号的若干位来充当子网号，从而 IP 地址分为三部分，分别是网络号、子网号和主机号，将网络号和子网号合起来称新网络号，即子网地址。

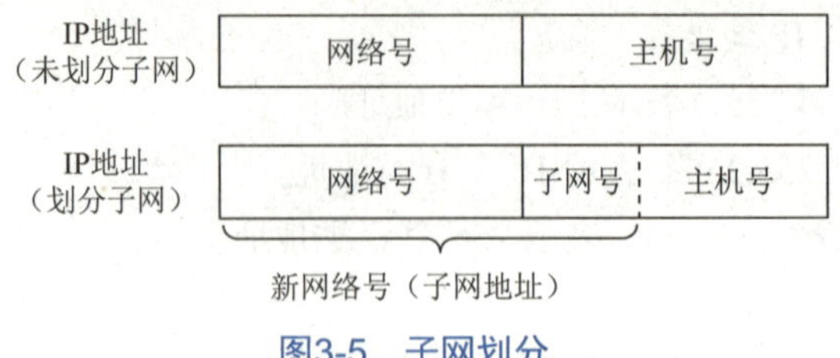

图3-5 子网划分

C类网络的子网划分过程通过五个要素来阐述：子网位数（m）、划分子网数（2^m）、二进制表示的子网掩码、十进制表示的子网掩码、每个子网的主机数（$2^{8-m}-2$），减2是减掉主机号全零和全1的两种特殊情况，见表3-2。

表3-2 C类网络的子网划分

子网位数（m）	划分子网数（2^m）	子网掩码（二进制）	子网掩码（十进制）	每个子网的主机数（$2^{8-m}-2$）
1	2	11111111.11111111.11111111.10000000	255.255.255.128	126
2	4	11111111.11111111.11111111.11000000	255.255.255.192	62
3	8	11111111.11111111.11111111.11100000	255.255.255.224	30
4	16	11111111.11111111.11111111.11110000	255.255.255.240	14
5	32	11111111.11111111.11111111.11111000	255.255.255.248	6
6	64	11111111.11111111.11111111.11111100	255.255.255.252	2

2. 子网划分的步骤

① 确定要划分的子网数目以及每个子网的主机数目。

② 求出子网数目对应二进制数的位数及主机数目对应二进制数的位数。

③ 对该IP地址的原子网掩码，将其主机地址部分的子网号置1，得出该IP地址划分子网后的子网掩码。

3. 子网划分实例

某公司有技术部、工程部、市场部、财务部和办公室五大部门，每个部门有20～30台计算机。设该公司的C类网络地址为211.168.10.0，请对该公司的网络进行子网划分，并规划其IP地址。

分析：

① 确定子网数目为5，确定每个子网中的主机数目为30。

② 求出子网位数为3，求出主机位数为8–3=5。

③ 得出子网划分后的IP地址子网掩码为255.255.255.224。

④ 求出每个子网的主机地址范围。

解：该公司选用其中五个子网分配给五个部门，每个部门的IP地址范围见表3-3。

表3-3 该公司子网划分结果

网络号：24位 网络地址：211.168.10.0			主机号		子网地址	主机地址范围
			子网部分 3位	主机部分 5位		
11010011	10101000	00001010	000	00000	211.168.10.0	211.168.10.1～211.168.10.30
11010011	10101000	00001010	001	00000	211.168.10.32	211.168.10.33～211.168.10.62
11010011	10101000	00001010	010	00000	211.168.10.64	211.168.10.65～211.168.10.94
11010011	10101000	00001010	011	00000	211.168.10.96	211.168.10.97～211.168.10.126

续表

网络号：24位 网络地址：211.168.10.0			主机号		子网地址	主机地址范围
			子网部分 3位	主机部分 5位		
11010011	10101000	00001010	100	00000	211.168.10.128	211.168.10.129 ～ 211.168.10.158
11010011	10101000	00001010	101	00000	211.168.10.160	211.168.10.161 ～ 211.168.10.190
11010011	10101000	00001010	110	00000	211.168.10.192	211.168.10.193 ～ 211.168.10.222
11010011	10101000	00001010	111	00000	211.168.10.224	211.168.10.225 ～ 211.168.10.254

3.4 IP数据报格式

1. IP 数据报的组成

IP 数据报是指 IP 协议控制传输的协议单元，也称 IP 包或 IP 分组。IP 协议屏蔽了下层各物理子网的差异，能够向上层提供统一格式的 IP 数据报。IP 数据报采用数据报分组传输的方式，提供的服务是无连接方式。IP 数据报分为两大部分：报文头和数据区，其中报文头是为正确传输高层（即传输层）数据而增加的控制信息，数据区包括高层需要传输的数据，如图 3-6 所示。

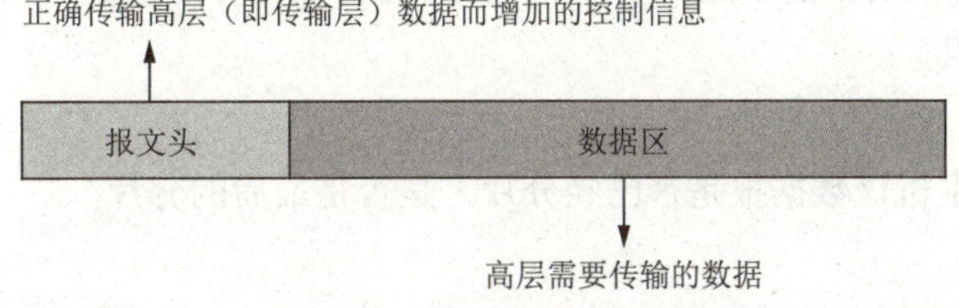

图3-6 IP数据报的组成

2. IPv4 数据报的主要字段

IP 数据报的格式能够说明 IP 协议具有什么功能。IPv4 数据报由首部和数据部分组成，首部的前一部分长度为固定的 20 字节，后一部分是长度可变的可选字段，如图 3-7 所示。

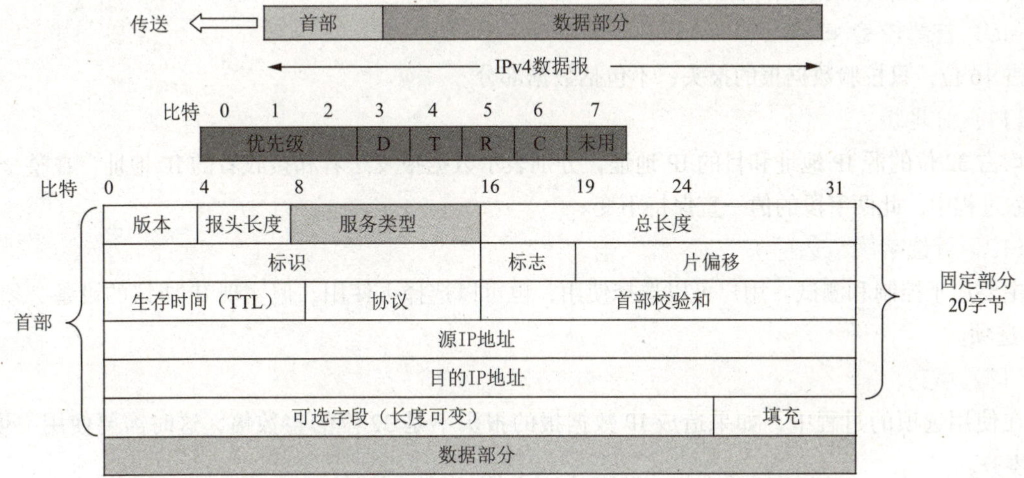

图3-7 IPv4数据报格式

下面介绍 IPv4 数据报的主要字段：

（1）版本

占 4 位，指 IP 协议版本号（一般是 4，即 IPv4），不同 IP 版本规定的数据格式不同。

（2）报头长度

占 4 位，指数据报报头的长度。以 32 位（4 字节）为单位，当报头中无可选项时，报头的基本长度为 5（即 20 字节），这里一行的长度为 1。

（3）服务类型

占 8 位，其中 3 位用于标识优先级，4 个标志位：D（延迟）、T（吞吐量）、R（可靠性）和 C（代价），另外 1 位未用。

（4）总长度

占 16 位，数据报的总长度，包括头部和数据，以字节为单位。

（5）标识

占 16 位，源主机赋予 IP 数据报的标识符，目的主机利用此标识判断此分片属于哪个数据报，以便重组。

当 IP 分组在网上传输时，可能要跨越多个网络，但每个网络都规定了最大传输单元 MTU（即一个帧最多携带的数据量），当长度超过 MTU 时，就需要将数据分片发送。目的主机接收到分片后的数据包，对分片进行重组。

（6）标志

占 3 位，告诉目的主机该数据报是否已经分片，是否是最后的分片。

（7）片偏移

占 13 位，说明本片数据在初始 IP 数据报中的位置，以 8 字节为单位。

（8）生存时间（TTL）

占 8 位，设计一个计数器，当计数器值为 0 时，数据报被删除，避免循环发送。

（9）协议

占 8 位，说明传输层所采用的协议，如 TCP、UDP 等。

（10）首部校验和

占 16 位，只校验数据报的报头，不包括数据部分。

（11）IP 地址

均占 32 位的源 IP 地址和目的 IP 地址，分别表示数据报发送者和接收者的 IP 地址，在整个数据报传输过程中，此两字段的值一直保持不变。

（12）可选字段（选项）

主要用于控制和测试。用户可以选择使用，也可以选择不使用，但实现 IP 协议的设备必须能处理 IP 选项。

（13）填充

在使用选项的过程中，如果造成 IP 数据报的报头不是 32 位的整数倍，这时需要使用“填充”字段凑齐。

（14）数据部分

包含送往传输层的 TCP 或 UDP 数据。

关于 IP 选项，主要有三个：

① 源路由。指 IP 数据报穿越互联网所经过的路径是由源主机指定，包括严格路由选项和松散路由选项。

严格路由选项：规定 IP 数据报要经过路径上的每一个路由器，相邻的路由器之间不能有中间路由器，并且经过的路由器的顺序不能改变。

松散路由选项：给出数据报必须要经过的路由器列表，并且要求按照列表中的顺序前进，但是途中允许经过其他路由器。

② 记录路由。记录 IP 数据报从源主机到目的主机所经过的路径上各个路由器的 IP 地址。

③ 时间戳。记录 IP 数据报经过每一个路由器时的时间。

3.5 IPv6协议

随着物联网技术的蓬勃发展，万物互联的时代已经到来，无处不在的终端设备通过网络实现互联互通，这就需要大量的 IP 地址来建立通信连接。IPv4 定义 IP 地址的长度为 32 位，而且为了提高路由效率，将 IP 地址进行了分类，造成了 IP 地址的浪费，IP 地址紧缺的问题日益凸显。针对 IPv4 的不足，国际互联网工程任务组于 1995 年确定了 IP 版本 6（即 IPv6）。

负责英国、欧洲、中东和部分中亚地区互联网资源分配的欧洲网络协调中心通过邮件确认，其最后的 IPv4 地址储备池已于 2019 年 11 月 25 日完全耗尽。当前，基于 IPv6 的下一代互联网成为各国推动新科技产业革命和重塑国家竞争力的先导领域，IPv4 终将逐步退出历史舞台，互联网将逐步转向 IPv6。

根据我国互联网的发展状况，IPv6 网络规模、用户规模、流量规模将位居世界前列，网络、应用、终端将全面支持 IPv6，最后全面完成向下一代互联网平滑演进升级。

1. IPv6 的特点

① 巨大的地址空间。IPv6 地址有 128 位，所包含的地址数目高达 $2^{128} \approx 10^{40}$ 个。如果所有地址平均地散布在整个地球表面，大约每平方米有 10^{24} 个地址，可以使地球上的每一粒沙子都拥有一个 IP 地址。

② 层次化的路由设计。在规划设计 IPv6 地址时，吸取了 IPv4 地址分配不连续问题的教训，采用了层次化的设计方法。前 3 位固定，第 4 ～ 16 位顶级聚合。理论上，互联网主干设备的 IPv6 路由表只有 2^{13}=8 192 条路由信息。

③ 效率高，扩展灵活。相对于可变的 IPv4 报头，IPv6 报头采用了定长设计。IPv4 报头中有多达 12 个选项，而 IPv6 报头分为基本报头和扩展报头，基本报头中只包含选路所需的 8 个基本选项，其他功能都设计为扩展报头，这样有利于提高路由器的转发效率，也可以根据新的需求设计出新的扩展报头，以使其具有良好的扩展性。

④ 支持即插即用。设备连接到网络中时，可以通过自动配置的方式获取网络前缀和参数，并自动结合设备自身的链路地址生成 IP 地址，简化了网络管理。

⑤ 更好的安全性保障。IPv6 通过扩展报头的形式支持 IPSec 协议，无须借助其他安全设备，可以直接为上层数据提供加密和身份认证，保障数据传输的安全性。

⑥ 引入了流标签的概念。使用 IPv6 新增的流标签字段，加上相同的源 IP 地址和目的 IP 地址，可以标记数据包属于某个相同的流量，业务可以根据不同的数据流进行更细致的分类，实现优先级控制。例如，基于流的 QoS 等应用适用于对连接的服务质量有特殊要求的通信，适合于音频或视频等实时数据传输。

2. IPv6 地址

（1）IPv6 地址表示

IPv6 地址采用 128 位二进制数，与 IPv4 地址表示的点分十进制相比，IPv6 地址的表示格式有三种：

① 首选格式：按 16 位一组，每组转换为 4 位十六进制数，并用冒号隔开。如 20A1:000F:0001:2A00:0000:0000:0000:5C1A。

② 压缩表示：首先，每一组中的前导 0 可以不写；其次，在有多个 0 连续出现时，可以用一对冒号取代，注意只能取代一次。如上面地址可表示为 20A1:F:1:2A00::5C1A。

③ 内嵌 IPv4 地址的 IPv6 地址。为了从 IPv4 平稳过渡到 IPv6，IPv6 引入一种特殊的格式，即在 IPv4 地址前置 96 个 0，保留十进制点分格式，如 ::192.168.1.1。

（2）IPv6 掩码

IPv6 掩码采用前缀表示法，即表示成“IPv6 地址 / 前缀长度”，如 20A1:F:1:2A00::5C1A /64。

（3）IPv6 地址类型

IPv6 地址有三种类型，即单播、组播和任播。IPv6 取消了广播类型。

① 单播地址。单播地址是点对点通信时使用的地址，该地址仅标识一个接口。

② 组播地址。组播地址（前 8 位均为 1）表示主机组，它标识一组网络接口，发送给组播的分组，必须交付到该组中的所有成员。

③ 任播地址。任播地址也表示主机组，但它用于标识属于同一个系统的一组网络接口（通常属于不同的节点），路由器会将目的地址是任播地址的数据包发送给距离本地路由器最近的一个网络接口。如移动用户上网就需要因地理位置的不同，而接入离用户距离最近的一个接收站，这样才可以使移动用户在地理位置上不受太多的限制。

当一个单播地址被分配给多于一个的接口时，就属于任播地址。任播地址从单播地址中分配，可使用单播地址的任何格式，从语法上任播地址与单播地址没有任何区别。

（4）特殊 IPv6 地址

当所有 128 位都为 0 时（即 0:0:0:0:0:0:0:0），如果主机不知道自己的 IP 地址，在发送查询报文时作为源 IP 地址。注意该地址不能作为目的 IP 地址。

当前 127 位为 0，而第 128 位为 1 时（即 0:0:0:0:0:0:0:1），作为回送地址使用。

当前 96 位为 0，而最后 32 位为 IPv4 地址时，作为在 IPv4 向 IPv6 过渡期两者兼容时使用的内嵌 IPv4 地址的 IPv6 地址。

3. IPv6 的数据报格式

IPv6 的数据报由一个 IPv6 的基本报头、多个扩展报头和一个高层协议数据单元组成，如图 3-8 所示。基本报头长度为 40 字节，一些可选的内容放在扩展报头中实现，此种设计方法可提高数据报的处理效率。

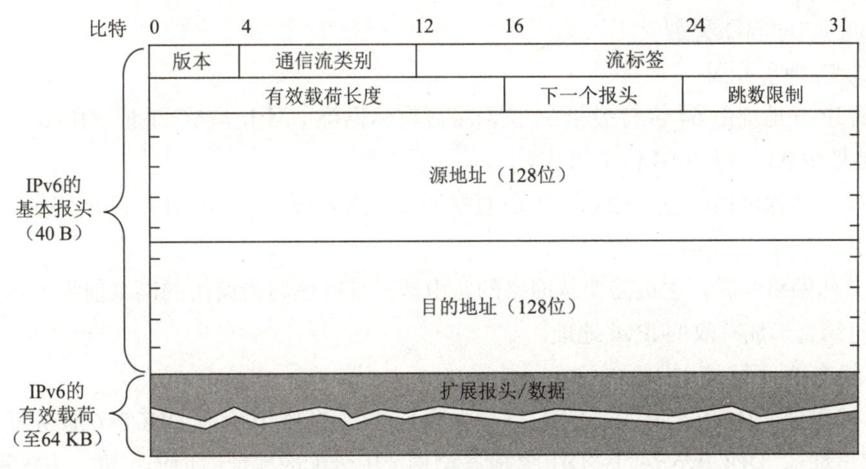

图3-8 IPv6数据报格式

IPv6 数据报的主要字段如下：

(1) 版本

占 4 位，取值为 6，表示是 IPv6 协议。

(2) 通信流类别

占 8 位，表示 IPv6 的数据报类型或优先级，以提供区分服务。

(3) 流标签

占 20 位，用来标识这个 IP 数据报属于源节点和目标节点之间的一个特定数据报序列。流是指从某个源节点向目标节点发送的分组群中，源节点要求中间路由器进行特殊处理的分组。

(4) 有效载荷长度

占 16 位，是指除基本报头之外的数据，包含扩展报头和高层数据。

(5) 下一个报头

占 8 位，如果存在扩展报头，该字段的值用于指定下一个扩展报头的类型；如果无扩展报头，该字段的值指明高层数据的类型，如 TCP(6)、UDP(17) 等。

(6) 跳数限制

占 8 位，指 IP 数据报被丢弃之前可以被路由器转发的次数。

(7) 源 IP 地址

占 128 位，指发送方的 IPv6 地址。

(8) 目的 IP 地址

占 128 位，在大多情况下，该字段为最终目的节点的 IPv6 地址，如果有路由扩展报头，目的 IP 地址可能为下一个转发路由器的 IPv6 地址。

(9) IPv6 扩展报头

扩展报头是可选报头，紧接在基本报头之后，IPv6 数据报可包含多个扩展报头，而且扩展报头的长度并不固定，一些可选报头信息由 IPv6 扩展报头实现。

IPv6 的基本报头中“下一个报头”字段指出第一个扩展报头类型。每个扩展报头中都包含“下一个报头”字段，用以指出后继扩展报头类型。最后一个扩展报头中的“下一个报头”字段指出高层协议的类型。

4. IPv6 的地址自动配置

(1) 无状态地址配置

128 位的 IPv6 地址由 64 位前缀和 64 位网络接口标识符（网卡 MAC 地址，IPv6 中 IEEE 已经将网卡 MAC 地址由 48 位改为 64 位）组成。

如果主机与本地网络的主机通信，可以直接通信，这是因为它们处于同一网络中，有相同的 64 位前缀。

如果与其他网络互联，主机需要从网络的路由器中获得该网络使用的网络前缀，然后与 64 位网络接口标识符结合形成有效的 IPv6 地址。

(2) 有状态地址配置

自动配置需要 DHCPv6 服务器的支持，主机向本地连接中所有 DHCPv6 服务器发多点广播“DHCP 请求信息”，DHCPv6 返回“DHCP 应答消息”中分配的地址给请求主机，主机利用该地址作为自己的 IPv6 地址进行配置。

3.6 实训任务

任务 3-1：IP 地址与子网划分

(1) 任务目标

① 掌握正确配置 IP 地址和子网掩码的方法。

② 掌握子网划分的方法。

(2) 任务内容

① 用华为 eNSP 创建网络拓扑。

② 划分子网 1。

③ 划分子网 2。

④ 子网 1 和子网 2 之间的连通性测试。

(3) 完成任务所需的设备和软件

安装有 Windows 10 操作系统的 PC 一台，华为 eNSP。

(4) 网络拓扑结构

网络拓扑结构如图 3-9 所示。

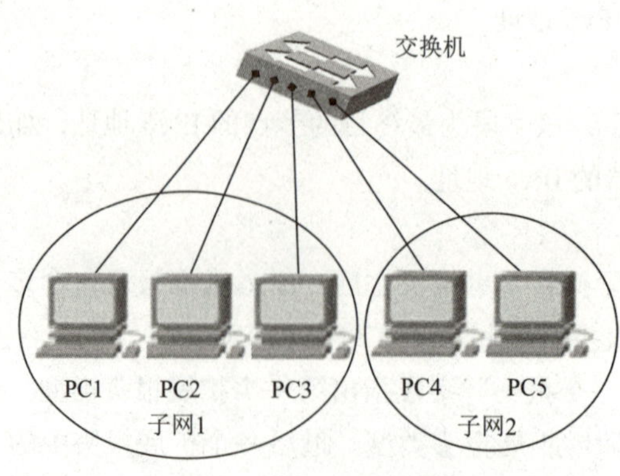

图3-9 网络拓扑结构

（5）任务实施步骤

步骤 1：打开 eNSP 模拟器，创建如图 3-10 所示的网络拓扑。

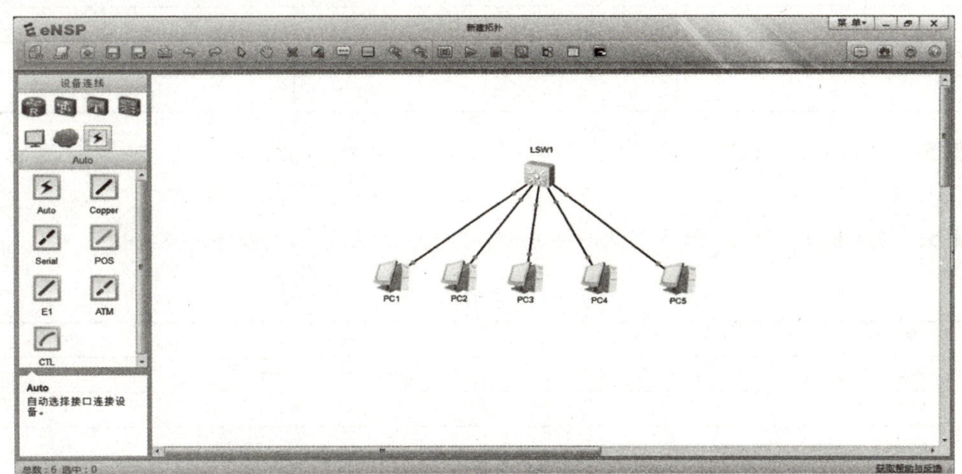

图3-10　创建网络拓扑

步骤 2：启动所有设备，如图 3-11 所示。

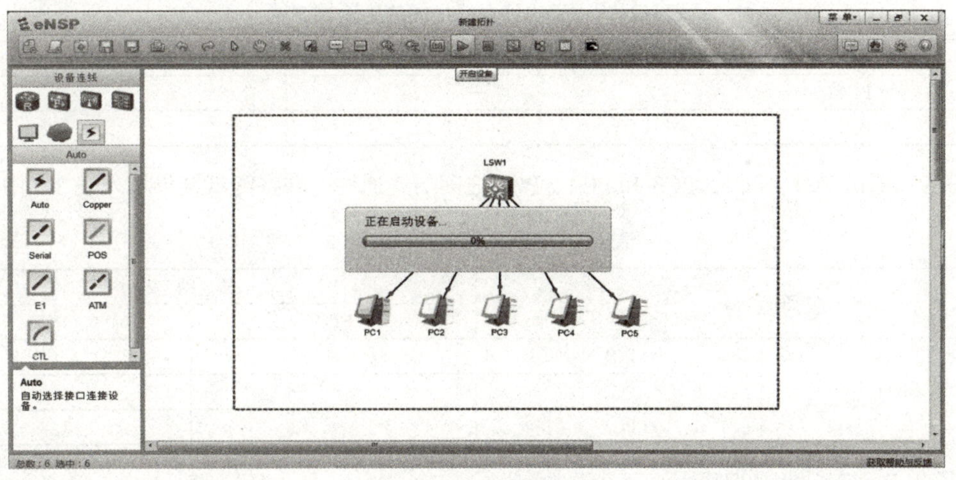

图3-11　启动所有设备

步骤 3：配置 PC1 的 IP 地址为 192.168.1.10，子网掩码为 255.255.255.0；配置 PC2 的 IP 地址为 192.168.1.20，子网掩码为 255.255.255.0；配置 PC3 的 IP 地址为 192.168.1.30，子网掩码为 255.255.255.0；配置 PC4 的 IP 地址为 192.168.1.40，子网掩码为 255.255.255.0；配置 PC5 的 IP 地址为 192.168.1.50，子网掩码为 255.255.255.0。

步骤 4：在 PC1、PC2、PC3、PC4、PC5 之间测试其连通性，并将测试结果填入表 3-4 中。

表3-4　计算机之间的连通性测试

计　算　机	PC1	PC2	PC3	PC4	PC5
PC1	—				
PC2		—			

续表

计 算 机	PC1	PC2	PC3	PC4	PC5
PC3			—		
PC4				—	
PC5					—

步骤 5：保持 PC1、PC2、PC3 这三台计算机的 IP 地址不变，将它们的子网掩码修改为 255.255.255.224。

步骤 6：测试 PC1、PC2、PC3 之间的连通性，并将测试结果填入表 3-5 中。

表3-5 子网1中计算机之间的连通性测试

计 算 机	PC1	PC2	PC3
PC1	—		
PC2		—	
PC3			—

步骤 7：保持 PC4、PC5 这两台计算机的 IP 地址不变，将它们的子网掩码修改为 255.255.255.224。

步骤 8：测试 PC4、PC5 之间的连通性，并将测试结果填入表 3-6 中。

表3-6 子网2中计算机之间的连通性测试

计 算 机	PC4	PC5
PC4	—	
PC5		—

步骤 9：测试 PC1、PC2、PC3 和 PC4、PC5 之间的连通性，并将测试结果填入表 3-7 中。

表3-7 子网之间的连通性测试

子 网		子 网 2	
		PC4	PC5
子网 1	PC1		
	PC2		
	PC3		

任务 3-2：IPv6 协议的使用

(1) 任务目标

掌握配置 IPv6 协议的方法。

(2) 任务内容

① 配置路由器的 IPv6 地址。

② 测试路由器的连通性。

(3) 完成任务所需的设备和软件

安装有 Windows 10 操作系统的 PC 一台，华为 eNSP。

(4) 任务实施步骤

步骤 1：打开华为 eNSP 模拟器，选择两台路由器 AR2220，创建网络拓扑如图 3-12 所示。

步骤 2：开启两台路由器，如图 3-13 所示。

步骤 3：双击 AR1 进入其命令行界面，如图 3-14 所示。

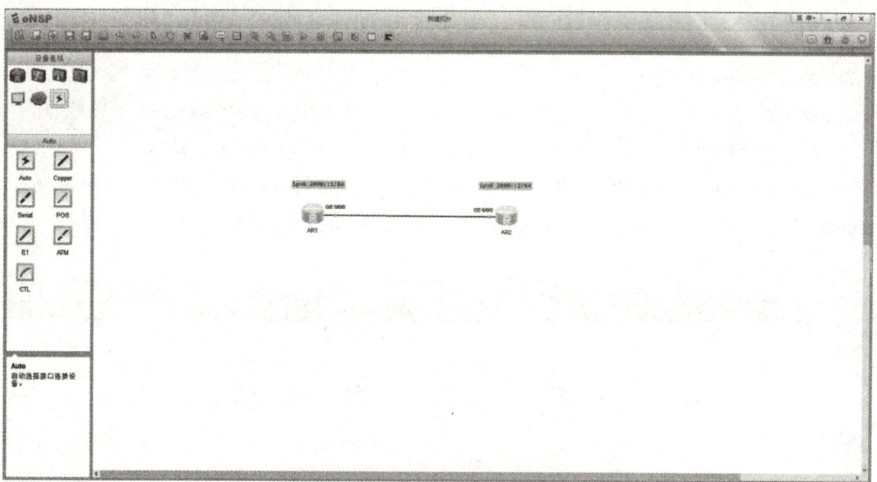

图3-12 创建网络拓扑

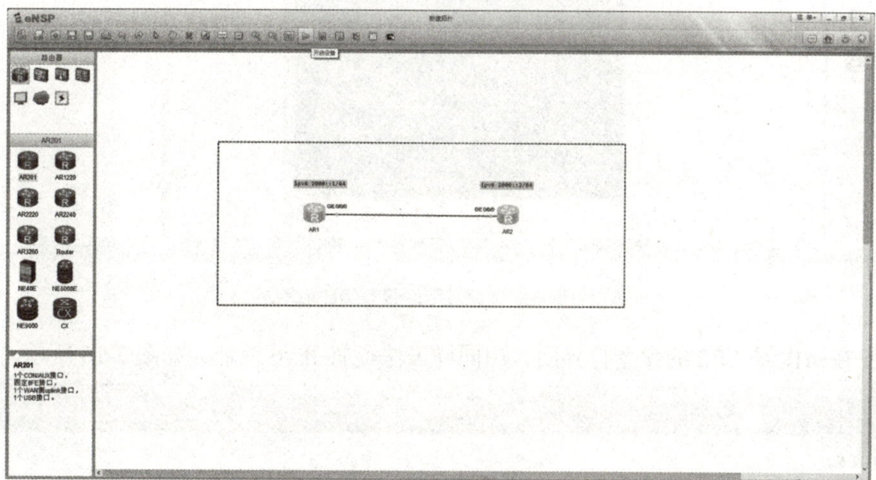

图3-13 开启两台路由器

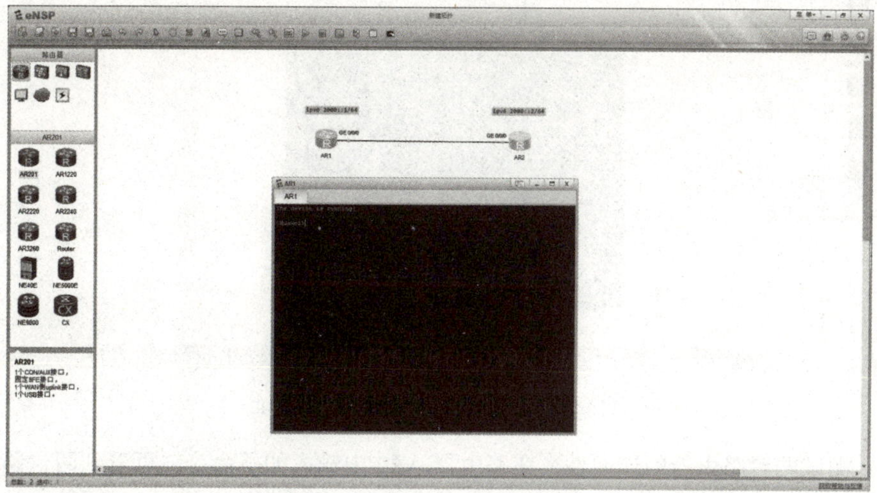

图3-14 路由器AR1的命令行界面

步骤 4：在路由器 AR1 的命令行界面输入以下命令配置其 IPv6 地址，如图 3-15 所示。

```
<Huawei> system-view                          //由用户视图进入系统视图
[Huawei]ipv6                                  //开启这台设备 IPv6 功能
[Huawei]int g0/0/0                            //进入 0/0/0 接口
[Huawei-GigabitEthernet0/0/0]ipv6 enable      //开启 0/0/0 接口的 IPv6 功能
[Huawei-GigabitEthernet0/0/0]ipv6 address 2000::1 64      //配置 IPv6 地址
```

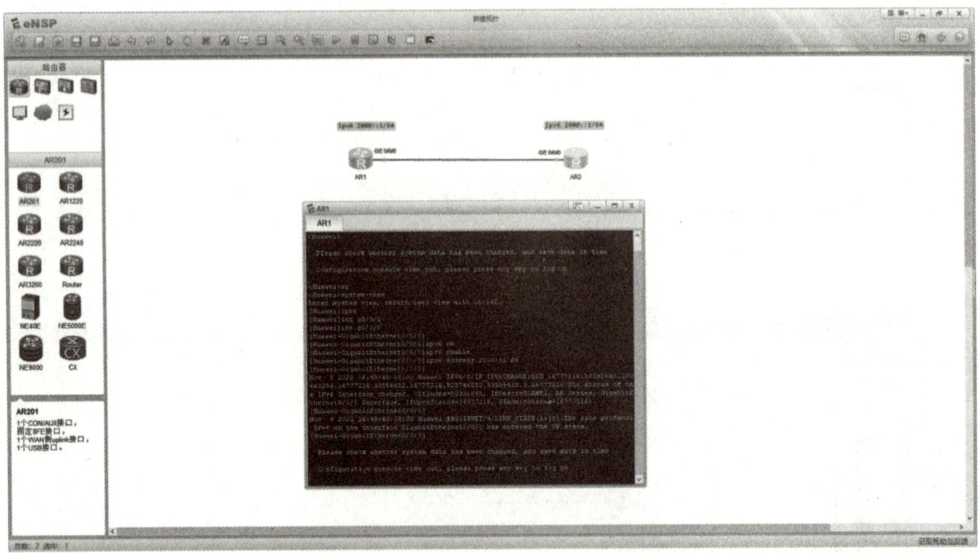

图3-15　配置路由器AR1的IPv6地址

步骤 5：在路由器 AR2 的命令行界面，用同样方法配置 IPv6 地址，如图 3-16 所示。

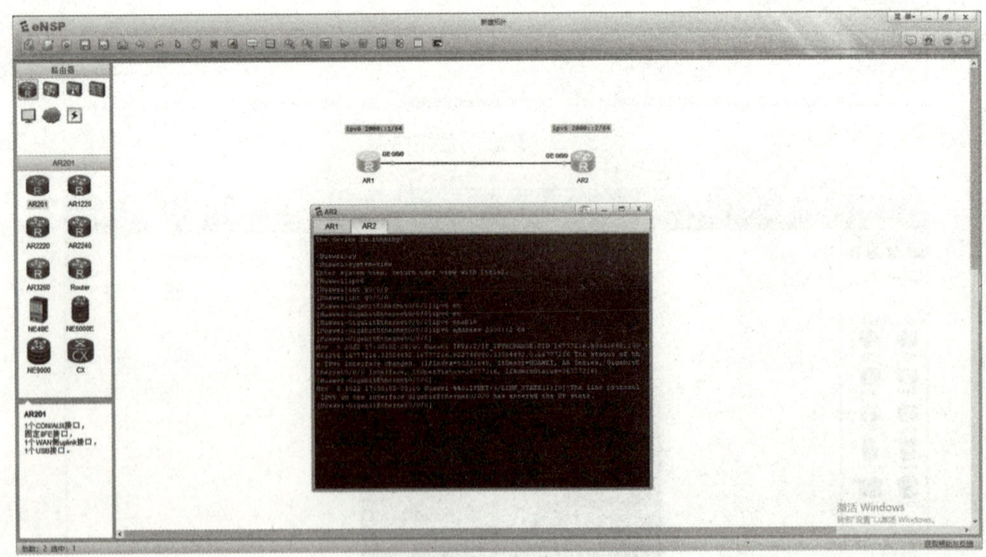

图3-16　配置路由器AR2的IPv6地址

步骤 6：测试两台路由器的连通性，在路由器 AR2 中输入如下命令，可看到两台路由器是连通的，如图 3-17 所示。

```
[Huawei-GigabitEthernet0/0/0]ping ipv6 2000::1
```

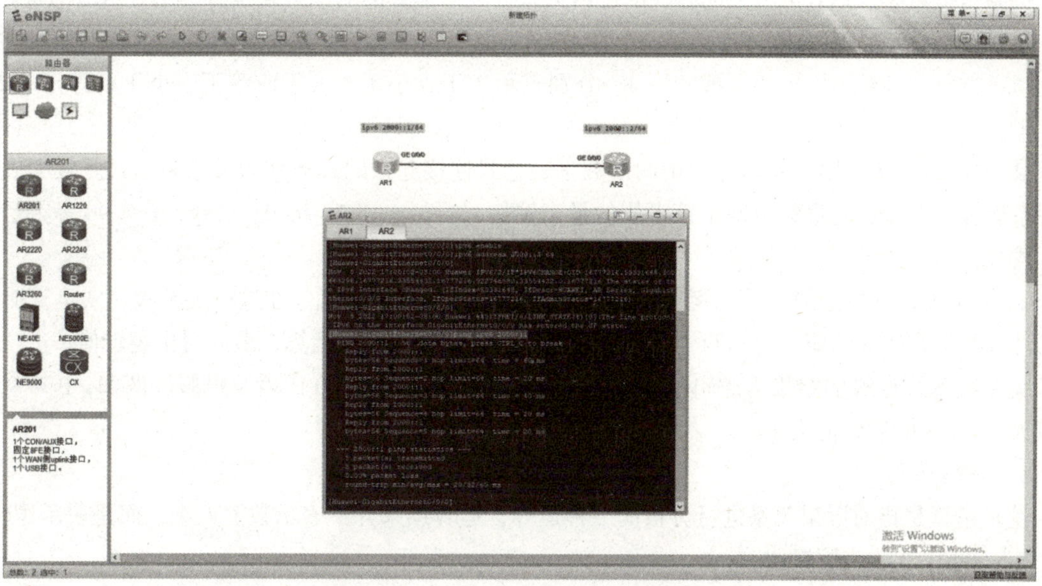

图3-17 测试两台路由器的连通性

拓展知识：计算机内部的数据运算

在计算机内部有大量的数据运算，既有数值运算，也有逻辑运算。运算涉及不同类型数据的表示、各种运算类型及运算规则的使用。

1. 基本运算类型

计算机中的运算分为数值运算和非数值运算。数值运算包括函数、求解方程、微分、积分、概率统计等；非数值运算包括排序、查找、比较、逻辑推理等。不管这些运算多么复杂，都可以通过大量的基本运算来实现。

(1) 基本运算

① 基本算术运算。基本算术运算指加、减、乘、除四则运算。计算机中采用二进制，使得基本算术运算大大简化。

加法是最基本、使用最广泛的运算，减法可以通过补码的加法实现；乘法、除法可以通过连加或移位操作实现；较为复杂的求模、求余可以通过加法及其变形实现。简单的基本运算法则简化了物理设备，使得计算机能够通过巨量的基本运算快速解决复杂的计算问题。

② 移位。二进制数据移位实际是数据乘 2 的幂的操作。例如，二进制数 00000111 左移 1 位，即为 00001110，就是该数乘 2 的结果。移位在数据检验、信息传输等方面有广泛的应用。

(2) 运算的优先级

在解决复杂问题时可能需要构造一个复杂的表达式，其中包含许多不同类型的运算，只有按运算类型的优先级次序运算才能得出正确的结果。各类运算优先级从高到低为 ( )、算术运算、关系运算、逻辑非、逻辑与、逻辑或和逻辑异或。

2. 关系运算

关系是指数学表达式的值之间存在的逻辑关系，关系运算的对象必须是有确定算术值的量。

① 关系运算符。关系运算符是对两个算术表达式进行比较的运算符号。关系运算符有六种符号：＞、＜、＞=、＜=、=、！ =（或＜＞），分别表示大于、小于、大于或等于、小于或等于、等于、不等于。

② 关系表达式。用关系运算符把两个数学表达式连接起来的式子称为关系表达式。数学表达式是关系运算的对象，是最终有确定算术值的量。例如，8=6、a+b ＞ =c–d、x!=y、x ＜ 90 等都是关系表达式。

③ 关系表达式的运算。算术运算的优先级高于关系运算，因此，在进行关系表达式运算时，首先要计算数学表达式的值，得到两个数值量，然后对它们进行关系运算，最后得出逻辑值。

关系表达式运算的结果为逻辑值 0 或 1，其中 1 代表逻辑真，0 代表逻辑假。例如，0 ＞ 9 的逻辑值为 0，5>3 的逻辑值为 1。

3. 逻辑运算

逻辑运算是指对因果关系进行分析的一种运算，运算结果并不表示数值大小，而是表示逻辑值，1 代表逻辑真，0 代表逻辑假。

计算机中的逻辑关系是一种二值逻辑，表示“成立”或“不成立”、“真”或“假”等。逻辑运算主要包括三种基本运算：逻辑或（||）、逻辑与（&&）和逻辑非（！），逻辑运算的真值见表 3-8。此外，“异或”运算在计算机中有广泛的应用，其他复杂的逻辑关系可通过以上基本逻辑运算组合实现。

表3-8 逻辑运算的真值

<table>
<tr><th>a</th><th>b</th><th>a || b</th><th>a && b</th><th>!a</th></tr>
<tr><td>1</td><td>1</td><td>1</td><td>1</td><td>0</td></tr>
<tr><td>1</td><td>0</td><td>1</td><td>0</td><td>0</td></tr>
<tr><td>0</td><td>1</td><td>1</td><td>0</td><td>1</td></tr>
<tr><td>0</td><td>0</td><td>0</td><td>0</td><td>1</td></tr>
</table>

心灵启迪：高瞻远瞩，开拓创新

“纸上得来终觉浅，绝知此事要躬行。”学习的根本目的就是要把理论知识和实际应用联系起来，解决生活中、工作上遇到的困难与问题。“实践是检验真理的唯一标准”，学会了方法理论，并不代表掌握了方法，只有将理论应用于实际问题中，解决了实际问题，才是真正掌握了理论。

中国优秀传统文化价值观中蕴涵着丰富的创新精神与思想内涵，其本质是求新求变。“苟日新，日日新，又日新”“穷则变，变则通，通则久”说的都是求变。创新精神是一个国家和民族发展的不竭动力，也是一个现代人应该具备的素质。

党的二十大报告指出：“必须坚持守正创新。我们从事的是前无古人的伟大事业，守正才能不迷失方向、不犯颠覆性错误，创新才能把握时代、引领时代。我们要以科学的态度对待科学、以真理的精神追求真理，坚持马克思主义基本原理不动摇，坚持党的全面领导不动摇，坚持中国特色社会主义不动摇，紧跟时代步伐，顺应实践发展，以满腔热忱对待一切新生事物，不断拓展认识的广度和深度，敢于说前人没有说过的新话，敢于干前人没有干过的事情，以新的理论指导新的实践。”

新中国成立以来，在中国共产党的坚强领导下，经过几代人的艰苦奋斗、勇于探索，中国发展成为有全球影响力的科技经济大国。此过程中，在钱学森、郭永怀、钱三强等一批敢于创新、乐于奉献的功勋科学家身上，集中体现了中国人的创新精神。

小　结

本单元讲解了 IP 协议与 IP 地址的结构与分类、特殊 IP 地址和子网掩码，总结了子网划分的方法，并将其应用于工程实际当中解决问题。通过实训任务“IP 地址与子网划分”进一步加深了对子网划分的理解。最后介绍了 IP 数据报格式和 IPv6 协议，并通过实训任务“IPv6 协议的使用”使读者进一步熟悉 IPv6 协议。

思考与练习

一、单选题

1. IP 地址 158.210.12.10 是（　　）地址。

   A. A 类　　B. B 类　　C. C 类　　D. D 类

2. 属于私有 IP 地址的是（　　）。

   A. 10.16.26.20　　B. 11.16.20.20　　C. 192.20.10.20　　D. 172.33.10.10

3. 主机 IP 地址为 156.130.82.97，子网掩码为 255.255.192.0，它所处的网络为（　　）。

   A. 156.64.0.0　　B. 156.130.0.0　　C. 156.130.64.0　　D. 156.130.82.0

4. 如果借用 C 类 IP 地址中的 4 位主机号划分子网，则子网掩码为（　　）。

   A. 255.255.255.0　　B. 255.255.255.128

   C. 255.255.255.192　　D. 255.255.255.240

5. 在 172.16.0.0/16 网段中，如果要求划分 80 个以上的子网，那么每个子网可以容纳的主机数是（　　）。

   A. 2^8-2　　B. 2^9-2　　C. $2^{10}-2$　　D. $2^{11}-2$

二、多选题

1. IP 地址包括（　　）3 个部分。

   A. 地址类别　　B. 网络号　　C. 子网号　　D. 主机号

2. C 类地址的特点有（　　）。

   A. 网络号的最高位为 110

   B. 前 3 组代表网络号，最后一组代表主机号

   C. 十进制的第一组数值范围为 192 ～ 223

   D. 每个 C 类网络可连接 256 台主机

3. 子网掩码用于识别IP地址中的（　　）。

A. 地址类别　　B. 网络号　　C. 子网号　　D. 主机号

4. 一台主机的IP地址为202.113.224.68，子网掩码为255.255.255.192，则这台主机的IP地址中主机号为（　　）位，其所在的子网地址为（　　）。

A. 4　　B. 6

C. 202.113.224.192　　D. 202.113.224.224.64

5. 以下IPv6地址正确的是（　　）。

A. 21DA:0000:02AA:000F:FE08:9C5A

B. 21DA::2AA:F::9C5A

C. 21DA::2AA:F:FE08:9C5A

D. ::192.168.10.1

三、分析题

1. 对于C类网络192.168.35.0/26，用2位主机位表示子网号，写出各子网的网络号以及各子网的主机号范围。

2. 有A、B、C、D、E五台主机都处在同一个物理网络中。其中，A主机的IP地址是202.157.23.100，B主机的IP地址是202.157.23.53，C主机的IP地址是202.157.23.22，D主机的IP地址是202.157.23.49，E主机的IP地址是202.157.23.115，它们共同的子网掩码是255.255.255.224。

（1）A、B、C、D、E五台主机之间哪些可以直接通信？为什么？

（2）写出各子网的地址。

（3）若要加入第六台主机F，使它能与A主机直接通信，应设置IP地址的范围应是多少？

第4单元 中小型计算机网络构建

知识导图

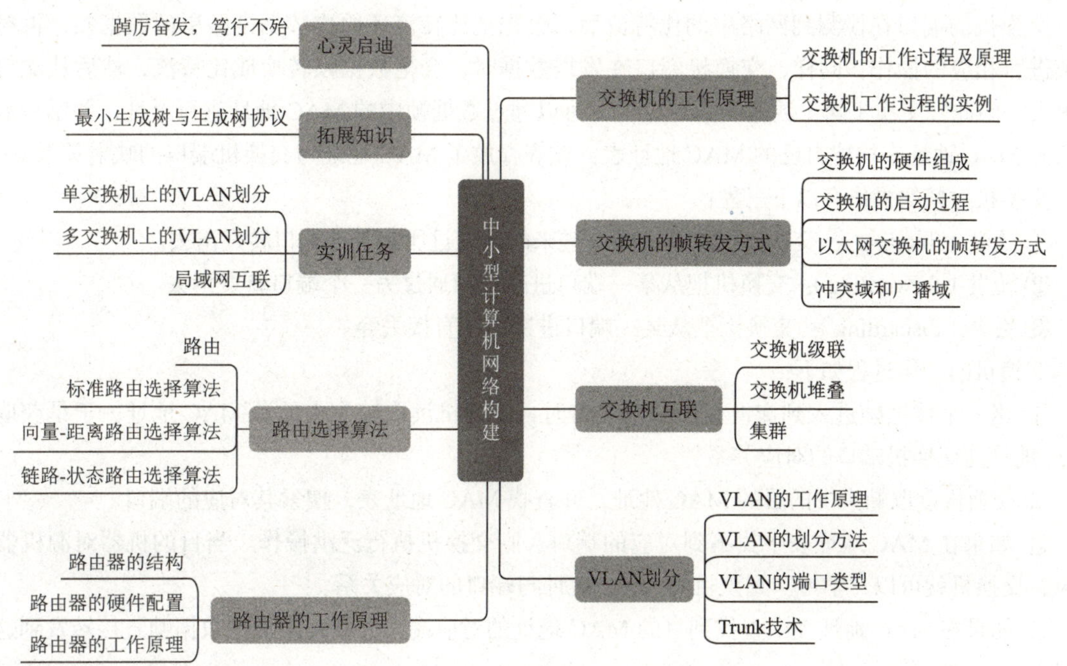

学习目标

- **掌握**：交换机的工作原理，路由器的工作原理。
- **理解**：交换机的帧转发方式，路由选择算法。
- **了解**：交换机互联。
- **应用**：能够将交换机和路由器应用于中小型计算机网络中，并对其进行合理配置，以确保计算机网络的畅通。
- **养成**：分析和解决实际问题的能力，具有“踔厉奋发，笃行不殆”的精神。

为了实现局域网络内计算机的互联，交换机、路由器会应用其中。像集线器一样，交换机和路由器都提供了大量可供线缆连接的端口，但二者的工作原理完全不同。路由器用来连接多个不同的网络，它能将来自不同网络的数据信息进行“翻译”，使不同网络之间能够进行通信，从而构成一个更大的网络。本章将介绍交换机的工作原理及帧转发方式、交换机互联、VLAN 划分、路由器的工作原理及路由选择算法等内容，并通过实训任务——单交换机上的 VLAN 划分、多交换机上的 VLAN 划分和局域网互联，加深对中小型计算机网络构建的理解。

4.1　交换机的工作原理

计算机网络中有一个非常重要的设备，称为“交换机”，它的英文名称是 switch，这个设备由原来的集线器升级换代而来，在外观上和集线器没有很大区别，如图 4-1 所示。

图4-1　交换机

1. 交换机的工作过程及原理

交换机的端口在检测到网络中的比特流后，会先把比特流还原成数据链路层的数据帧，再对数据帧进行相应的操作；同样，交换机端口在发送数据时，会把数据帧转换成比特流，然后从端口发送出去。因此，交换机属于数据链路层设备，可以通过数据帧中的 MAC 地址进行寻址，并学习数据帧的源 MAC 地址来构建自己的 MAC 地址表，该表存放了 MAC 地址与交换机端口的映射关系。

交换机对帧的操作有以下三种：

① 泛洪（flooding）：交换机把从某一端口进来的帧通过所有其他端口转发出去。

② 转发（forwarding）：交换机把从某一端口进来的帧通过另一个端口转发出去。

③ 丢弃（discarding）：交换机把从某一端口进来的帧直接丢弃。

交换机的工作过程如下：

① 当一个数据帧进入到交换机的某个端口时，交换机读取帧头中的源 MAC 地址，于是获取源 MAC 地址与交换机端口的对应关系。

② 交换机读取帧头中的目的 MAC 地址，并查找 MAC 地址表，搜索其对应的端口。

③ 如果在 MAC 地址表中找不到对应的端口，则交换机执行泛洪操作。当目的机器对源机器回应时，交换机就可以“学习”到该目的 MAC 地址与端口的对应关系。

④ 如果在 MAC 地址表中查找到目的 MAC 地址的对应端口，则交换机把数据帧直接转发到这个端口上。

不断循环这个过程，交换机就可以“学习”到整个网络的 MAC 地址信息，从而建立起 MAC 地址表。

2. 交换机工作过程的实例

某交换机有四个端口 E0、E1、E2 和 E3，分别与四台工作站 A、B、C、D 连接，如图 4-2 所示。

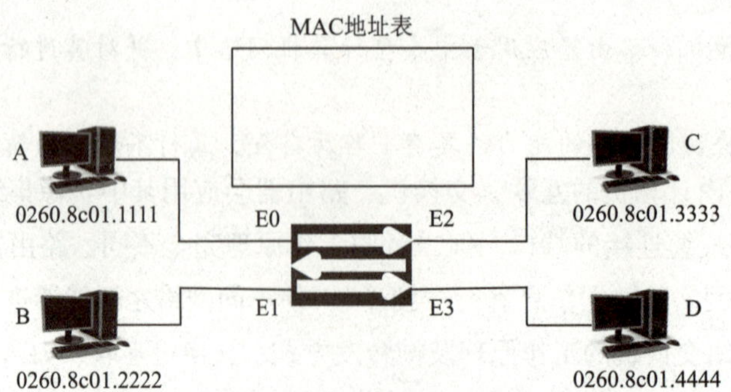

图4-2　交换机初始的MAC地址表

该交换机的 MAC 地址表的建立过程如下：

① 初始状态下，交换机并不知道所连接主机的 MAC 地址，所以其 MAC 地址表是空的，如图 4-2 所示。

② 当工作站 A 向工作站 B 发送数据帧时，交换机在 E0 端口接收到工作站 A 的数据帧，于是交换机将工作站 A 所连接的端口号和它的 MAC 地址信息保存在 MAC 地址表中，如图 4-3 所示。由于 MAC 地址表中，没有找到工作站 B 的 MAC 地址，所以交换机执行泛洪操作。

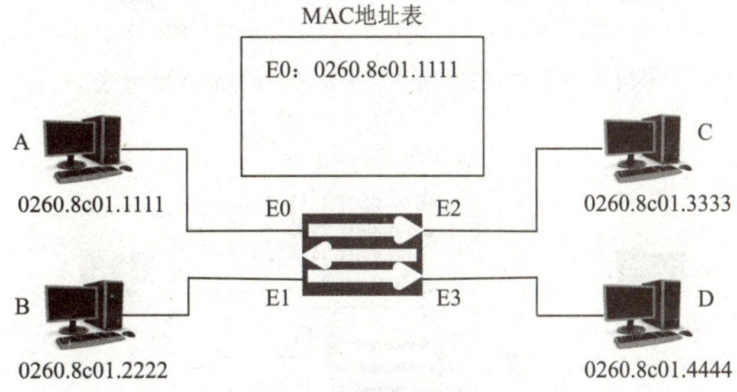

图4-3　当工作站A向工作站B发送数据帧时的MAC地址表

③ 若此时工作站 D 也向工作站 B 发送数据帧，则交换机将工作站 D 所连接的端口号和它的 MAC 地址信息保存在 MAC 地址表中，如图 4-4 所示。由于 MAC 地址表中，没有找到工作站 B 的 MAC 地址，所以交换机执行泛洪操作。

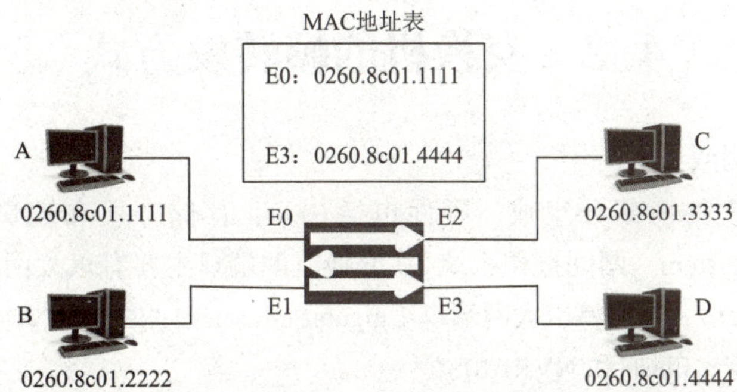

图4-4　工作站D向工作站B发送数据帧时的MAC地址表

其他端口会将收到的数据帧中的目的 MAC 地址与自己的 MAC 地址进行比对，如果不一致则丢弃该数据帧，如果一致则回应自己所连接的端口号和它的 MAC 地址。因为数据帧是发给工作站 B 的，所以工作站 B 会有回应，这时交换机将工作站 B 所连接的端口号和它的 MAC 地址信息保存在 MAC 地址表中，如图 4-5 所示。

④ 当工作站 C 发送数据帧或在泛洪中回应时，交换机就可以“学习”到它的 MAC 地址与端口的对应关系，并保存到 MAC 地址表中，最终交换机的完整的 MAC 地址表就建立起来了，如图 4-6 所示。

此时，当任意两个工作站之间发送数据帧时，由于目的工作站的 MAC 地址已经在 MAC 地址表中，因此，通过查找 MAC 地址表可知目的工作站与端口的对应关系，于是交换机就把数据帧转发到该端口，而不会向其他端口广播。这就是交换机的工作原理。

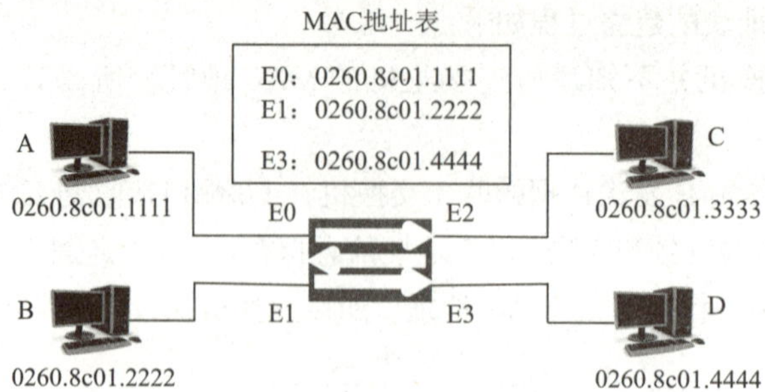

图4-5 工作站B回应广播请求时的MAC地址表

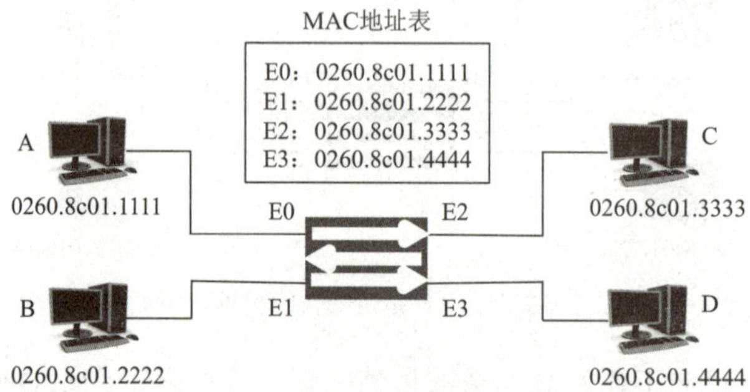

图4-6 交换机的完整MAC地址表

4.2 交换机的帧转发方式

1. 交换机的硬件组成

交换机由硬件和软件两部分组成，硬件包括CPU、存储介质和端口等，软件主要是IOS（internetwork operating system，网间操作系统）。交换机的端口主要有以太网端口（ethernet）、快速以太网端口（fast ethernet）、吉比特以太网端口（gigabit ethernet）和控制台端口（console）等。存储介质主要有ROM、RAM、Flash和NVRAM。

① CPU：控制和管理交换机，包括所有网络通信的运行，通常由称为ASIC的专用硬件来完成。

② ROM和RAM：RAM主要用于辅助CPU工作，对CPU处理的数据进行暂时存储；ROM主要用于保存交换机的启动引导程序。

③ Flash：用来保存交换机的IOS程序，当交换机重新启动时不擦除Flash中的内容。

④ NVRAM：非易失性RAM，用于保存交换机的配置文件，当交换机重新启动时不擦除NVRAM中的内容。

2. 交换机的启动过程

① 交换机开机时，先进行开机自检（POST），POST存储在ROM中并从ROM中运行，检查硬件设备的所有组件是否正常，如检查交换机的各种端口。

② Bootstrap检查并加载IOS软件，Bootstrap程序也存储在ROM中，用于在初始化阶段启动交换机。

③ IOS软件在NVRAM中查找startup-config配置文件，只有当管理员将running-config文件复制

到 NVRAM 中时才产生该文件。

④ 如果 NVRAM 中有 startup-config 配置文件，交换机将加载并运行此文件；如果 NVRAM 中没有 startup-config 文件，交换机将启动 setup 程序以对话方式来初始化配置过程，此过程也称 setup 模式。

3. 以太网交换机的帧转发方式

(1) 直接交换方式（直通方式）

提供线速处理能力，交换机只读出帧的前 14 字节，便将帧传送到相应的端口上，不用判断是否出错，帧出错检测由目的节点完成。直接交换方式的优点是交换延迟小，缺点是缺乏错误检查，不支持不同速率端口之间的帧转发。

(2) 存储转发交换方式

交换机需要完整接收帧并进行差错检测。存储转发交换方式的优点是具有差错检测能力，并支持不同速率端口间的帧转发，缺点是交换延迟将会增大。

(3) 免碎片转发方式

综合以上两种方式，接收前 64 字节，判断帧头是否正确，如果正确则转发。对短帧而言，交换延迟同直接交换延迟，对长帧而言，因为只对帧头检测，交换延迟将会减小。

4. 冲突域和广播域

(1) 冲突域

在共享式以太网中，由于所有的站点使用同一共享总线发送和接收数据，在某一时刻只能有一个站点发送数据，如果有另一站点也在该时刻发送数据，则这两个站点所发送的数据就会发生冲突，冲突的结果会使双方的数据发送均不成功，都需要重新发送。所有使用同一共享总线进行数据收发的站点就构成了一个冲突域。

在以太网中，如果某个 CSMA/CD 网络上的两台计算机在同时通信时会发生冲突，则这个 CSMA/CD 网络就是一个冲突域。如果以太网中各个网段以集线器连接，因为不能避免冲突，所以它们也是一个冲突域。

(2) 广播域

广播是一种信息的传播方式，指网络中的某一设备同时向网络中所有其他设备发送数据，这个数据所能广播到的范围即为广播域。简单点说，广播域就是指网络中所有能接收到同样广播消息的设备的集合。广播域内的设备都必须监听所有的广播包，如果广播域太大了，用户的带宽就小了，并且需要处理更多的广播，网络响应时间将会变长。

集线器是一个标准的共享式设备，同一时刻只有一个端口连接的设备可以发送数据。正常工作时，集线器随机选出某一端口设备并让它独占全部带宽与其上联设备（如交换机、路由器等）进行通信。因此，集线器设备的所有端口形成了一个冲突域。

局域网中可以使用交换机来分割冲突域。对网络进行分割的原因是为了分离流量并创建更小的冲突域来使用户获得更高的带宽，否则同一时刻数据太多容易导致网络阻塞。交换机虽然能够分割冲突域，但是交换机连接的设备依然在一个广播域中，当交换机收到广播数据包时，会在所有的设备中进行传播，导致网络拥塞以及安全隐患在所难免。

路由器工作在网络层，利用不同网络的 ID 来确定数据转发的目的地址。路由器通过 IP 地址将连接到其端口的设备划分为不同的网络，每个端口连接的网络即为一个广播域，广播数据不会扩散到该端口以外，因此路由器隔离了广播域。

4.3 交换机互联

随着网络规模不断扩大，在越来越多的局域网环境中，计算机数量激增，交换机取代了集线器，多台交换机互联取代了单台交换机。

在多交换机的局域网环境中，交换机的级联、堆叠和集群是三种重要的技术。级联技术可以实现多台交换机之间的互联；堆叠技术可以将多台交换机组成一个单元，从而增大端口密度和提高端口的性能；集群技术可以将相互连接的多台交换机作为一个逻辑设备进行管理，从而大大降低了网络管理成本，简化管理操作。

1. 交换机级联

这是最常用的一种多台交换机连接方式，它通过交换机上的级联口进行连接。需要注意的是交换机不能无限制级联，超过一定数量的交换机进行级联，最终会引起广播风暴，导致网络性能严重下降。

常见的三层网络架构采用层次化模型设计，将复杂的网络设计分成几个层次，每个层次着重于某些特定的功能，这样就能够使一个复杂的大问题变成许多简单的小问题。三层网络架构设计的网络有三个层次：核心层（网络的高速交换主干）、汇聚层（提供基于策略的连接）、接入层（将工作站接入网络），如图 4-7 所示。

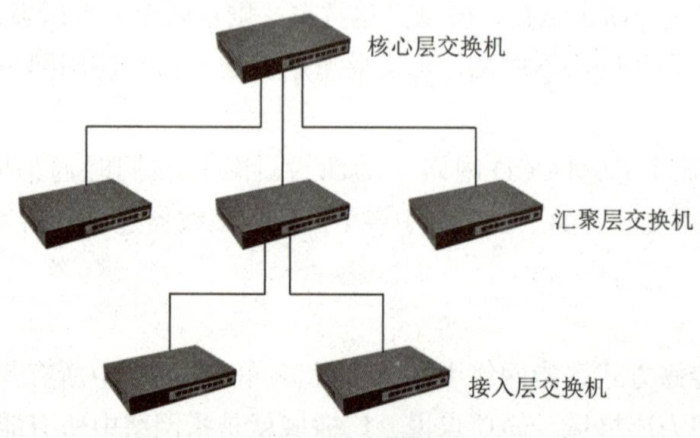

图4-7　三层网络架构

核心层是网络的高速交换主干，对整个网络的连通起到至关重要的作用，一般采用高带宽的千兆以上交换机。汇聚层是网络接入层和核心层的“中介”，即在工作站接入核心层前先做汇聚，以减轻核心层设备的负荷，一般选用支持三层交换技术和 VLAN 的交换机，以达到网络隔离和分段的目的。接入层向本地网段提供工作站接入，接入层中减少同一网段的工作站数量，能够向工作组提供高速带宽。

交换机之间一般通过普通用户端口进行级联，有些交换机提供了专门的级联端口（uplink port），这两种端口的区别在于普通端口符合 MDIX 标准，而级联端口（或称上行口）符合 MDI 标准。当两台交换机都通过普通端口级联时，端口间采用交叉线；当且仅当其中一台通过级联端口时，采用直通线，如图 4-8 所示。在中、大型企业网中，主干交换机一般通过光纤端口与核心交换机进行级联，如图 4-9 所示。

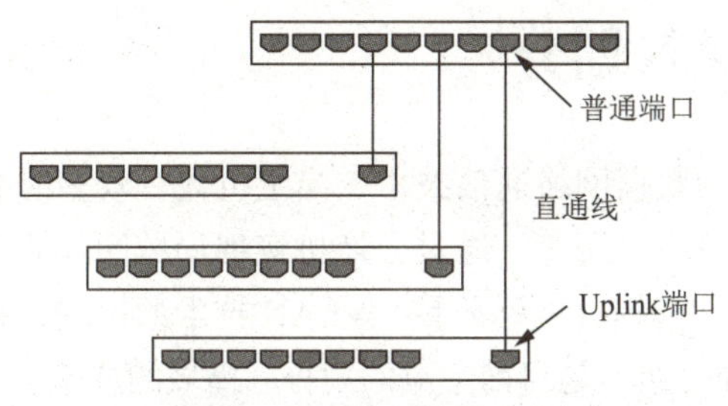

图4-8 使用uplink端口级联

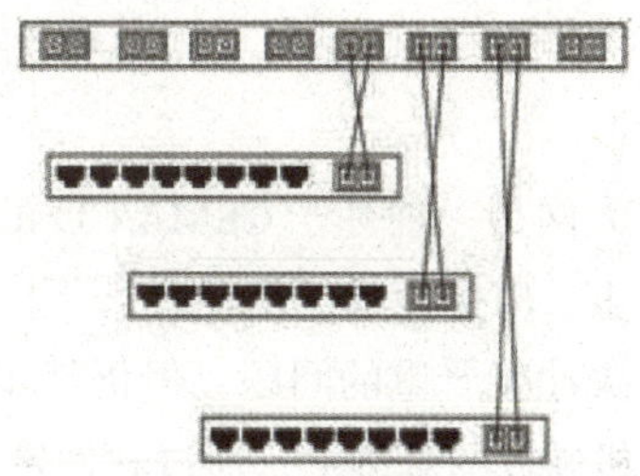
图4-9 使用光纤端口级联

2. 交换机堆叠

交换机堆叠是将多台交换机经过堆叠形成一个堆叠单元，以便在有限的空间内提供尽可能多的端口，如图 4-10 所示。可堆叠的交换机性能指标中有一个“最大可堆叠数”的参数，指一个堆叠单元中所能堆叠的最大交换机数，代表一个堆叠单元中所能提供的最大端口密度。

堆叠采用专用模块和总线，不占用网络端口；多台交换机堆叠后，具有足够的系统带宽，从而保证堆叠后每个端口仍能达到线速交换；多台交换机堆叠后，VLAN 等功能不受影响。堆叠只能在同类型交换机（至少应该是同一厂家的交换机）之间进行。

交换机可以细分为可堆叠型和非堆叠型两大类。可以堆叠的交换机中，又有虚拟堆叠和真正堆叠之分。所谓虚拟堆叠，交换机并不是通过专用堆叠模块和堆叠电缆，而是通过 Fast Ethernet 端口或 Giga Ethernet 端口进行堆叠，实际上这是一种变相的级联。真正意义上的堆叠比虚拟堆叠在性能上要高出许多，但虚拟堆叠往往采用标准 Fast Ethernet 或 Giga Ethernet 作为堆叠总线，易于实现，成本较低。堆叠端口可以作为普通端口使用，有利于保护用户投资。采用虚拟堆叠，可以大大延伸堆叠的范围，使得堆叠不再局限于一个机柜之内。

堆叠单元具有足以匹敌大型机架式交换机的端口密度和性能，而投资却比机架式交换机便宜得多，实现起来也灵活得多。机架式交换机是堆叠发展到更高阶段的产物，有多个插槽、端口密度大、支持多种网络类型，且扩展性较好、处理能力强，但价格较高，如图 4-11 所示。

图4-10 交换机堆叠

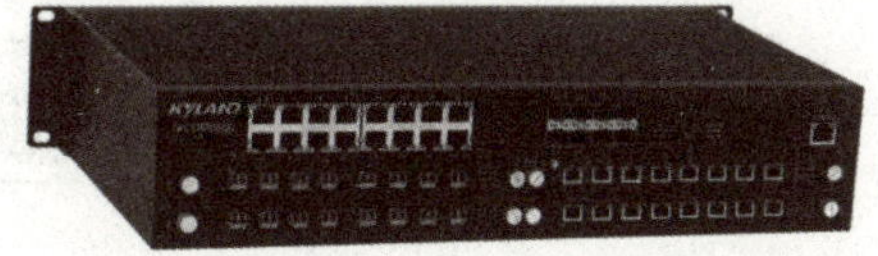
图4-11 机架式交换机

3. 集群

所谓集群，就是将多台级联或堆叠的交换机作为一台逻辑设备进行管理。集群中，一般只有一台起管理作用的交换机，称为命令交换机，它可以管理若干台其他交换机。在网络中，这些交换机只需要占用一个 IP 地址（仅命令交换机需要），节约了宝贵的 IP 地址，在命令交换机统一管理下，集群中多台交换机协同工作，大大降低管理强度。

不同厂家对集群有不同的实现方案，一般厂家都是采用专有协议实现集群。集群技术有其局限性，不同厂家的交换机可以级联但不能集群，即使同一厂家的交换机也只有指定的型号才能实现集群，如堆叠模块产品 CISCO3500XL 系列就只能与 1900、2800、2900XL 系列实现集群。

4.4　VLAN划分

以太网是一种基于 CSMA/CD 的共享通信介质的数据网络通信技术，当主机数目较多时会导致冲突严重、广播泛滥，性能显著下降，甚至造成网络不可用等。通过交换机实现局域网互联，虽然可以解决冲突严重的问题，但仍然不能隔离广播报文和提升网络质量。VLAN 技术的出现，在不改变交换机硬件的基础上，通过软件定义网络中的逻辑分组，是目前主流的划分广播域的技术。

1. VLAN 的工作原理

VLAN（virtual local area network，虚拟局域网）是一组不受物理位置限制的逻辑上的设备和用户，可以根据功能、部门及应用等因素将它们组织成不同的工作组，工作组中设备之间的通信就好像在同一个网段中，因此称为虚拟局域网。

1999 年 IEEE 颁布了用于标准化 VLAN 实现方案的 802.1Q 协议标准草案。VLAN 技术使得管理员可以根据实际应用需求，把同一物理局域网内的不同用户逻辑地划分成不同的广播域，每一个 VLAN 都包含一组有着相同需求的计算机工作站。一个 VLAN 内部的广播和单播流量都不会转发到其他 VLAN 中，从而有助于控制流量、减少设备投资、简化网络管理、提高网络的安全性。

VLAN 通常在交换机或路由器上实现，在以太网帧中增加 VLAN 标签来给以太网帧分类，具有相同 VLAN 标签的以太网帧在同一个广播域中传送。不同 VLAN 之间要相互访问，就要通过路由器。

图 4-12 是一个 VLAN 网络，每个楼层分别有一个局域网 LAN1、LAN2、LAN3，每个局域网有三台 PC 连接在同楼层的一台交换机上，各楼层的交换机又级联到另外一台交换机，把三个楼层的九台 PC 分别组成了三个工作组 VLAN1、VLAN2、VLAN3。每台 PC 都可以收到同一 VLAN 中其他成员所发送的广播，而不同 VLAN 之间的广播信息是相互隔离的。

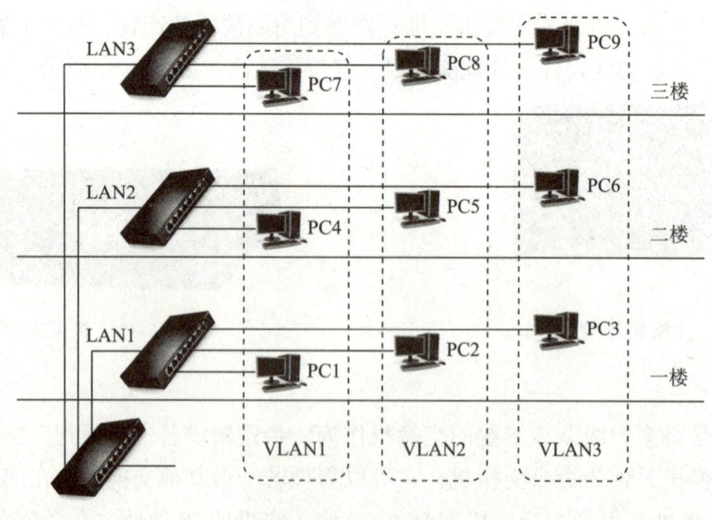

图4-12　VLAN示例

2. VLAN 的划分方法

在实际网络中，VLAN 的划分方式主要有以下几种：

① 基于端口号。逻辑上将交换机端口划分为不同的 VLAN，当某一端口属于某一个 VLAN 时，

就不能属于另外一个 VLAN。

② 基于 MAC 地址。根据交换机端口所连接设备的 MAC 地址来划分 VLAN，当用户计算机从一台交换机移动到其他交换机时，VLAN 不必重新配置，提高了终端用户的安全性和接入的灵活性。

③ 基于子网。使指定网段或 IP 地址发出的报文在指定的 VLAN 中传输，减轻了网络管理员的负担，提高了网络管理的效率。

④ 基于协议。根据端口接收到的报文所属的协议类型及封装格式，给报文分配不同的标签，便于 VLAN 的管理和维护。

⑤ 基于策略。在交换机上配置终端的 MAC 地址和 IP 地址，并与 VLAN 关联。只有符合条件的终端才能加入指定 VLAN，一旦加入严禁修改 IP 地址和 MAC 地址，否则会导致终端从指定 VLAN 中退出，因此安全性非常高。

当设备同时支持多种划分方式时，一般情况下的优先使用顺序为：基于策略（优先级最高）→基于子网→基于协议→基于 MAC 地址→基于端口（优先级最低）。目前最常用的是基于端口的 VLAN 划分方式。

3. VLAN 的端口类型

VLAN 端口类型不同，交换机对帧的处理过程也不同。VLAN 端口类型分为以下三种：

① Access 端口。一般用于连接不能识别 VLAN Tag 的用户终端（如用户主机、服务器等），或者用于不需要区分 VLAN 成员的时候。Access 端口只能收发 Untagged 帧，且只能为其添加唯一的 VLAN Tag。

② Trunk 端口。一般用于连接交换机、路由器、AP（无线访问接入点）以及可以同时收发 Tagged 帧和 Untagged 帧的语音终端。Trunk 端口允许多个数据帧带 Tag 通过，但只允许一个数据帧从该类端口上发出时不带 Tag。

③ Hybrid 端口。既可以用于连接不能识别 VLAN Tag 的用户终端和网络设备，也可以用于连接交换机、路由器、AP 以及可同时收发 Tagged 帧和 Untagged 帧的语音终端。Hybrid 端口允许多个数据帧带 Tag 通过，且允许从该类端口发出的帧根据需要配置带 Tag 和不带 Tag。

4. Trunk 技术

Trunk（主干）技术又称端口汇聚或链路汇聚，即把多个以太网端口绑定在一起作为一个逻辑链路来使用。Trunk 能实现 VLAN 跨越多个交换机定义，它是在不同交换机之间的一条链路，可以传输不同 VLAN 的信息，如图 4-13 所示。

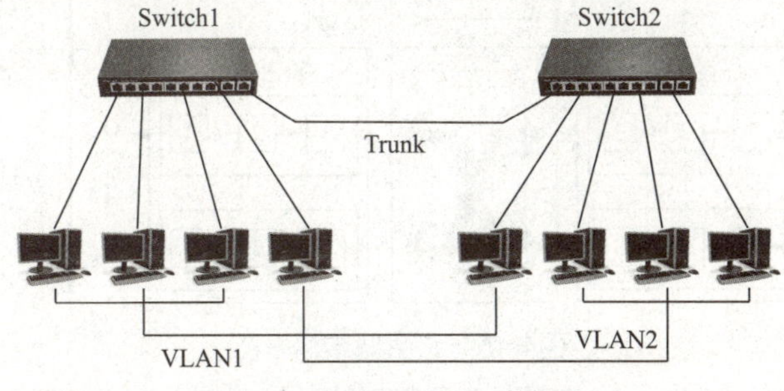

图4-13　交换机间的主干链路

Trunk 技术用于交换机之间的级联，提高网络速度，突破网络瓶颈，进而大幅提高网络性能。同时，Trunk 技术用于交换机与服务器之间的连接，为服务器提供独享的高带宽。

端口汇聚可以实现多条链路汇聚成一条逻辑链路来增加带宽，同一汇聚组的各个成员端口之间彼此动态备份，提高连接可靠性。Trunk 技术可以实现 Trunk 内部多条链路互为备份的功能，当一条链路出现故障时，不影响其他链路的工作，同时多链路之间还能实现流量均衡。

IEEE 802.1Q 是 Trunk 技术的通用标准，许多厂家的交换机都支持此标准，它在每个数据帧中加入一个特定的标识，用以说明每个数据帧属于哪个 VLAN。Cisco 公司生产的交换机产品有 ISL 标准，其他厂家的交换机不支持此标准，Cisco 交换机与其他厂商的交换机相连时，不能使用 ISL 标准，只能采用 802.1Q 标准。

4.5 路由器的工作原理

路由器是连接两个或多个网络的硬件设备，在网络间起网关的作用，它读取每一个数据包中的地址并决定如何传送，是专用智能性的网络设备，如图 4-14 所示。某些局域网使用以太网协议，因特网使用 TCP/IP，路由器可以分析各种不同类型网络传送的数据包的目的地址，把非 TCP/IP 网络的地址转换成 TCP/IP 地址，或者反之，根据选定的路由算法把各数据包按最佳路线传送到指定位置。

图4-14 路由器

1. 路由器的结构

路由器逻辑上由输入接口、输出接口、数据转发部分、路由管理部分、用户配置接口共五部分构成。路由器结构框图如图 4-15 所示，路由选择处理机通过路由表以及具体的交换结构完成数据转发部分等功能。

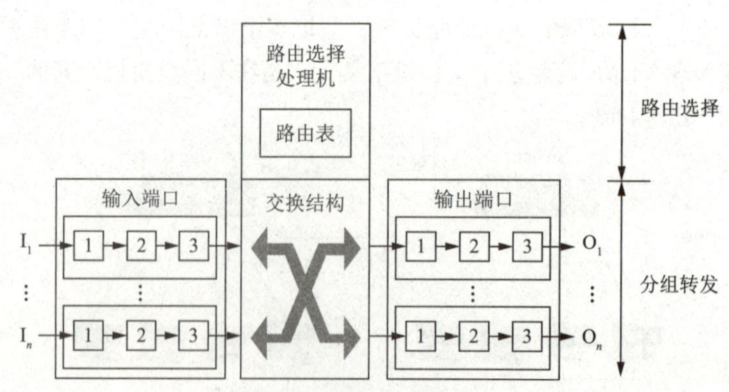

图4-15 路由器结构框图

1—物理层；2—数据链路层；3—网络层

输入端口对分组的处理：物理层进行比特的接收和发送。数据链路层按链路层协议接收帧，并去掉帧的首部和尾部，将其送往网络层的队列中排队等待处理，排队等待会产生一定的时延。

输出端口对分组的处理：交换结构传送过来的分组先进行缓存。数据链路层处理模块将分组加上链路层的首部和尾部，交给物理层后送往传输线路。

单一网络的分组交换是基于查表机制，所查的表有路由表和转发表。路由表（routing table）是根据某种路由选择算法得出的一张表格，供路由选择之用。路由选择协议负责搜索分组从某个节点到目的节点的最佳传输路由，以便构造路由表。转发表（forwarding table）是根据路由表构造的一张表格。当交换节点收到分组后，根据其目的地址查找转发表，并找出应从节点的哪一个接口将该分组发送出去。一般不严格区分转发表和路由表，在转发分组时既可以说“查找转发表”，也可以说“查找路由表”。

2. 路由器的硬件配置

路由器的硬件配置如图 4-16 所示。

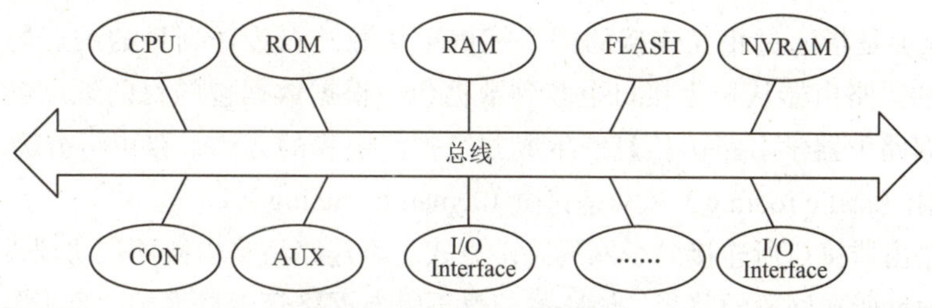

图4-16　路由器的硬件配置

① 中央处理单元（CPU）：作为路由器的中枢，主要负责执行路由器操作系统的指令，以及解释、执行用户输入的命令，同时还完成与计算有关的工作。

② 只读存储器（ROM）：只读存储器中包括开机自检程序、系统引导程序及路由器操作系统。

③ 内存（RAM）：用来存储用户的数据包队列以及路由器在运行过程中产生的中间数据。

④ 闪存（flash）：主要负责保存操作系统的映像文件。

⑤ 非易失性内存（NVRAM）：用来存储路由器的启动配置文件。

⑥ 控制台端口（CON）：供用户对路由器进行配置使用。

⑦ 辅助端口（AUX）：用来连接调制解调器以实现对路由器的远程控制管理。

⑧ 接口（Interface）：数据包进出路由器的通道。

⑨ 总线（Bus）及缆线：用来连接内部部件以及其他设备。

路由器和交换机中都安装有 IOS 操作系统，它们的启动过程相似，在此不再赘述。

3. 路由器的工作原理

路由器是实现网络互联、在不同网络之间转发数据单元的重要网络设备。路由器工作在 OSI 参考模型的网络层，路由器的主要任务是为经过路由器的每个数据帧寻找一条最佳传输路径，并将该数据有效地传送到目的站点。为了完成这项工作，在路由器中保存着各种传输路径的相关数据——路由表，供路由选择时使用。

选择最佳路径的策略即路由算法是路由器的关键所在，当路由器接收到来自一个网络接口的数据包时，首先根据其中所含的目的地址查询路由表，决定转发路径（转发接口和下一跳），然后从 ARP 缓存表调出下一跳地址的 MAC 地址，将路由器自己的 MAC 地址作为源 MAC 地址，下一跳的 MAC 地址作为目的 MAC 地址，封装成帧头，同时 IP 数据包头的 TTL（生存时间）也开始递减，最后将数据发送至转发端口，按顺序等待，直至传送到输出链路。

作为不同网络之间互相连接的枢纽，路由器系统构成了基于 TCP/IP 的国际互联网络 Internet 的骨架，它的处理速度是网络通信的主要瓶颈之一，它的可靠性则直接影响着网络互联的质量。

4.6 路由选择算法

路由算法又称选路算法，其目的是找到一条从源路由器到目的路由器的最佳路径。由于存在多种不同的路由算法，每种算法使用的度量标准不同，对网络和路由器资源的影响也不同，从而导致最佳路径的计算方法存在差异。

1. 路由

路由（routing）是指通过相互连接的网络把信息从源站点传送到目的站点的过程。路由是通过路由器来完成的，路由器从一个接口上收到数据包，根据数据包的目的地址进行定向并转发到另一个接口。根据路由器学习路由信息、生成并维护路由表的方法，路由可分为直连路由（direct routing）、静态路由（static routing）和动态路由（dynamic routing）。

直连路由：路由器接口所连接的子网的路由方式。直连路由是由链路层协议发现的，一般指去往路由器的接口地址所在网段的路径，该路径信息不需要网络管理员维护，也不需要路由器通过某种算法进行计算获得，只要该接口处于活动状态（Active），路由器就会把通向该网段的路由信息填写到路由表中去，直连路由无法使路由器获取与其不直接相连的路由信息。

静态路由：由网络管理员根据网络拓扑，使用命令在路由器上配置的路由信息。静态路由是在路由器中设置的固定的路由表，静态路由优先级最高，当动态路由与静态路由发生冲突时，以静态路由为准。除非网络管理员干预，否则静态路由不会发生变化。

动态路由：是指路由器能够自动地建立自己的路由表，并且能够根据实际情况适时地进行调整。常见的动态路由协议有开放式最短路径优先（open shortest path first，OSPF）协议和寻路信息协议（routing information protocol，RIP）等。

2. 标准路由选择算法

路由是指导报文转发的路径信息，而路由表是所有路径信息的集合。连接到同一网络的所有主机有相同的网络号，因此可以把有关特定主机的信息与它所在的网络环境隔离开来，IP 路由表仅保存相关的网络信息，这样既可减少路由表的长度，又可提高路由算法的效率。

一个标准的路由表通常包含许多（N,R）对序偶，其中 N 表示目的网络，R 表示到目的网络 N 的路径上的“下一站”路由器的 IP 地址。路由表仅仅指定了经过 R 到达目的网络路径上的一步，路由器并不知道到达目的网络的完整路径。

例如，某简单的网络互联结构如图 4-17 所示，其中路由器 R 的路由表见表 4-1。

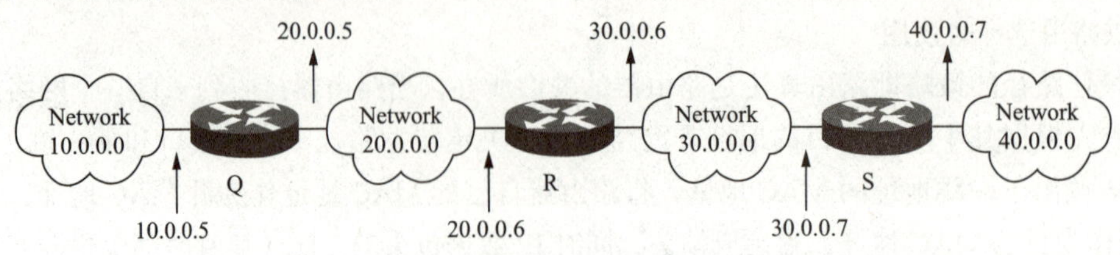

图4-17 一个简单的网络互联结构

表4-1　路由器R的路由表

要到达的网络	下一路由器
20．0.0.0	直接投递
30．0.0.0	直接投递
10．0.0.0	20．0.0.5
40．0.0.0	30．0.0.7

在图 4-17 中，网络 20.0.0.0 和网络 30.0.0.0 都与路由器 R 直接相连，路由器 R 如果收到目的 IP 地址的网络号为此二者的数据包，可以将该数据包直接传送给目的主机。如果收到目的 IP 地址的网络号为 10.0.0.0 的数据包，路由器 R 就需要将该数据包传送给与其直接相连的另一路由器 Q，由路由器 Q 再次投递该数据包。同理，如果收到目的 IP 地址的网络号为 40.0.0.0 的数据包，路由器 R 就将该数据包传送给路由器 S，最终由路由器 S 将数据包送达目的网络。

3. 向量 - 距离路由选择算法

（1）算法思想

在向量 - 距离（vector-distance，V-D）路由选择算法中，路由器周期性地向其相邻路由器广播自己知道的路由信息，通知相邻路由器自己可以到达的网络以及到达该网络的距离，距离通常用“跳数”表示。跳数是一个数据包到达目的网络所必须经过的路由器的数目，相邻路由器可以根据收到的路由信息修改和刷新自己的路由表。

如图 4-18 所示，路由器 R 向相邻的路由器（如路由器 S）广播自己的路由信息，通知路由器 S 自己可以到达网络 20.0.0.0、30.0.0.0 和 10.0.0.0。由于路由器 R 传送来的路由信息中包含了两条路由器 S 不知道的路由信息，于是路由器 S 将到达这两个网络的路由信息加入自己的路由表中，并将下一站指定为 R，即如果路由器 S 收到目的 IP 地址的网络号为 20.0.0.0 或 10.0.0.0 的数据包，它将转发给路由器 R，由路由器 R 进行再次投递。由于路由器 R 到达这两个网络的距离分别为 0 和 1，因此路由器 S 通过路由器 R，到达这两个网络的距离分别为 1 和 2。

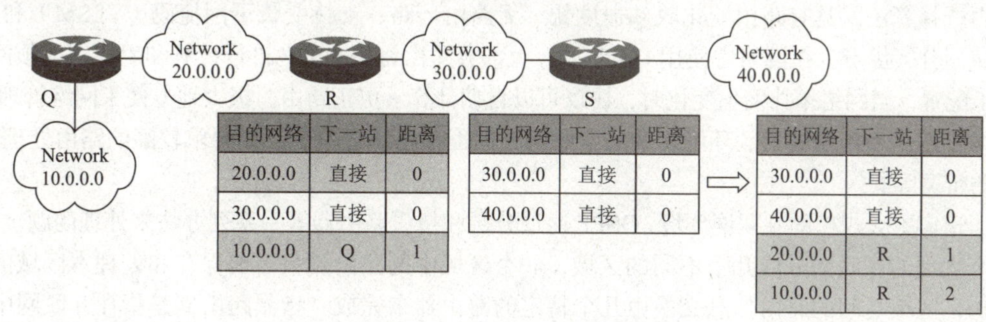

图4-18　向量-距离路由选择算法示例

向量 - 距离路由选择算法的特点：

①算法简单、易于实现。

② 由于路由器的路径变化需要像波浪一样从相邻路由器传播出去，过程非常缓慢，有可能造成慢收敛等问题，因此不适合应用于路由经常变化或大型的互联网网络环境。

③ 互联网中的每个路由器都参与路由信息的交换和计算，需要交换的信息量较大。

（2）RIP

路由信息协议（routing information protocol，RIP）是基于向量 - 距离路由选择算法的路由协议，利用跳数来作为计量标准。在带宽、配置和管理方面要求较低，主要适用于规模较小的网络。

路由器每隔 30 s 向其邻居广播自己的路由表信息，收到此信息的路由器更新自己的路由信息。RIP 度量距离的单位是跳数，最多允许 15 跳。每条路由有一个超时定时器，当一条路由激活或更新时，该定时器初始化，如果在 180 s 之内没有收到关于那条路由的更新，则将该路由置为无效。每条路由有一个清除定时器，当路由器认识到某条路由无效时，就初始化一个清除定时器，如果在 120 s 内还没收到这条路由的更新，就从路由表中删除该路由。

值得注意的是，根据跳数选择的路由不一定是最优路由。

4. 链路 - 状态路由选择算法

（1）算法思想

链路 - 状态（link-status，L-S）路由选择算法也称最短路径优先（shortest path first，SPF）算法，互联网上的每个路由器周期性地向其他所有路由器广播自己与相邻路由器的连接关系，以使各个路由器都可以“画”出一张网络拓扑图，利用这张图和最短路径优先算法，路由器就可以计算出自己到达各个网络的最短路径。

链路 - 状态路由选择算法的特点如下：

① 与向量 - 距离路由选择算法相比，链路状态算法具有更快的收敛速度，网络中的所有路由器都能够迅速建立整个网络的拓扑结构。

② 具有更好的功能扩展能力，很容易地在链路状态中加入新的属性和参数，而无须改变路由交换的规则，使路由计算中能够引用不同的参数来实现新的功能。

③ 提供了更好的可升级性（在规模上），允许在一个大型网络中划分选路层次。

④ 每个路由器需要有较大的存储空间，用以存储所收到的每一个节点的链路状态分组，计算工作量大，每次都必须计算最短路径。

（2）OSPF

开放式最短路径优先（open shortest path first，OSPF）是广泛使用的一种动态路由协议，使用链路 - 状态路由选择算法，具有路由变化收敛速度快、无路由环路、支持变长子网掩码（VLSM）和汇总、层次区域划分等优点。在网络中使用 OSPF 后，大部分路由将由 OSPF 自行计算和生成，无须网络管理员人工配置，当网络拓扑发生变化时，协议可以自动计算、更正路由，极大地方便了网络管理。

该协议适用于规模庞大、环境复杂的互联网，但也存在一些不足，如要求较高的路由处理能力、有一定的带宽等。

为了适应更大规模的互联网环境，OSPF 通过分层和指派路由器等一系列办法来处理问题。分层，是将一个大型的互联网分成几个不同的区域，一个区域中的路由器只需要保存和处理本区域的网络拓扑结构，区域之间的路由信息交换由几个特定的路由器来完成。指派路由器是指在互联网中路由器将自己与相邻路由器的关系发送给一个或多个指派的路由器，由指派路由器生成整个互联网的拓扑结构图，以供其他路由器查询。

4.7 实训任务

任务 4-1：单交换机上的 VLAN 划分

（1）任务目标

① 掌握在单个交换机上进行 VLAN 划分的方法。

② 理解通过 VLAN 技术隔离网络的原理。

(2) 任务内容

① 用华为 eNSP 创建网络拓扑。

② 配置 TCP/IP 协议。

③ VLAN 划分。

④ 网络连通性测试。

(3) 完成任务所需的设备和软件

安装有 Windows 10 操作系统的 PC 一台，华为 eNSP。

(4) 网络拓扑结构

网络拓扑结构如图 4-19 所示。

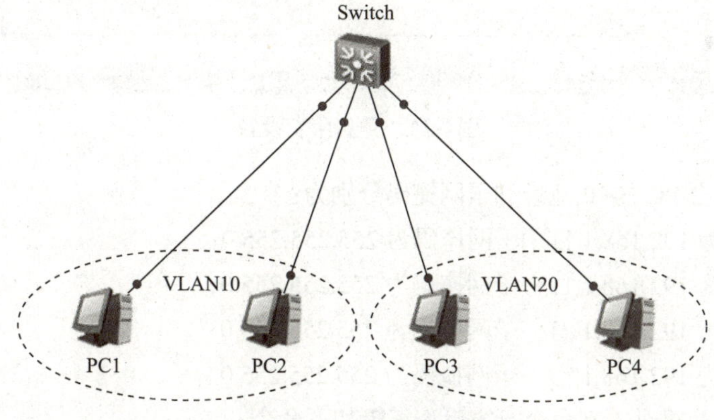

图4-19　网络拓扑结构

(5) 任务实施步骤

步骤 1：打开 eNSP 模拟器，创建网络拓扑如图 4-20 所示。

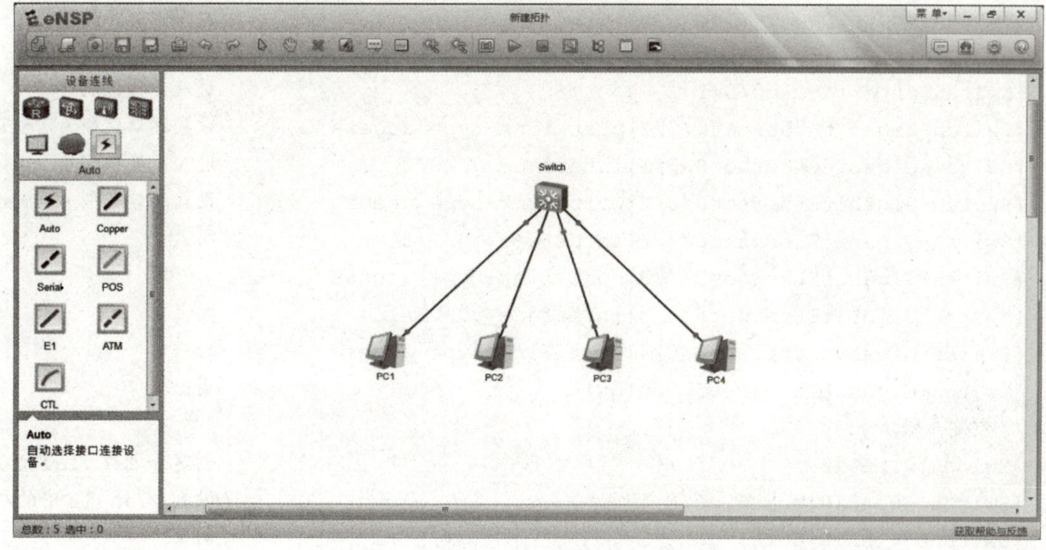

图4-20　创建网络拓扑

步骤 2：开启所有设备，如图 4-21 所示。

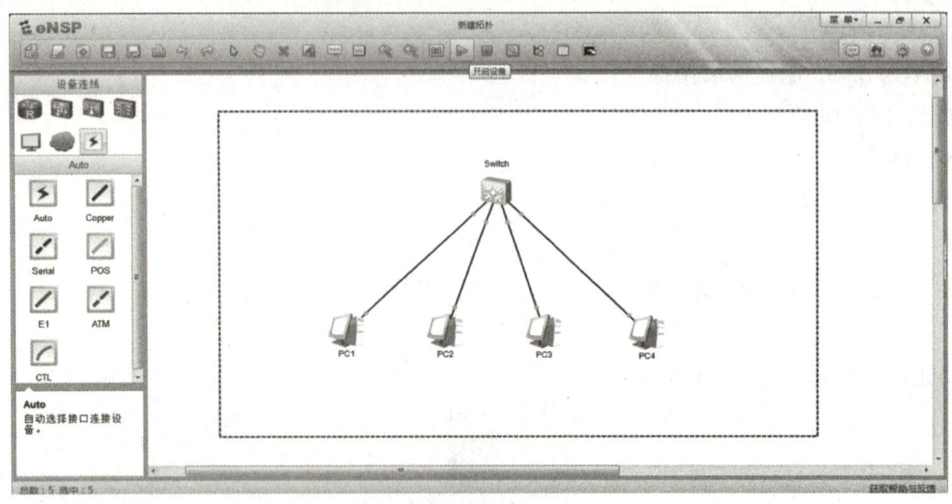

图4-21 开启所有设备

步骤 3：设置四台 PC 的 IP 地址和子网掩码分别为：

PC1 的 IP 地址为 192.168.1.11，子网掩码为 255.255.255.0；

PC2 的 IP 地址为 192.168.1.12，子网掩码为 255.255.255.0；

PC3 的 IP 地址为 192.168.1.21，子网掩码为 255.255.255.0；

PC4 的 IP 地址为 192.168.1.22，子网掩码为 255.255.255.0。

步骤 4：双击交换机进入其命令行窗口，编辑如下命令：

```
//将交换机的端口号设置为access，access为交换机和PC之间的类型
<Huawei>system-view                                    //进入系统视图
[Huawei]sysname Switch                                 //设备命名
[Switch]undo info-center enable                        //关闭告警信息
Info: Information center is disabled.
[Switch]interface g0/0/1                               //进入交换机端口
[Switch-GigabitEthernet0/0/1]port link-type access     //设置端口类型为access
[Switch-GigabitEthernet0/0/1]interface g0/0/2          //进入交换机端口
[Switch-GigabitEthernet0/0/2]port link-type access     //设置端口类型为access
[Switch-GigabitEthernet0/0/2]interface g0/0/3          //同上
[Switch-GigabitEthernet0/0/3]port link-type access
[Switch-GigabitEthernet0/0/3]interface g0/0/4          //同上
[Switch-GigabitEthernet0/0/4]port link-type access
[Switch-GigabitEthernet0/0/4]quit                      //退出端口
//创建并划分vlan
[Switch]vlan 10                                        //创建并进入vlan 10
[Switch -vlan10]port  g0/0/1                           //设置vlan 10中的端口
[Switch -vlan10]port  g0/0/2                           //同上
[Switch -vlan10]quit                                   //退出vlan 10
[Switch ]vlan 20                                       //创建并进入vlan 20
```

```
[Switch -vlan20]port  g0/0/3                    //设置 vlan 20 中的端口
[Switch -vlan20]port  g0/0/4                    //同上
```

步骤 5：测试四台 PC 之间的连通性，如图 4-22 和图 4-23 所示，理解通过 VLAN 技术隔离网络的原理。

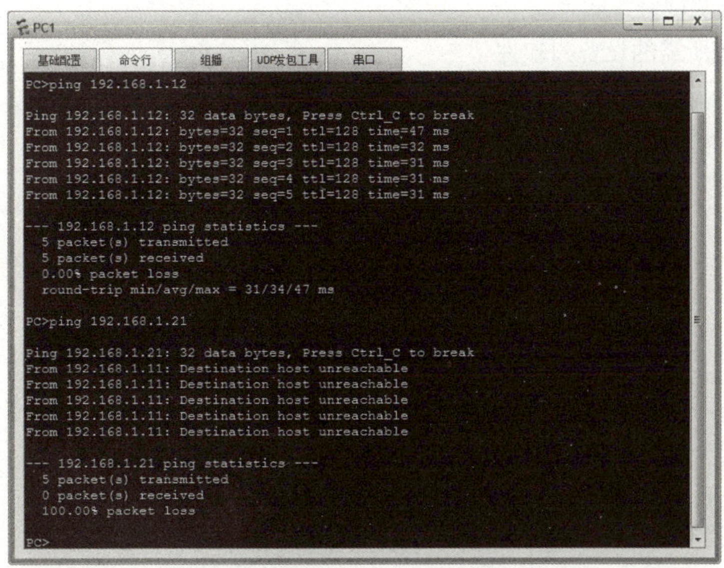

图4-22　测试PC1与PC2、PC3的连通性

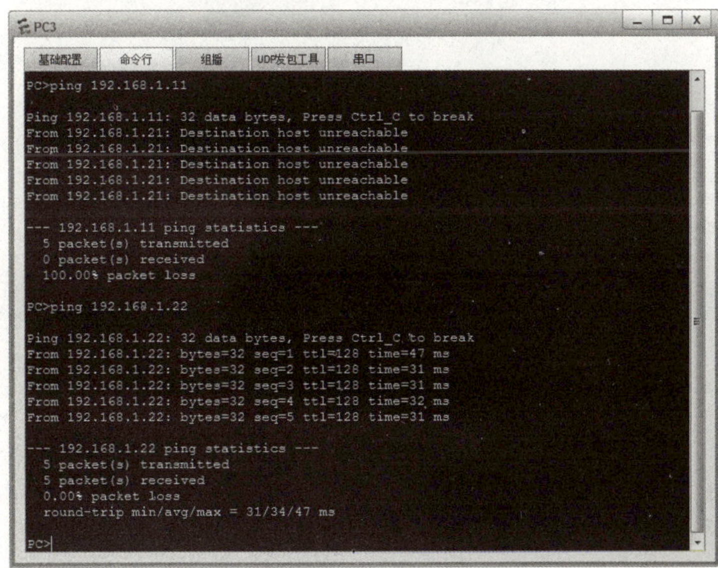

图4-23　测试PC3与PC1、PC4的连通性

任务 4-2：多交换机上的 VLAN 划分

（1）任务目标

① 掌握在多交换机上进行 VLAN 划分的方法。

② 理解通过 VLAN 技术隔离网络的原理。

(2) 任务内容

① 用华为 eNSP 创建网络拓扑。

② 配置 TCP/IP 协议。

③ VLAN 划分。

④ 网络连通性测试。

(3) 完成任务所需的设备和软件

安装有 Windows 10 操作系统的 PC 一台，华为 eNSP。

(4) 网络拓扑结构

网络拓扑结构如图 4-24 所示。

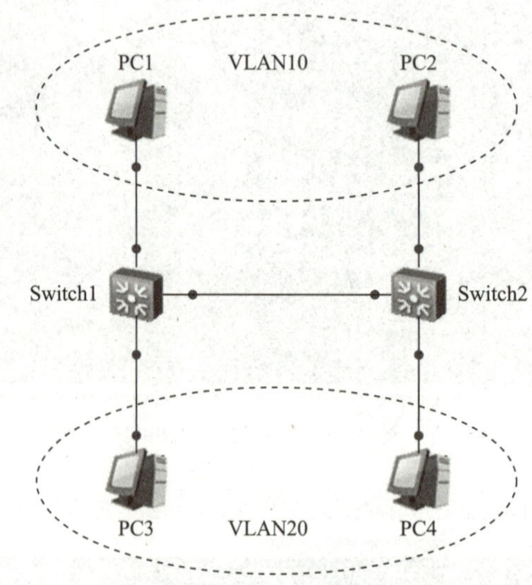

图4-24 网络拓扑结构

(5) 任务实施步骤

步骤 1：打开 eNSP 模拟器，创建网络拓扑如图 4-25 所示。

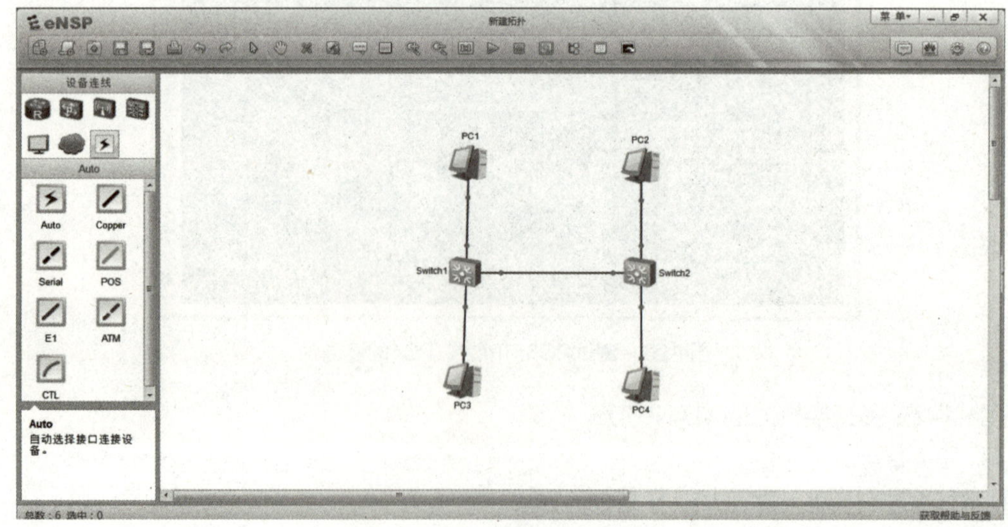

图4-25 创建网络拓扑

步骤 2：开启所有设备，如图 4-26 所示。

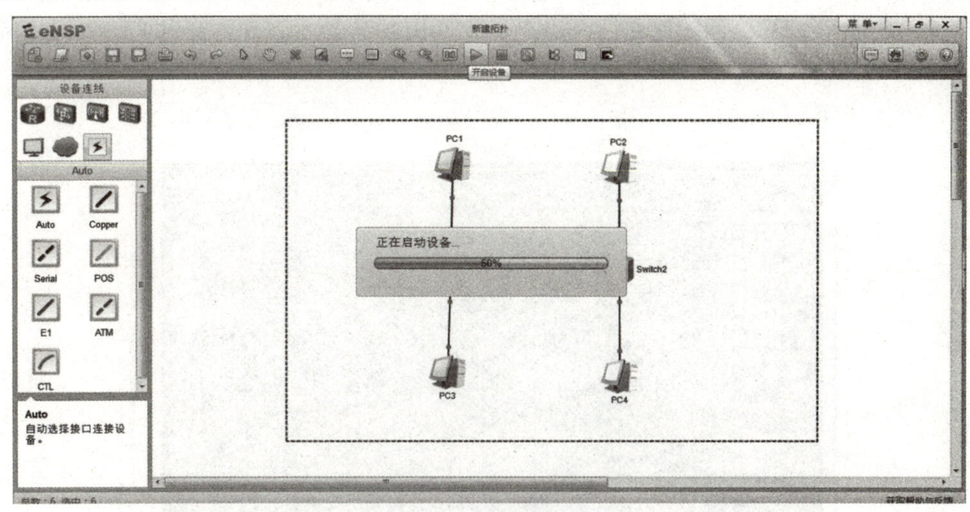

图4-26 开启所有设备

步骤 3：设置四台 PC 的 IP 地址和子网掩码分别为：

PC1 的 IP 地址为 192.168.1.11，子网掩码为 255.255.255.0；

PC2 的 IP 地址为 192.168.1.12，子网掩码为 255.255.255.0；

PC3 的 IP 地址为 192.168.1.21，子网掩码为 255.255.255.0；

PC4 的 IP 地址为 192.168.1.22，子网掩码为 255.255.255.0。

步骤 4：双击交换机 Switch1 进入其命令行窗口，编辑如下命令：

```
//将端口号设置为 access                                 //access 为交换机和 PC 之间的类型
//将端口号设置为 trunk                                  //trunk 为交换机之间的类型
<Huawei>system-view                                    //进入系统视图
[Huawei]sysname Switch1                                //设备命名
[Switch1]undo info-center enable                       //关闭告警信息
Info: Information center is disabled.
[Switch1]interface g0/0/1                              //进入 Switch1 端口
[Switch1-GigabitEthernet0/0/1]port link-type access          //设置端口类型为 access
[Switch1-GigabitEthernet0/0/1]interface g0/0/2               //进入 Switch1 端口
[Switch1-GigabitEthernet0/0/2]port link-type access          //设置端口类型为 access
[Switch1-GigabitEthernet0/0/2]interface g0/0/3               //进入 Switch1 端口
[Switch1-GigabitEthernet0/0/3]port link-type trunk           //设置端口类型为 trunk
[Switch1-GigabitEthernet0/0/3]port trunk allow-pass vlan all //允许所有 VLAN 通过
[Switch1-GigabitEthernet0/0/3]quit                           //退出端口
//创建并划分 vlan
[Switch1]vlan 10                                             //创建并进入 vlan 10
[Switch1-vlan10]port  g0/0/1                                 //设置 vlan 10 中的端口
[Switch1-vlan10]quit                                         //退出 vlan 10
[Switch1]vlan 20                                             //创建并进入 vlan 20
[Huawei-vlan20]port  g0/0/2                                  //设置 vlan 20 中的端口
```

步骤 5：双击交换机 Switch2 进入其命令行窗口，编辑命令同 Switch1。

步骤 6：测试四台 PC 之间的连通性，如图 4-27 和图 4-28 所示，理解通过 VLAN 技术隔离网络的原理。

```
PC>ping 192.168.1.12

Ping 192.168.1.12: 32 data bytes, Press Ctrl_C to break
From 192.168.1.12: bytes=32 seq=1 ttl=128 time=62 ms
From 192.168.1.12: bytes=32 seq=2 ttl=128 time=47 ms
From 192.168.1.12: bytes=32 seq=3 ttl=128 time=46 ms
From 192.168.1.12: bytes=32 seq=4 ttl=128 time=62 ms
From 192.168.1.12: bytes=32 seq=5 ttl=128 time=62 ms

--- 192.168.1.12 ping statistics ---
  5 packet(s) transmitted
  5 packet(s) received
  0.00% packet loss
  round-trip min/avg/max = 46/55/62 ms

PC>ping 192.168.1.21

Ping 192.168.1.21: 32 data bytes, Press Ctrl_C to break
From 192.168.1.11: Destination host unreachable
From 192.168.1.11: Destination host unreachable
From 192.168.1.11: Destination host unreachable
From 192.168.1.11: Destination host unreachable
From 192.168.1.11: Destination host unreachable

--- 192.168.1.21 ping statistics ---
  5 packet(s) transmitted
  0 packet(s) received
  100.00% packet loss

PC>
```

图4-27　测试PC1与PC2、PC3的连通性

```
PC>ping 192.168.1.11

Ping 192.168.1.11: 32 data bytes, Press Ctrl_C to break
From 192.168.1.21: Destination host unreachable
From 192.168.1.21: Destination host unreachable
From 192.168.1.21: Destination host unreachable
From 192.168.1.21: Destination host unreachable
From 192.168.1.21: Destination host unreachable

--- 192.168.1.11 ping statistics ---
  5 packet(s) transmitted
  0 packet(s) received
  100.00% packet loss

PC>ping 192.168.1.22

Ping 192.168.1.22: 32 data bytes, Press Ctrl_C to break
From 192.168.1.22: bytes=32 seq=1 ttl=128 time=47 ms
From 192.168.1.22: bytes=32 seq=2 ttl=128 time=47 ms
From 192.168.1.22: bytes=32 seq=3 ttl=128 time=47 ms
From 192.168.1.22: bytes=32 seq=4 ttl=128 time=46 ms
From 192.168.1.22: bytes=32 seq=5 ttl=128 time=62 ms

--- 192.168.1.22 ping statistics ---
  5 packet(s) transmitted
  5 packet(s) received
  0.00% packet loss
  round-trip min/avg/max = 46/49/62 ms

PC>
```

图4-28　测试PC3与PC1、PC4的连通性

任务 4-3：局域网互联

（1）任务目标

① 掌握两个局域网互联的方法。

② 理解路由器的作用。

（2）任务内容

① 用华为 eNSP 创建网络拓扑。

② 配置 TCP/IP 协议。

③ 局域网互联。

④ 网络连通性测试。

(3) 完成任务所需的设备和软件

安装有 Windows 10 操作系统的 PC 一台，华为 eNSP。

(4) 网络拓扑结构

网络拓扑结构如图 4-29 所示。

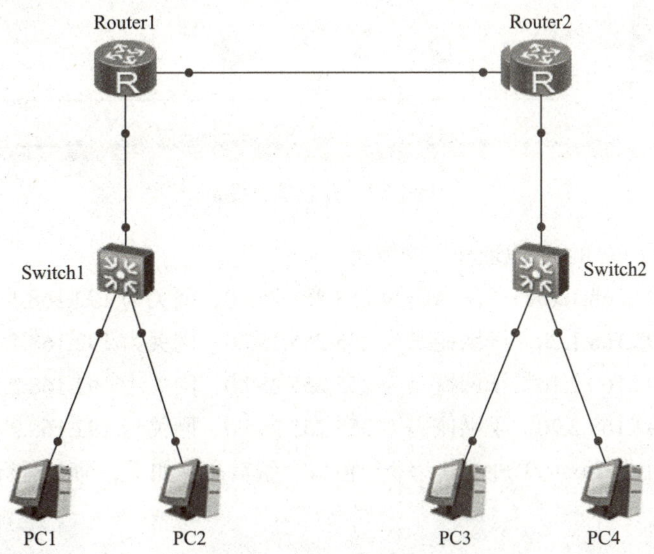

图4-29 网络拓扑结构

(5) 任务实施步骤

步骤 1：打开 eNSP 模拟器，创建网络拓扑如图 4-30 所示。

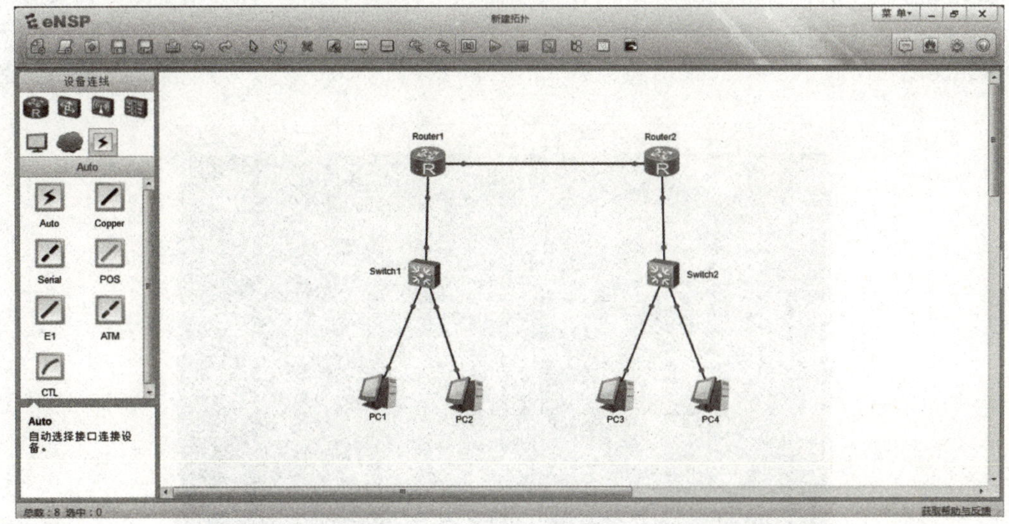

图4-30 创建网络拓扑

步骤 2：开启所有设备，如图 4-31 所示。

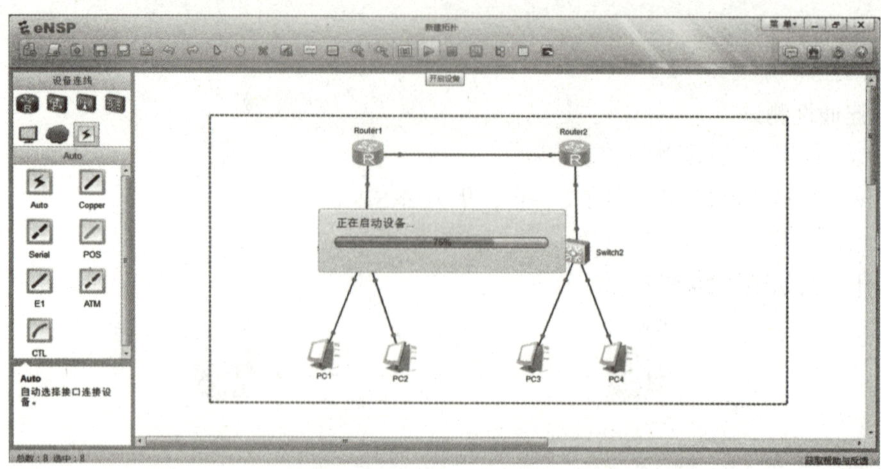

图4-31　开启所有设备

步骤 3：设置四台 PC 的 IP 地址和子网掩码。

PC1 IP 地址为 192.168.1.10，子网掩码为 255.255.255.0，网关为 192.168.1.1；

PC2 IP 地址为 192.168.1.20，子网掩码为 255.255.255.0，网关为 192.168.1.1；

PC3 IP 地址为 192.168.2.10，子网掩码为 255.255.255.0，网关为 192.168.2.1；

PC4 IP 地址为 192.168.2.20，子网掩码为 255.255.255.0，网关为 192.168.2.1。

步骤 4：双击路由器 Router1 进入其命令行窗口，编辑命令如下，命令运行情况如图 4-32 所示。

```
<Huawei>system-view                                      //进入系统视图
[Huawei]sysname Router1                                  //设备命名
[Router1]interface g0/0/0                                //进入路由器 Router1 端口
[Router1-GigabitEthernet0/0/0]ip address 192.168.1.1 24  //设置端口 IP 地址
[Router1-GigabitEthernet0/0/0]interface g0/0/1           //进入路由器 Router1 端口
[Router1-GigabitEthernet0/0/1]ip address 192.168.10.1 24 //设置端口 IP 地址
[Router1-GigabitEthernet0/0/1]quit                       //退出端口
[Router1]ip route-static 192.168.2.0 24 192.168.10.2     //设置 Router1 的静态路由
```

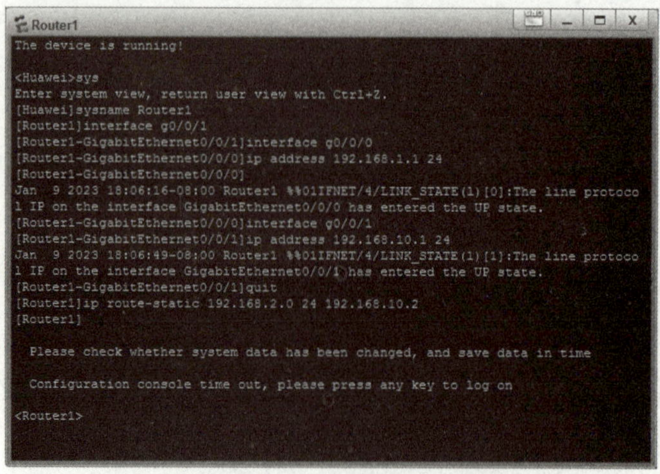

图4-32　路由器Router1的编辑命令运行情况

步骤 5：双击路由器 Router2 进入其命令行窗口，编辑命令如下，命令运行情况如图 4-33 所示。

```
<Huawei>system-view                                        //进入系统视图
[Huawei]sysname Router2                                    //设备命名
[Router2]interface g0/0/0                                  //进入路由器 Router2 端口
[Router2-GigabitEthernet0/0/0]ip address 192.168.2.1 24    //设置端口 IP 地址
[Router2-GigabitEthernet0/0/0]interface g0/0/1             //进入路由器 Router2 端口
[Router2-GigabitEthernet0/0/1]ip address 192.168.10.2 24   //设置端口 IP 地址
[Router2-GigabitEthernet0/0/1]quit                         //退出端口
[Router2]ip route-static 192.168.1.0 24 192.168.10.1       //设置 Router2 的静态路由
```

```
Router2
The device is running!

<Huawei>sys
Enter system view, return user view with Ctrl+Z.
[Huawei]syaname Switch
        ^
Error: Unrecognized command found at '^' position.
[Huawei]sysname Switch
[Switch]interface g0/0/0
[Switch-GigabitEthernet0/0/0]ip address 192.168.2.1 24
Jan  9 2023 19:17:02-08:00 Switch %%01IFNET/4/LINK_STATE(1)[0]:The line protocol
 IP on the interface GigabitEthernet0/0/0 has entered the UP state.
[Switch-GigabitEthernet0/0/0]interface g0/0/1
[Switch-GigabitEthernet0/0/1]ip address 192.168.10.2 24
Jan  9 2023 19:17:23-08:00 Switch %%01IFNET/4/LINK_STATE(1)[1]:The line protocol
 IP on the interface GigabitEthernet0/0/1 has entered the UP state.
[Switch-GigabitEthernet0/0/1]quit
[Switch]ip route-static 192.168.1.0 24 192.168.10.1
[Switch]
```

图4-33 路由器Router1的编辑命令运行情况

步骤 6：测试两个局域网中 PC 的连通性，如图 4-34 所示。

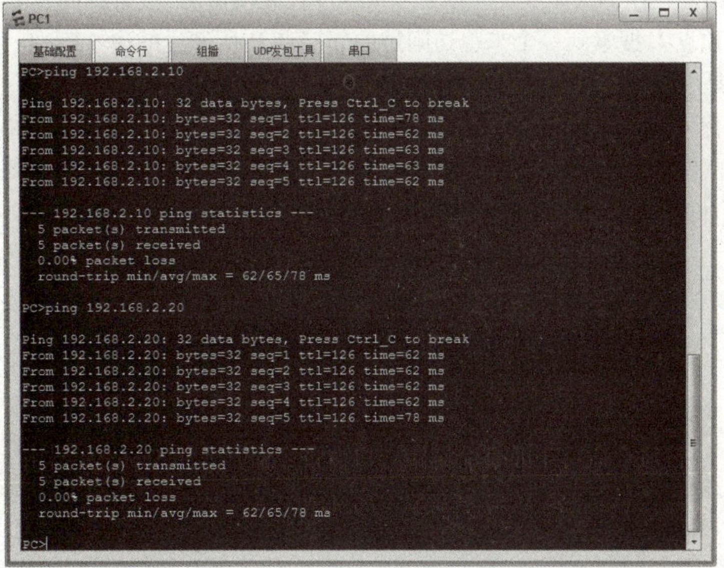

图4-34 测试局域网1中PC1与局域网2中PC3、PC4的连通性

拓展知识：最小生成树与生成树协议

图论中的图是由若干给定的点及连接两点的线所构成的图形，这种图形通常用来描述某些事物之间的某种特定关系，用点代表事物，用连接两点的线表示相应两个事物间具有一定关系，如图 4-35 所示。

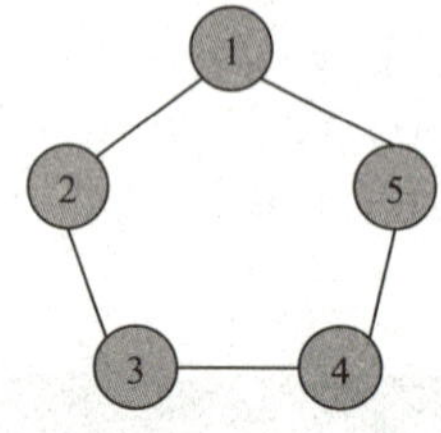

图4-35 图的示例

在一个无向图 G 中，若从顶点 i 到顶点 j 有路径相连（当然从顶点 j 到顶点 i 也一定有路径），则称顶点 i 和顶点 j 是连通的。如果 G 是有向图，那么连接顶点 i 和顶点 j 的路径中所有的边都必须同向。如果图中任意两点都是连通的，那么图被称为连通图。如果此图是有向图，则称为强连通图（需要双向都有路径）。图的连通性是图的基本性质。

1. 生成树

如果连通图 G 的一个子图是一棵包含 G 的所有顶点的树，则该子图称为 G 的生成树（spanning tree）。生成树是连通图的包含图中的所有顶点的极小连通子图。图的生成树不唯一。从不同的顶点出发进行遍历，可以得到不同的生成树。

常用的生成树算法有 DFS 生成树、BFS 生成树、PRIM 最小生成树和 Kruskal 最小生成树算法。

2. 生成树的求解方法

设图 $G=(V,E)$ 是一个具有 n 个顶点的连通图，其中 V 表示顶点的集合 ,E 表示边的集合。从 G 的任一顶点（源点）出发，作一次深度优先搜索（或广度优先搜索），搜索到的 n 个顶点和搜索过程中从一个已访问过的顶点 V_i 搜索到一个未曾访问过的邻接点 V_j 所经过的边（V_i，V_j）（共 $n-1$ 条）组成的极小连通子图就是生成树，源点是生成树的根。

通常，由深度优先搜索得到的生成树称为深度优先生成树，简称 DFS 生成树；由广度优先搜索得到的生成树称为广度优先生成树，简称 BFS 生成树。例如，图 4-36（a）所示图 G_1 的 DFS 生成树和 BFS 生成树分别如图 4-36（b）和图 4-36（c）所示。

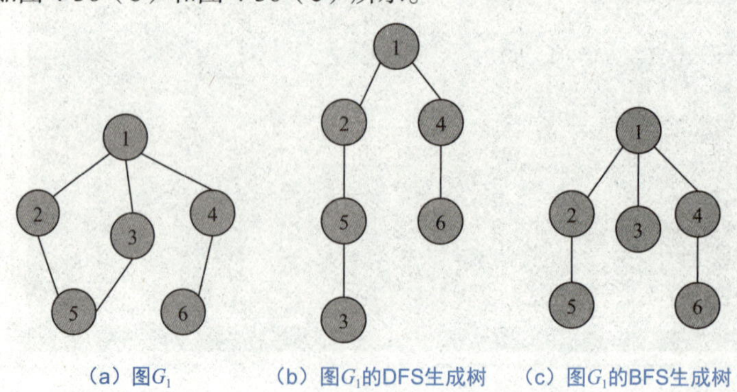

图4-36 图G_1的DFS生成树和BFS生成树

3. 最小生成树

对于连通的带权图（连通网）G，其中顶点集合为 V，边集合为 E，其生成树也是带权的，生成树各边的权值总和称为该树的权。权最小的生成树称为 G 的最小生成树（minimum spanning tree）。

(1) 普里姆（Prim）算法

① 输入：一个加权连通图，其中顶点集合为 V，边集合为 E。

② 初始化：$V_{new}=\{x\}$，其中 x 为集合 V 中的任一节点（起始点），$E_{new}=\{\}$ 为空。

③ 重复下列操作，直到 $V_{new}=V$：

a. 在集合 E 中选取权值最小的边（u, v），其中 u 为集合 V_{new} 中的元素，而 v 不在 V_{new} 集合当中，并且 $v \in V$（如果存在有多条满足前述条件即具有相同权值的边，则可任意选取其中之一）；

b. 将 v 加入集合 V_{new} 中，将边加入集合 E_{new} 中。

④ 输出：使用集合 V_{new} 和 E_{new} 来描述所得到的最小生成树。

例如，图 4-37（a）所示图 G_2 用 Prim 算法构造最小生成树的过程如图 4-37（b）～（g）所示。

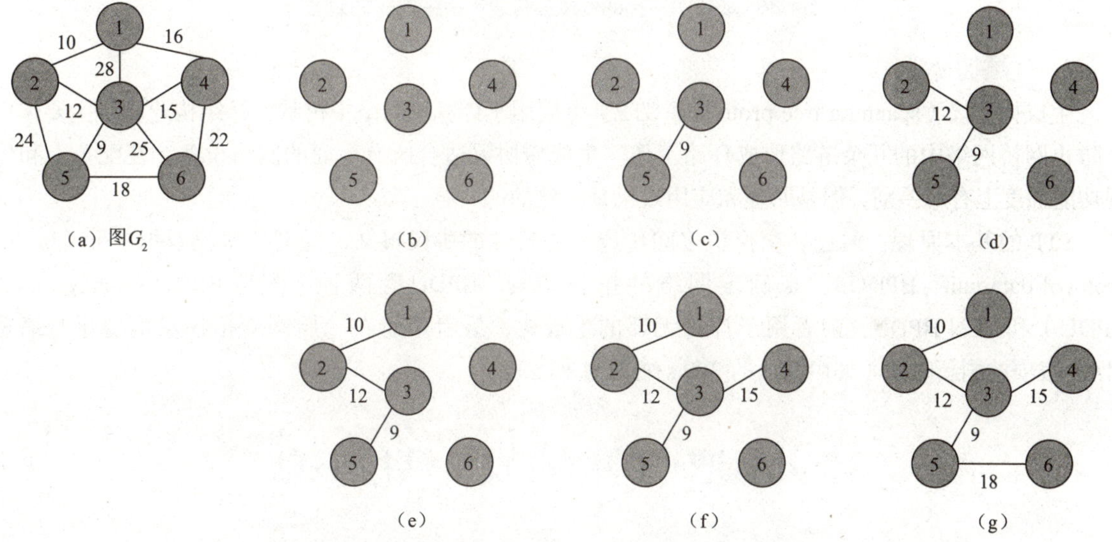

图4-37 图G_2用Prim算法构造最小生成树的过程

(2) 克鲁斯卡尔（Kruskal）算法

① 将图 G 看作一个森林，每个顶点为一棵独立的树。

② 将所有的边加入集合 S，即一开始 $S=E$。

③ 从 S 中拿出一条最短的边（u,v），如果 u,v 不在同一棵树内，则连接 u,v 合并这两棵树，同时将（u,v）加入生成树的边集 E'。

④ 重复③直到所有点属于同一棵树，边集 E' 就是一棵最小生成树。

例如，图 4-38（a）所示图 G_2 用 Kruskal 算法构造最小生成树的过程如图 4-38（b）～（g）所示。

生成树和最小生成树有许多重要的应用。例如，要在 n 个城市之间铺设光缆，主要目标是要使这 n 个城市的任意两个之间可以通信，但铺设光缆的费用很高，且各个城市之间铺设光缆的费用不同，因此另一个目标是要使铺设光缆的总费用最低，这就需要找到带权的最小生成树。

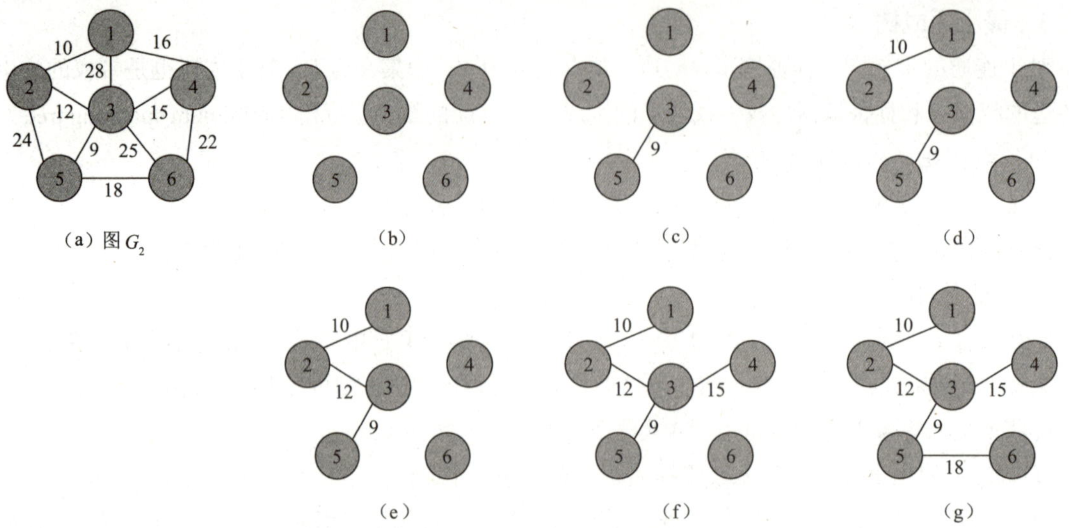

图4-38 图G_2用Kruskal算法构造最小生成树的过程

4. 生成树协议

生成树协议（spanning tree protocol，STP）可应用于计算机网络中树状拓扑结构建立，主要作用是防止网桥网络中的冗余链路形成环路工作。生成树协议适合所有厂商的网络设备，在配置上和体现功能强度上有所差别，但是原理和应用效果是一致的。

STP的基本原理：通过在交换机之间传递一种特殊的协议报文，即网桥协议数据单元（bridge protocol data unit，BPDU），来确定网络的拓扑结构。BPDU有两种：配置BPDU（configuration BPDU）和TCN BPDU，前者用于计算无环的生成树，后者用于在二层网络拓扑发生变化时缩短MAC表项的刷新时间（如由默认的300 s缩短为15 s）。

心灵启迪：踔厉奋发，笃行不怠

人工智能发展迅猛，在很多领域出现了“人机大战”的场景，就业形势也将因此发生严峻的变化。据某机构调查数据，一些传统的职业很容易被人工智能取代（见表4-2），这些职业技能的特点是：靠记忆与练习，程式的，重复性的。

表4-2 一些容易被人工智能取代的职业

排　行	职　业	描　述
1	电话推销员	单调、重复的工种
2	打字员	语音识别技术的普及，甚至威胁到速记领域
3	会计	财务智能机器人方案，令操作更简单便捷
4	保险业务员	保险业务逐渐走向人工智能化，主要应用于售后领域
5	接线员	人类接线员的绝大部分工作基本可以自动完成
6	前台	“机器人前台”已有医院、银行、电器店等机构使用
7	客服	人工智能取代人工客服，在技术上早已能够实现
8	人力资源管理者	机器人能完成很多人力资源管理者所要求的基本技能

但也有一些职业不易被机器取代，见表4-3。这些职业所用到的知识和技能体现了人的决策能力、审美能力和创造性思维等综合素质。

表4-3　一些不易被人工智能取代的职业

排　行	职　业	描　述
1	心理医生	机器无法理解人类的情绪
2	建筑师	建筑师真正赖以立足的创意、审美、空间感、建筑理念和抽象的判断都是机器难以模仿的
3	牙医、理疗师	人类医师无论在伦理上，还是在技术操作上都很难完全被取代
4	艺术家、音乐家、科学家	无论技术如何进步，人工智能如何完善，对人类而言，创造、思考力和审美能力都是无法被模仿和替代的
5	健身教练	可以根据健身者的不同需求制定不同的方案
6	保姆	人类无法被机器模仿的特质就是同情心和情感交流技能
7	记者	根据时事撰写新闻报道
8	程序员	机器人编程依然只是一个理论上可行的方案，耗时费力

党的二十大报告指出："推进教育数字化，建设全民终身学习的学习型社会、学习型大国。"青年只有通过勤奋好学、努力进取，踔厉奋发、笃行不殆，不断提升自我专业素养和加强文化熏陶，才能胜任这些"有价值"的职业，从而在社会上站稳脚跟，实现自我价值。

小　结

本章讲解了交换机的工作原理、帧转发方式、交换机互联、VLAN 划分、路由器的工作原理及路由选择算法等内容。通过实训任务——单交换机的 VLAN 划分、多交换机的 VLAN 划分、局域网互联，使读者掌握中小型计算机网络构建中的基本操作方法，为解决计算机网络中出现的实际问题打好基础。

思考与练习

一、单选题

1. Ethernet 交换机实质上是一个多端口的（　　）。

   A. 中继器　　B. 集线器　　C. 网桥　　D. 路由器

2. 组建局域网可以用集线器，也可以用交换机。用交换机连接的一组工作站（　　）。

   A. 同属一个冲突域，但不属一个广播域

   B. 同属一个冲突域，也同属一个广播域

   C. 不属一个冲突域，但同属一个广播域

   D. 不属一个冲突域，也不属一个广播域

3.（　　）是一种将局域网设备从逻辑上划分成一个个网段，从而实现虚拟工作组的数据交换技术。

   A. WAN　　B. MAN　　C. LAN　　D. VLAN

4. 如果要在VLAN之间传送信息，就要用到（　　）。

A. 集线器　　B. 交换机　　C. 路由器　　D. 网关

5. 广播域（　　）跨越路由器，使得路由器连接的两个局域网的交换性能保持不变，而局域网间的主机可相互通信。

A. 能　　B. 不能　　C. 有时能有时不能　　D. 以上都不对

二、多选题

1. 关于局域网交换机的描述中，正确的是（　　）。

A. 可建立多个端口之间的并发连接　　B. 采用传统的共享介质工作方式

C. 核心是端口与MAC地址映射　　D. 可通过存储转发方式交换数据

2. 交换机中的MAC地址表包括（　　）信息。

A. 源IP地址　　B. 目的IP地址　　C. 端口　　D. MAC地址

3. VLAN的划分方法有（　　）。

A. 根据交换机端口号　　B. 根据MAC地址

C. 根据IP地址　　D. 根据IP广播组

4. 如同PC一样，交换机或路由器也由（　　）两部分组成。

A. 冲突域　　B. 广播域　　C. 硬件　　D. 软件

5. OSPF路由选择协议以（　　）为基础，十分适合于（　　）的互联网中使用。

A. V-D路由选择算法　　B. L-S路由选择算法/SPF算法

C. 规模庞大、环境复杂　　D. 小型同类网

三、简答题

1. 简述VLAN的工作原理。

2. 简述路由器的工作原理。

第5单元 中小型计算机网络基础管理

知识导图

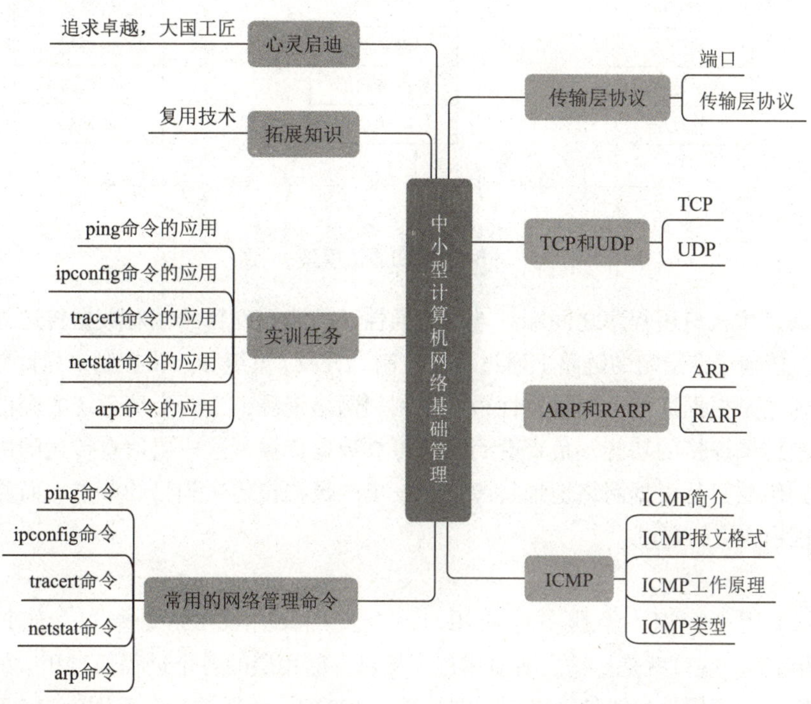

学习目标

- **掌握**：常用网络管理命令 ipconfig、ping、tracert、netstat、arp 等的使用。
- **理解**：TCP 和 UDP、ARP 和 RARP、ICMP。
- **了解**：传输层协议的功能和作用。
- **应用**：使用计算机网络的过程中，能够检查并处理简单的网络故障。
- **养成**：分析和解决实际问题的能力，具有“追求卓越、大国工匠”精神。

随着网络应用的日益广泛，计算机或各种网络设备出现各种故障在所难免。网络管理员除了使用各种硬件检测设备和测试工具之外，还可利用操作系统本身内置的一些网络命令，对网络进行故障检测和维护。如用 ipconfig 命令查看 TCP/IP 配置信息（如 IP 地址、网关、子网掩码等），用 ping 命令测试网络的连通性，用 tracert 命令获得从本地计算机到目的主机的路径信息，用 netstat 命令查看本机各端口的网络连接情况，用 arp 命令查看 IP 地址与 MAC 地址的映射关系，等等。

5.1 传输层协议

传输层是OSI参考模型中的第四层，主要负责向两个主机中进程之间的通信提供服务，如图5-1所示。由于一个主机同时运行多个进程，因此传输层具有复用和分用功能。传输层在终端用户之间提供透明的数据传输，向上层提供可靠的数据传输服务。

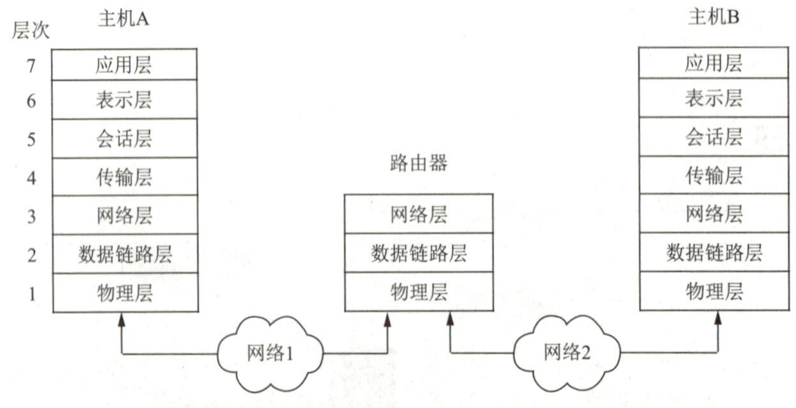

图5-1 OSI通信模型

传输层定义了主机应用程序之间端到端的连通性，是源端到目的端对数据传送进行控制从低到高的最后一层。传输层在给定的链路上通过流量控制、分段/重组和差错控制来保证数据传输的可靠性。传输层的任务是根据通信子网的特性最佳地利用网络资源，为两个端系统的会话层之间提供建立、维护和取消传输连接的功能，负责端到端的可靠数据传输，这一层信息传送的协议数据单元称为段或报文。网络层只是根据网络地址将源节点发出的数据包传送到目的节点，而传输层则负责将数据可靠地传送到相应的端口。

1. 端口

端口（port）用来标识一个服务或应用，一个主机共有65 536个端口，如FTP是21端口，WWW是80端口等。端口就是传输层的应用程序接口，应用层的各个进程通过相应的端口才能与运输实体进行交互。端口号分为知名端口（范围为0～1023）、注册端口（范围为1024～49151）、动态和/或私有端口（范围为49152～65535），其中知名端口号由Internet端口号分配机构（Internet assigned numbers authority, IANA）管理。

TCP和UDP协议使用端口号来区分不同的服务，其部分常见的端口号见表5-1。客户端使用的源端口一般由操作系统随机分配，目的端口则由服务器的应用指定。源端口号一般为系统中未使用且大于1023的端口，目的端口号为服务端开启的应用（服务）所侦听的端口。

表5-1 常用的TCP/UDP端口号

TCP端口号		UDP端口号	
端口号	服务	端口号	服务
20	FTP-data	49	Login
21	FTP-command	53	DNS
22	SSH	69	TFTP
23	Telent	80	WWW

续表

TCP端口号		UDP端口号	
端口号	服务	端口号	服务
25	SMTP	88	Kerberos
53	DNS	110	POP3
79	Finger	161	SNMP
80	WWW	213	IPX
110	POP3	443	HTTPS
443	HTTPS	2049	NFS

管理好端口号对于保证网络安全有着非常重要的意义。黑客往往通过探测目的主机开启的端口号进行攻击，所以，对那些没有用到的端口号，最好将它们关闭。

2. 传输层协议

在 TCP/IP 网络中，传输层位于应用层和网络层之间，按照计算机网络体系结构中下层为上层服务的原则，传输层要帮助设备上的应用程序实现通信。传输层协议的作用就是要在网络中不同设备的应用程序之间实现数据传输。

（1）传输层协议的基本功能

① 创建进程到进程的通信。进程即正在运行的应用程序。进程之间通过传输层进行通信，发送进程向传输层发送数据，接收进程从传输层接收数据。

② 提供控制机制。传输层协议提供流量控制、差错控制。数据链路层定义相邻节点的流量控制，而传输层定义端到端用户之间的流量控制。

③ 提供连接机制。在数据传输开始时，通信双方需要建立连接；在传输过程中，双方还需要继续通过协议来通信以验证数据是否被正确接收。数据传输完成后，任一方都可关闭连接。

（2）传输层协议的主要任务

① 数据的分段和重组。在发送方，应用层的数据交到传输层以后，为了便于网络传输，传输层需要将数据分成多个数据片段，简称分段；每个数据片段都要被传输层协议进行封装，即添加传输层协议的报头。在接收方，传输层将接收到的多个数据片段组合，使之成为上层的应用程序能够接收的数据，这个过程简称为重组。

② 跟踪每个会话。在传输层中，将源应用程序和目的应用程序之间传输的特定数据片段的集合，称为会话。传输层协议会跟踪源主机和目的主机上应用程序间的每次通信，以确保源节点发送的数据能够到达目的节点。

③ 标记应用程序，也称识别会话，通过端口寻址来完成。通过数据包携带的 IP 地址，可以将数据包送达目的主机；数据包到达目的主机后，通过传输层协议的目的端口号可以确认由哪个应用程序接收数据。即通过三层 IP 地址和四层端口号的配合，就可以区分网络中的不同主机的不同服务，实现端到端的通信。

5.2 TCP和UDP

网络协议是指通信双方就通信如何进行所必须共同遵守的约定和通信规则的集合。网络中通信双方只有遵守相同的协议，才能正确地交流信息，就像人们交谈时要使用同一种语言一样，如果使用不同的语言，就会造成沟通不畅，交流就会被迫中断。典型的网络协议有 TCP/IP、IPX/SPX、IEEE 802 标准协议系列、X.25 等。

在 TCP/IP 网络体系结构中，TCP 和 UDP 是传输层最重要的两种协议，为上层用户提供不同的通信可靠性，是 TCP/IP 的核心。

1. TCP

TCP（transport control protocol，传输控制协议）定义了两台计算机之间进行可靠的传输而交换的数据和确认信息的格式，以及计算机为了确保数据的正确到达而采取的措施。TCP 提供面向连接的、可靠的字节流服务，在正式通信前必须要与对方建立起连接，就像人们打电话时要等线路接通了一样。

在 TCP/IP 体系中，相比 IP 的无连接，TCP 是一种面向连接的、端到端的、可靠的数据包传送协议，可将一台主机的字节流无差错地传送到目的主机。TCP 主要通过以下几种方式确保数据传输的可靠性。

（1）TCP 报文段的格式

TCP 报文段的格式如图 5-2 所示。

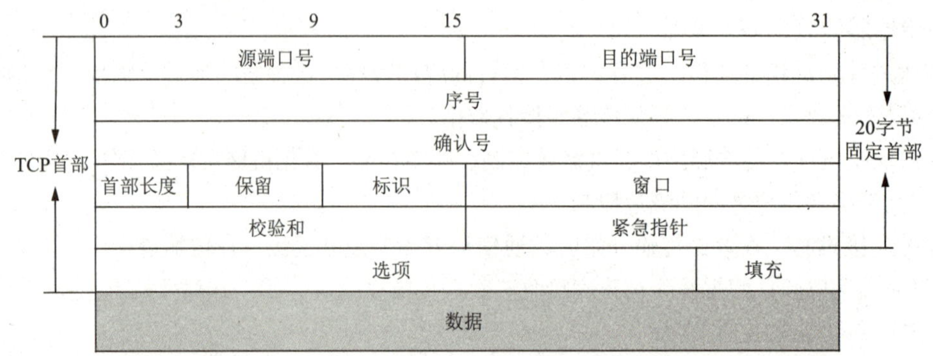

图5-2　TCP 报文段的格式

源端口号和目的端口号：各占 16 位，标识发送端和接收端的应用进程。

序号：占 32 位，所发送消息的第一字节的序号，用以标识从 TCP 发送端和 TCP 接收端发送的数据字节流。

确认号：占 32 位，期望收到对方下一个消息第一字节的序号。只有在“标识”字段中的 ACK 位设置为 1 时，此序号才有效。

首部长度：占 4 位，以 32 位为计算单位的 TCP 报文段首部长度。

保留：占 6 位，为将来的应用而保留，目前置为 0。

标识：占 6 位，有 6 个标识位（以下是设置为 1 时的意义）。

① 紧急位（URG）：紧急指针有效。

② 确认位（ACK）：确认号有效。

③ 急迫位（PSH）：接收方收到数据后，立即送往应用程序。

④ 复位位（RST）：复位由于主机崩溃或其他原因而出现的错误连接。

⑤ 同步位（SYN）：SYN=1，ACK=0 表示连接请求消息（第一次握手）；SYN=1，ACK=1 表示同意建立连接消息（第二次握手）；SYN=0，ACK=1 表示收到同意建立连接消息（第三次握手）。

⑥终止位（FIN）：表示数据已发送完毕，要求释放连接。

窗口：占 16 位，滑动窗口协议中的窗口大小。

校验和：占 16 位，对 TCP 报文段首部和 TCP 数据部分的校验。

紧急指针：占 16 位，当前序号到紧急数据位置的偏移量。

选项：提供一种增加额外设置的方法，如连接建立时，双方说明最大的负载能力。

填充：当“选项”字段长度不足 32 位时，需要加以填充。

数据：来自应用层的协议数据。

(2) 三次握手

基于 TCP 的应用，在发送数据之前都需要进行“三次握手”建立连接，其过程如图 5-3 所示。

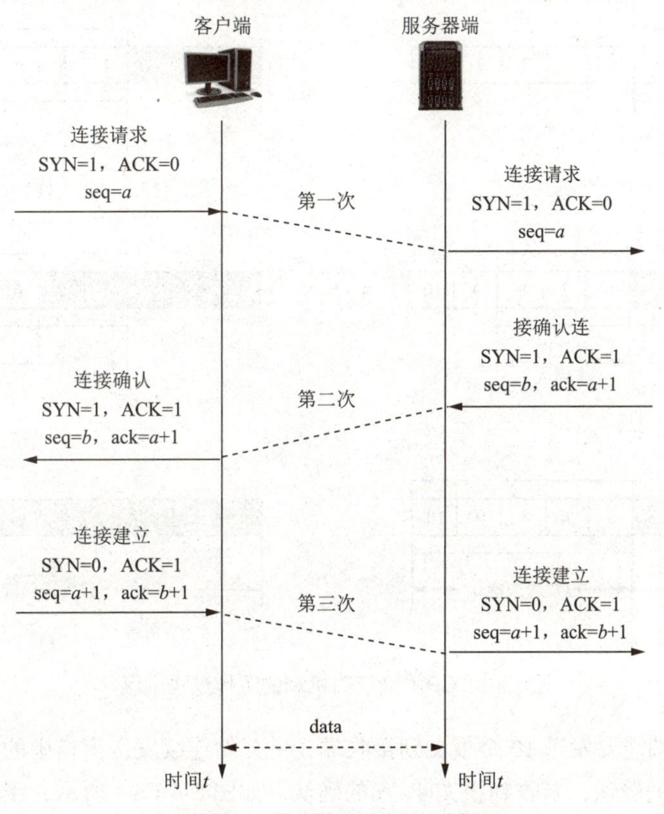

图5-3　TCP的三次握手过程

第一次握手：客户端先向服务器端发送一个数据包，设置 SYN=1 和 ACK=0，表示该数据包是用来建立同步连接的，序号随机生成 seq=*a*。

第二次握手：服务器端收到数据包，检测到已经设置了 SYN 标志位，说明这是客户端发来的建立连接的“请求包”，服务器端发送数据包给客户端，设置 SYN=1 和 ACK= 1，序号随机生成 seq=*b*，确认号 ack=*a*+1，表示服务器端已经收到客户端发来的序列号为 *a* 的数据包，并且同意建立连接。

第三次握手：客户端收到服务器端的确认建立连接的数据包，再次发送数据包到服务器端，设置 SYN=0 和 ACK=1，序号 seq=*a*+1，确认号 ack=*b*+1。服务器端收到此确认包表示连接已经成功建立。

(3) 滑动窗口

TCP 每发送一个数据，都需要在收到确认之后，再发送下一个数据，因此数据包往返的时间越长，通信的效率就越低。TCP 引入了滑动窗口机制来解决这个矛盾。

窗口内包含一组顺序排列的报文序号，发送端可以将窗口内的报文序号对应的报文连续发送出去，窗口内的序号对应接收端允许接收的报文。接收端正确接收到报文后，会发送确认信息给发送端，但确认不一定按顺序返回，一旦窗口内前边的报文得到确认，窗口就向前边滑动相应位置，进入窗口内的报文就可以连续发送。例如，一个窗口大小为 5 的滑动窗口机制的工作过程如图 5-4 所示。

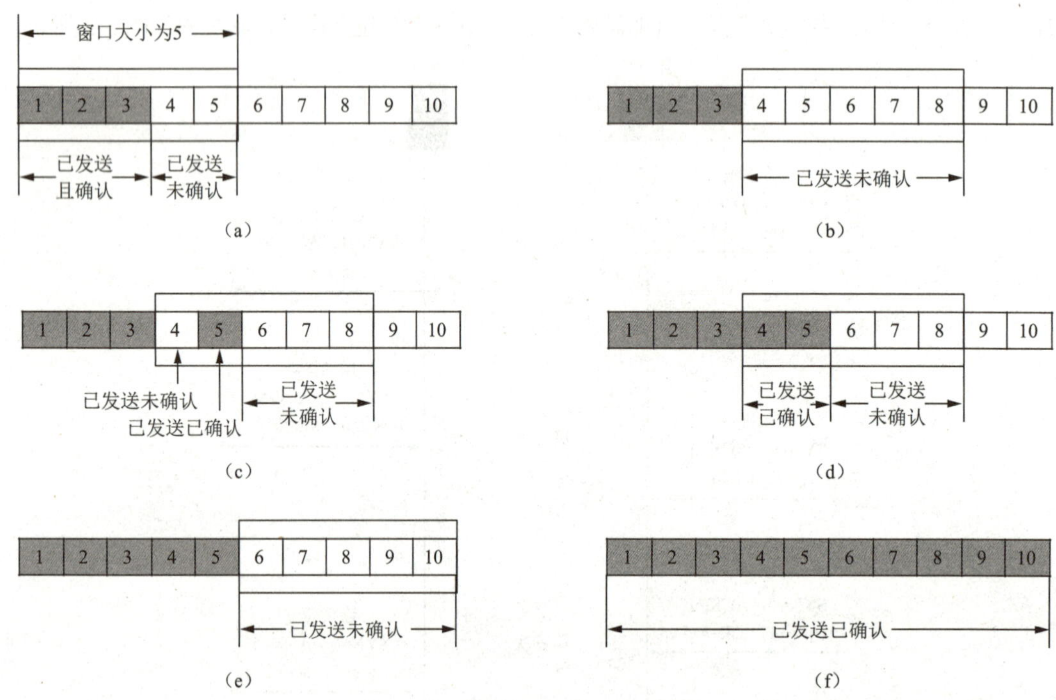

图5-4 TCP滑动窗口机制的工作过程示例

图 5-4 中，发送端需要发送 10 个报文到接收端，一开始连续发送窗口中的前 5 个报文，若发送端收到报文 1、2、3 的确认，未收到报文 4、5 的确认，如图 5-4（a）所示，于是窗口向前滑动 3 个位置，并连续发送报文 6、7、8，如图 5-4（b）所示。若此时先收到报文 5 的确认，但未收到报文 4 的确认，则窗口是不能滑动的，如图 5-4（c）所示；当收到报文 4 的确认时，如图 5-4（d）所示，窗口立即向前滑动 2 个位置，如图 5-4（e）所示，再连续发送报文 9、10。当收到窗口中所有报文的确认之后，发送端的发送任务完成，如图 5-4（f）所示。

(4) 确认与重传

为了避免数据的丢失，发送端每发送一个数据包，TCP 便为其保留一个副本，同时设置一个计时器。如果计时器超时，而发送端仍未收到确认信息，则发送端重新发送这一数据包，直到发送成功。

TCP 协议能为应用程序提供可靠的通信连接，使一台计算机发出的字节流无差错地发往网络上的其他计算机，对可靠性要求高的数据通信系统往往使用 TCP 协议传输数据。

2. UDP

UDP（user datagram protocol，用户数据报协议）是一个简单的面向数据报的传输层协议，提供面向无连接的、不可靠的数据流传输。UDP 不提供报文到达确认、排序以及流量控制等功能，只是把应用程序传给 IP 层的数据报发送出去，但是并不能保证它们能到达目的地。因此，报文可能会丢失、重复以及乱序等。但由于 UDP 在传输数据报前不用在客户和服务器之间建立一个连接，且没有超时重发等机制，故而传输速度很快。

（1）UDP 的格式

UDP 的格式如图 5-5 所示。

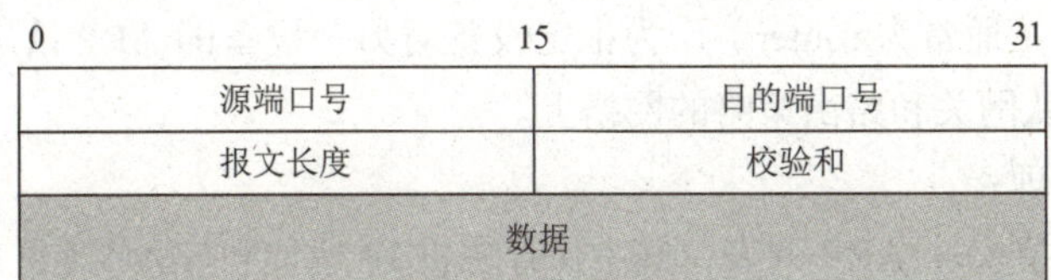

图5-5　UDP的格式

源端口号和目的端口号：标识发送端和接收端的应用进程。

报文长度：包括 UDP 报头和数据在内的，以字节为单位，最小为 8。

数据报的长度是指包括报头和数据部分在内的总字节数，主要被用来计算可变长度的数据部分（又称数据负载）。

校验和：UDP 协议使用报头中的校验和来保证数据的安全。校验值首先在数据发送方通过特殊的算法计算得出，在传递到接收方之后再重新计算，如果某个数据在传输过程中被第三方篡改或者由于线路噪声等原因受到损坏，发送和接收方的校验计算值将不相符，由此 UDP 可以检测是否出错。虽然 UDP 提供有错误检测，但不做错误校正，只是简单地把损坏的消息段扔掉，或者给应用程序提供警告信息。UDP 的校验和为可选项。

（2）UDP 的特点

无连接就是在正式通信前不必与对方先建立连接，不管对方状态就直接发送，只要客户端给服务端发送一个请求，服务端就会一次性地把所有数据发送完毕。UDP 在传输数据时不会对数据的完整性进行验证，在数据丢失或数据出错时也不会要求重新传输，因此节省了很多用于验证数据包的时间。UDP 不会根据当前网络情况控制数据的发送速度，无论网络情况如何，服务端都会以恒定的速率发送数据，所以有时会造成数据的丢失与损坏，但是这一点正好满足了一些实时应用的需求。

UDP 在数据传输方面速度更快，延迟更低，实时性更好，因此 UDP 被广泛应用于数据量大且精确性要求不高的数据传输，如在网站上观看视频、听音乐、QQ 等应用基本上都是 UDP 传输协议。

5.3　ARP和RARP

以太网协议规定，同一局域网中一台主机与另一台主机进行直接通信，必须知道目标主机的 MAC 地址。在 TCP/IP 中，网络层只关心目标主机的 IP 地址，因此在以太网中使用 IP 时，数据链路层的以太网协议接到上层 IP 提供的数据中，只包含目的主机的 IP 地址。

1. ARP

ARP（address resolution protocol，地址解析协议）是根据 IP 地址获取物理地址的一个 TCP/IP。主机发送信息时，将包含目标 IP 地址的 ARP 请求广播到局域网络上的所有主机，并接收返回消息，以此确定目标的物理地址；收到返回消息后将该 IP 地址和物理地址存入本机 ARP 缓存中并保留一定时间，下次请求时直接查询 ARP 缓存以节约资源。当源主机和目的主机不在同一个局域网时，即使知道目的主机的 MAC 地址，两者也不能直接通信，必须经过路由转发才可以，此时源主机通过 ARP 协议获得通往局域网外的一台路由器的 MAC 地址，而不是目的主机的真实 MAC 地址，于是源主机发送到目的主机的所有帧都将发往该路由器，通过它向外发送，这种情况称为代理 ARP。代理 ARP 是指使用一个主机（通常为 router）作为指定设备对另一设备的 ARP 请求做出应答，代理 ARP 一般使用在没有配置默认网关和路由策略的网络上。

ARP 协议的工作原理：

① 每台主机都会建立一个 ARP 列表，其中保存主机 IP 地址和 MAC 地址的对应关系。

② 当源主机需要将一个数据包发送给目标主机时，首先检查自己的 ARP 列表，如果找到目标主机的 IP 地址对应的 MAC 地址，则直接将数据包发送到这个 MAC 地址对应的主机上。

③ 如果没有找到，就向本局域网发起一个 ARP 请求的广播包，查询此 IP 地址的目标主机对应的 MAC 地址。此 ARP 请求数据包里包括源主机的 IP 地址和 MAC 地址，以及目标主机的 IP 地址。

④ 网络中的所有主机在收到这个 ARP 请求后，如果检查到数据包中的目标 IP 地址和自己的 IP 地址一致，则该主机首先将源端的 MAC 地址和 IP 地址的对应表项添加到自己的 ARP 列表中，然后给源主机发送一个 ARP 响应数据包，告诉对方自己的 MAC 地址。

⑤ 源主机在收到这个 ARP 响应数据包后，将目标主机的 IP 地址和 MAC 地址的对应表项添加到自己的 ARP 列表中，并利用此信息开始数据的传输。如果源主机一直没有收到 ARP 响应数据包，则表示 ARP 查询失败。

⑥ ARP 列表中的表项一般都要设置生存时间，如果一段时间内没有使用过某表项，就将该表项对应的 IP 与 MAC 之间的映射关系删掉，这样可以减少 ARP 列表的长度，加快查找速度。

2. RARP

RARP（reverse address resolution protocol，反向地址解析协议）是根据 MAC 地址找其对应的 IP 地址，所以称为“逆向 ARP”。具有本地磁盘的系统引导时，一般是从磁盘上的配置文件中读取 IP 地址，然后即可直接用 ARP 找出与其对应的主机 MAC 地址。但是无盘机，如 X 终端或无盘工作站，启动时是通过 MAC 地址来寻址的，这时就需要通过 RARP 获取 IP 地址。

RARP 的基本工作原理如下：

① 发送端发送一个本地的 RARP 广播包，在此广播包中声明自己的 MAC 地址，并且请求任何收到此请求的 RARP 服务器分配一个 IP 地址。

② 本地网段上的 RARP 服务器收到此请求后，检查其 RARP 列表，查找该 MAC 地址对应的 IP 地址，如果存在，则 RARP 服务器就给源主机发送一个响应数据包，并将此 IP 地址提供给对方主机使用；如果不存在，则 RARP 服务器对此不做任何响应。

③ 源端在收到从 RARP 服务器来的响应信息后，利用得到的 IP 地址进行通信；如果一直没有收到 RARP 服务器的响应信息，则表示初始化失败。

5.4 ICMP

在数据传输的过程中，IP 提供尽力而为的服务，指为了把数据包发送到目的地址尽最大努力，它并不对目的主机是否收到数据包进行验证，无法进行流量控制和差错控制，因此产生各种错误在所难免。为了更有效地转发 IP 数据包和提高数据包交付成功的机会，ICMP 应运而生。

1. ICMP 简介

ICMP（internet control message protocol，网际控制报文协议）是 TCP/IP 协议族的一个子协议，用于在 IP 主机、路由器之间传递控制消息。控制消息是指网络是否连通、主机是否可达、路由是否可用等网络本身的消息。这些控制消息虽然并不传输用户数据，但是对于用户数据的传递起着重要的作用。ICMP 是 TCP/IP 模型中网络层的重要成员，与 IP、ARP、RARP 及 IGMP 等共同构成 TCP/IP 模型中的网络层。

使用 ICMP，当网络中数据包传输出现问题时，主机或设备就会向上层协议报告差错情况和提供有关异常情况的报告，使得上层协议能够通过自己的差错控制程序来判断通信是否正确，以进行流量控制和差错控制，从而保证服务质量。

2. ICMP 报文格式

ICMP 实际上是 IP 的一个组成部分，必须由每个 IP 模块实现，ICMP 报文是作为 IP 数据报的数据部分而传输的，其格式如图 5-6 所示。

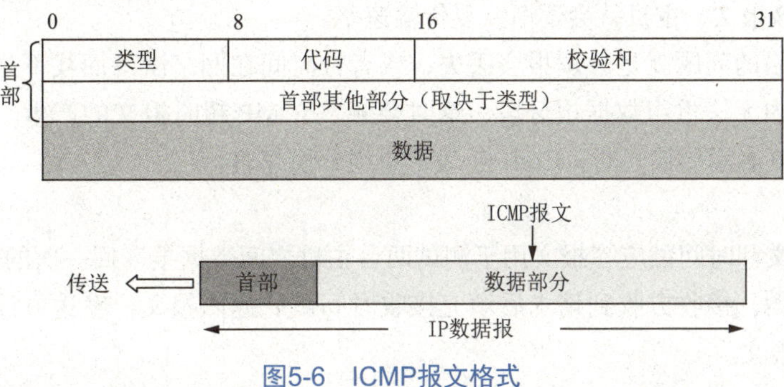

图5-6 ICMP报文格式

一个 ICMP 报文包括 IP 首部、ICMP 首部和 ICMP 报文，IP 头部的 Protocol 值为 1 就说明这是一个 ICMP 报文。

类型：占 8 位，用于说明 ICMP 报文的作用及格式。

代码：占 8 位，根据 ICMP 差错报文的类型，进一步分析错误的原因，代码值不同对应的错误也不同。

校验和：占 16 位，数据发送到目的地后需要对 ICMP 数据报文做一个校验，用于检查数据报文是否有错误。

首部其他部分：取决于 ICMP 报文的类型，如可能是标识符、序列号等。

数据：要发送的 ICMP 数据。

3. ICMP 工作原理

从技术角度来看，ICMP 就是一个差错报告机制，当数据包处理过程出现差错时，ICMP 向数据包的源端设备报告这个差错，它不会通知中间的网络设备。ICMP 报文被封装在 IP 数据包内部，作为 IP 数据包的数据部分通过互联网传递，IP 数据包中的字段包含源端和目的端，并没有记录报文在网络传递中的全部路径（除非 IP 数据包中设置了路由记录选项），因此，当设备检测到差错时，它无法通知中间的网络设备，只能向源端发送差错报告。

ICMP 的功能是检错而不是纠错，纠错的任务由发送方完成。ICMP 将出错的报文返回给发送方设备，发送方在收到差错报告后，它虽然不能判断差错是由中间哪个网络设备所引起的，但是，可以根据 ICMP 报文确定发生错误的类型，并确定如何才能更好地重发传递失败的数据包。

4. ICMP 类型

已经定义的 ICMP 消息类型大约有十多种，主要包括以下几种：

（1）响应请求

一般使用最多的 ping 命令，就是响应请求和应答，一台主机向一个节点发送一个 ICMP 报文，如果途中没有异常（如被路由器丢弃、目标不回应 ICMP 或传输失败），则目标返回 ICMP 报文。

（2）目标不可到达、源抑制和超时报文

这三种报文的格式是一样的，目标不可到达报文在路由器或主机不能传递数据报时使用，例如，要连接对方一个不存在的系统端口（端口号小于 1024）时，将返回 ICMP 报文，反馈连接失败的信息。常见的不可到达类型还有网络不可到达、主机不可到达、协议不可到达等。

源抑制则充当一个控制流量的角色，通知主机减少数据报流量，由于 ICMP 没有恢复传输的报文，所以只要停止该报文，主机就会逐渐恢复传输速率。

无连接方式网络的问题就是数据报会丢失，或者长时间在网络游荡而找不到目标，或者拥塞导致主机在规定时间内无法重组数据报分段，这时会触发 ICMP 超时报文的产生。超时报文的代码域有两种取值：Code=0 表示传输超时，Code=1 表示重组分段超时。

（3）时间戳

时间戳请求报文和时间戳应答报文用于测试两台主机之间数据报来回一次的传输时间。传输时，主机填充原始时间戳，接收方收到请求后填充接收时间戳后返回报文，发送方计算这个时间差。一些系统不响应这种报文。

5.5 常用的网络管理命令

网络与人们的关系越来越密切，已经成为人们的工作、学习和生活中非常重要的一部分。在网络的使用过程中，遇到各种各样的问题或故障在所难免，因此掌握常用网络管理命令的使用就显得尤为重要。

1. ping 命令

（1）ping 命令的作用

ping 命令用于在计算机网络中测试目的主机或路由器的可达性。执行 ping 命令时，通过向目的主机或设备发送一个“ICMP 请求回送命令”，然后等待目的主机或设备回答。根据 ping 命令收到的应答内容，可监测网络的连通性，确定是否有数据报丢失、复制或重传，计算数据包交换的时间等。

(2) ping 命令的格式

ping 命令的格式为：

```
ping [-t][-a][-n count][-l size][-f][-i TTL][-v TOS][-r count][-s count][[-j host-list]|[-k host-list]][-w timeout] 目的IP地址或计算机名
```

其中“[ ]”里面的内容是命令的参数，是可选项（可以不用、用一个或多个）。ping 命令中各参数的含义见表 5-2。

表5-2　ping命令中的各参数的含义

参　数	含　义
-t	连续 ping 目的主机，直到手动停止（按【Ctrl+C】组合键）
-a	将 IP 地址解析为主机名
-n count	发送回送请求 ICMP 报文的次数（默认值为 4）
-l size	定义 echo 数据报的大小（默认值为 32 B）
-f	ping 探测报文不允许分片 [默认允许分片，以便使探测报文通过 MTU（最大传输单元）较小的网络]
-i TTL	指定生存周期
-v TOS	指定要求的服务类型
-r count	记录路由
-s count	使用时间戳选项
-j host-list	使用松散源路由选项
-k host-list	使用严格源路由选项
-w timeout	指定等待每个回送应答的超时时间（以 ms 为单位，默认值为 1 000，即 1 s）

(3) ping 命令的应用

在网络管理中，一旦发现网络不通，一般都会立刻使用 ping 命令去测试网络的连通性，所以 ping 命令是网络管理中最基本、使用最多的一条命令。

“ping 127.0.0.1”命令，检查本机 TCP/IP 协议是否已正确安装。

“ping 本机 IP 地址”命令，检查本机 IP 地址是否配置正确且网卡工作正常。

“ping 网关 IP 地址”命令，检查本机到网关之间是否连通。

“ping Internet 上某主机的 IP 地址”命令，检查本机是否能访问 Internet。

“ping baidu.com”命令，检查 DNS 服务器是否工作正常。能把 baidu.com 正确解析为它的 IP 地址——123.125.114.144，表明 DNS 服务器工作正常；否则，表明主机的 DNS 未设置或设置有误。

2. ipconfig 命令

(1) ipconfig 命令的作用

ipconfig 命令用来查看主机当前的 TCP/IP 配置信息，如 IP 地址、子网掩码、默认网关等，还可以用来刷新 DHCP 协议和 DNS 的设置。

(2) ipconfig 命令的格式

ipconfig 命令的格式为：

```
ipconfig [/all] [/renew[Adapter]] [/release [Adapter]] [/flushdns] [/displaydns] [/registerdns] [/showclassid Adapter] [/setclassid Adapter [ClassID]]
```

ipconfig 命令中各参数的含义见表 5-3。

表5-3 ipconfig命令中各参数的含义

参　数	含　义
/all	显示所有适配器的完整 TCP/IP 配置信息
/renew[Adapter]	更新所有适配器或特定适配器的 DHCP 配置
/release [Adapter]	发送 DHCP RELEASE 消息到 DHCP 服务器，以释放所有适配器或特定适配器的当前 DHCP 配置，并丢弃 IP 地址配置
/flushdns	刷新并重设 DNS 客户解析缓存的内容
/displaydns	显示 DNS 客户解析缓存内容，包括从 Local Hosts 文件预装载的记录，以及最近获得的由计算机解析的名称查询的资源记录
/registerdns	初始化计算机上配置的 DNS 名称和 IP 地址的手工动态注册
/showclassid Adapter	显示指定适配器的 DHCP 类别 ID
/setclassid Adapter [ClassID]	配置特定适配器的 DHCP 类别 ID
/?	在命令提示符下显示帮助

（3）ipconfig 命令的应用

“ipconfig”命令，即不带任何参数，可以显示基本的 TCP/IP 配置信息，包括所有适配器的 IP 地址、子网掩码和默认网关。

“ipconfig /all”命令，显示完整的 TCP/IP 配置信息，包括主机名、MAC 地址、IP 地址、子网掩码、默认网关、DNS 服务器等。

如果某计算机的 IP 地址等信息是通过 DHCP 服务器分配的，则可以通过“ipconfig /release”命令，手工释放现在已经获取到的 IP 地址，当然也可以通过“ipconfig /renew”命令来手工向 DHCP 服务器刷新地址请求。

“ipconfig /displaydns”命令，显示本地 DNS 信息。

“ipconfig /flushdns”命令，清除本地 DNS 缓存内容。

当使用 ipconfig 命令时，不确定使用哪个参数时，可以通过“/?”查询。

3. tracert 命令

（1）tracert 命令的作用

tracert 命令是一个路由跟踪实用程序，用于确定 IP 数据包访问目标时所经过的路径信息。

（2）tracert 命令的格式

tracert 命令的格式为：

```
    tracert [-d] [-h MaximumHops] [-j HostList] [-w Timeout] [-R] [-S SrcAddr]
[-4][-6] 目的IP地址或计算机名
```

tracert 命令中各参数的含义见表 5-4。

表5-4 tracert命令中各参数的含义

参　数	含　义
-d	防止 tracert 试图将中间路由器的 IP 地址解析为它们的名称
-h MaximumHops	指定搜索目标的路径中“跳数”的最大值，默认“跳数”值为 30
-j HostList	指定“回显请求”消息将 IP 报头中的松散源路由选项与 HostList 中指定的中间目标集一起使用
-w Timeout	指定等待“ICMP 已超时”或“回显答复”消息（对应于要接收的给定“回显请求”消息）的时间（ms）
-R	指定 IPv6 路由扩展报头应用将“回显请求”消息发送到本地主机，使用指定目标作为中间目标并测试反向路由
-S SrcAddr	指定在“回显请求”消息中使用的源地址，仅当跟踪 IPv6 地址时才使用该参数

续表

参　数	含　义
-4	指定 tracert 只能将 IPv4 用于本跟踪
-6	指定 tracert 只能将 IPv6 用于本跟踪
TargetName	指定目标，可以是 IP 地址或主机名
-？	在命令提示符下显示帮助

（3）tracert 命令的应用

“tracert www.qq.com”命令，追踪到达名为 www.qq.com 的主机的路径。

“tracert -d www.qq.com”命令，跟踪去往 www.qq.com 的主机的路径，并防止将每个 IP 地址解析为它的名称。

追踪结果是一些路径信息，即数据包被转发时所经过的路由接口的 IP 地址信息，这些地址分属于哪些机构呢？如果感兴趣，可以试着通过中国互联网信息中心的网站进行查询。

4. netstat 命令

（1）netstat 命令的作用

netstat 命令可以显示计算机当前活动的 TCP 连接、计算机侦听的端口、以太网统计信息、IP 路由表、IPv4 的统计信息（对 IP、ICMP、TCP 和 UDP 协议）及 IPv6 统计信息（对 IPv6、ICMPv6、通过 IPv6 的 TCP 和 UDP 协议）等。

（2）netstat 命令的格式

netstat 命令的格式为：

```
netstat [-a] [-e] [-n] [-o] [-p Protocol] [-r] [-s] [Interval]
```

netstat 命令中各参数的含义见表 5-5。

表5-5　netstat命令中各参数的含义

参　数	含　义
-a	显示所有活动的 TCP 连接以及计算机侦听的 TCP 和 UDP 端口
-e	显示以太网统计信息，如发送和接收的字节数、数据包数等
-n	显示活动的 TCP 连接，但仅以数字形式表示地址和端口号
-o	显示活动的 TCP 连接并包括每个连接的进程 ID（PID），该参数可以与 -a、-n、-p 参数结合使用
-p Protocol	显示 Protocal 所指定的协议的连接
-r	显示 IP 路由表的内容，该参数与 route print 命令等价
-s	按协议显示统计信息
Interval	重新显示选定信息的时间间隔，按【Ctrl+C】组合键停止重新显示统计信息，如果省略该参数，则 netstat 将只显示一次选定信息
/？	在命令提示符下显示帮助

（3）netstat 命令的应用

显示协议的统计信息和当前 TCP/IP 网络的连接情况，可以使用命令 netstat。

“netstat –a”命令，显示当前计算机所有活动的 TCP/UDP 连接以及计算机侦听的 TCP 和 UDP 端口。

“netstat –e”和“netstat –e –s”命令，显示以太网的统计信息。

5. arp 命令

(1) arp 命令的作用

arp 命令用于显示和修改“ARP 地址解析协议”缓存中的项目。

arp 缓存中包含一个或多个表，用于存储 IP 地址及其经过解析的以太网或令牌环的物理地址。计算机上安装的每一个以太网卡或令牌环网卡都有自己单独的 ARP 表。

使用 arp 命令，能够查看本地计算机或其他计算机的 ARP 高速缓存中的当前内容，也可以用人工方式输入静态的网卡物理地址和 IP 地址的地址对，对默认网关和本地服务器等常用主机进行这项操作，有助于减少网络上的信息量。

(2) arp 命令的格式

arp 命令的格式为：

```
    arp  [-a  [InetAddr]  [-N  IfaceAddr]]  [-g  [InetAddr]  [-N  IfaceAddr]]  [-d
InetAddr [IfaceAddr]] [-s InetAddr EtherAddr [IfaceAddr]]
```

arp 命令中各参数的含义见表 5-6。

表5-6 arp命令中各参数的含义

参　数	含　义
-a	显示所有接口的当前 ARP 缓存表
InetAddr	代表 IP 地址，要显示特定 IP 地址的 ARP 缓存项时使用。如果未指定 InetAddr，则使用第一个适用的接口
-N IfaceAddr	指派给该接口的 IP 地址，-N 参数区分大小写，显示特定接口的 ARP 缓存表时使用
-g[InetAddr] [-N IfaceAddr]	与 -a 相同
-d InetAddr	删除指定的 IP 地址项，此处的 InetAddr 代表 IP 地址。要删除所有项，使用星号 (*) 通配符代替 InetAddr
IfaceAddr	指派给该接口的 IP 地址，对于指定的接口要删除表中的某项时使用
-s InetAddr EtherAddr	向 ARP 缓存添加可将 IP 地址 InetAddr 解析成物理地址 EtherAddr 的静态项
/ ?	在命令提示符下显示帮助

(3) arp 命令的应用

“arp –a”命令，显示当前计算机高速缓存中的 ARP 表。

“arp -s”命令，可以为 ARP 表添加静态表项，再通过“arp –a”命令，显示 ARP 表中增加的 IP 地址与其物理地址的对应关系，增加的表项是一个静态表项（Type 为 static）。在手工添加静态表项时，一定确保 IP 地址与 MAC 地址的对应关系是正确的，否则将无法正常通信。另外，系统不会自动将静态表项从 ARP 中删除，直到人为删除。

“arp –d”命令，可以删除 ARP 表中指定的表项。如果删除 ARP 表中的所有表项，执行“arp -d *”命令即可。

5.6 实训任务

任务 5-1：ping 命令的应用

(1) 任务目标

① 掌握命令提示符窗口的使用。

② 掌握 ping 命令的应用。

（2）任务内容

① 命令提示符窗口的使用。

② 常用管理命令 ping 命令的应用。

（3）完成任务所需的设备和软件

安装有 Windows 10 操作系统的 PC 一台。

（4）任务实施步骤

步骤 1：打开命令提示符窗口，如图 5-7 所示。

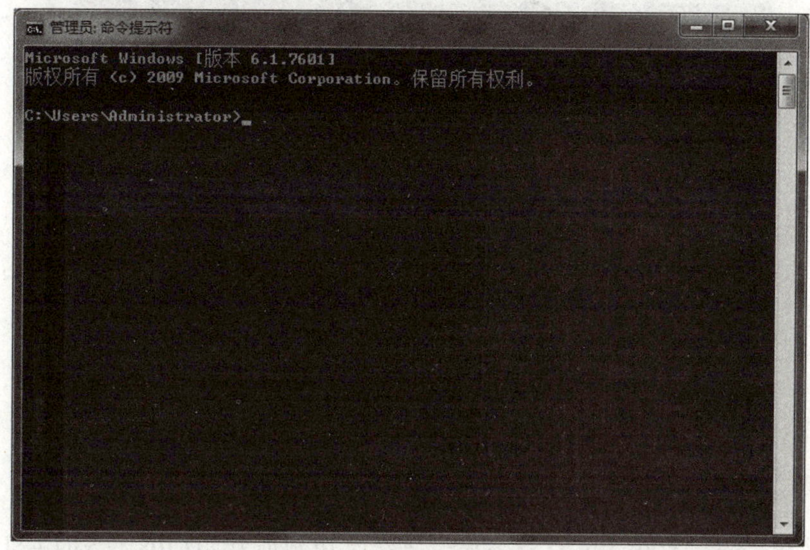

图5-7　命令提示符窗口

步骤 2：执行“ping 127.0.0.1”命令，结果如图 5-8 所示，ping 成功表明本机 TCP/IP 已经正确安装。

```
管理员: 命令提示符
Microsoft Windows [版本 6.1.7601]
版权所有 (c) 2009 Microsoft Corporation。保留所有权利。

C:\Users\Administrator>ping 127.0.0.1

正在 Ping 127.0.0.1 具有 32 字节的数据:
来自 127.0.0.1 的回复: 字节=32 时间<1ms TTL=64
来自 127.0.0.1 的回复: 字节=32 时间<1ms TTL=64
来自 127.0.0.1 的回复: 字节=32 时间<1ms TTL=64
来自 127.0.0.1 的回复: 字节=32 时间<1ms TTL=64

127.0.0.1 的 Ping 统计信息:
    数据包: 已发送 = 4，已接收 = 4，丢失 = 0 (0% 丢失)，
往返行程的估计时间(以毫秒为单位):
    最短 = 0ms，最长 = 0ms，平均 = 0ms

C:\Users\Administrator>
```

图5-8　执行“ping 127.0.0.1”命令的结果

步骤3：执行“ping 本机 IP 地址”命令，如果 ping 成功，表明本机 IP 地址配置正确，并且网卡工作正常。

步骤4：执行“ping 网关 IP 地址”命令，如果 ping 成功，表明本机到网关之间的物理线路是连通的。

步骤5：执行“ping Internet 上某服务器地址”命令，如果 ping 成功，表明本机能访问 Internet。

步骤6：执行“ping www.baidu.com”命令，ping 成功表明 DNS 服务器工作正常，能把网址（www.baidu.com）正确解析为 IP 地址（220.181.38.148），如图 5-9 所示；否则，表明主机的 DNS 未设置或设置有误等。

图5-9　执行“ping www.baidu.com”命令的结果

步骤7：执行“ping –t 202.108.22.5”命令，连续向 IP 地址为 202.108.22.5 的主机发送 ping 探测报文，可以按【Ctrl+Break】组合键显示发送和接收的统计信息，也可按【Ctrl+C】组合键结束 ping 命令，如图 5-10 所示。

```
管理员: 命令提示符
C:\Users\Administrator>ping -t 202.108.22.5

正在 Ping 202.108.22.5 具有 32 字节的数据:
来自 202.108.22.5 的回复: 字节=32 时间=19ms TTL=49
来自 202.108.22.5 的回复: 字节=32 时间=23ms TTL=49
来自 202.108.22.5 的回复: 字节=32 时间=27ms TTL=49
来自 202.108.22.5 的回复: 字节=32 时间=137ms TTL=49
来自 202.108.22.5 的回复: 字节=32 时间=161ms TTL=49
来自 202.108.22.5 的回复: 字节=32 时间=74ms TTL=49
来自 202.108.22.5 的回复: 字节=32 时间=23ms TTL=49
来自 202.108.22.5 的回复: 字节=32 时间=20ms TTL=49

202.108.22.5 的 Ping 统计信息:
    数据包: 已发送 = 8，已接收 = 8，丢失 = 0 (0% 丢失)，
往返行程的估计时间(以毫秒为单位):
    最短 = 19ms，最长 = 161ms，平均 = 60ms
Control-Break
来自 202.108.22.5 的回复: 字节=32 时间=21ms TTL=49
来自 202.108.22.5 的回复: 字节=32 时间=19ms TTL=49
来自 202.108.22.5 的回复: 字节=32 时间=22ms TTL=49
来自 202.108.22.5 的回复: 字节=32 时间=21ms TTL=49

202.108.22.5 的 Ping 统计信息:
    数据包: 已发送 = 12，已接收 = 12，丢失 = 0 (0% 丢失)，
往返行程的估计时间(以毫秒为单位):
    最短 = 19ms，最长 = 161ms，平均 = 47ms
Control-C
^C
C:\Users\Administrator>
```

图5-10　执行“ping –t 202.108.22.5”命令的结果

步骤 8：执行"ping -a 8.8.8.8"命令，在显示本机与 IP 地址为 8.8.8.8 的主机之间连通性的同时，会将 IP 地址解析为主机名，如图 5-11 所示。

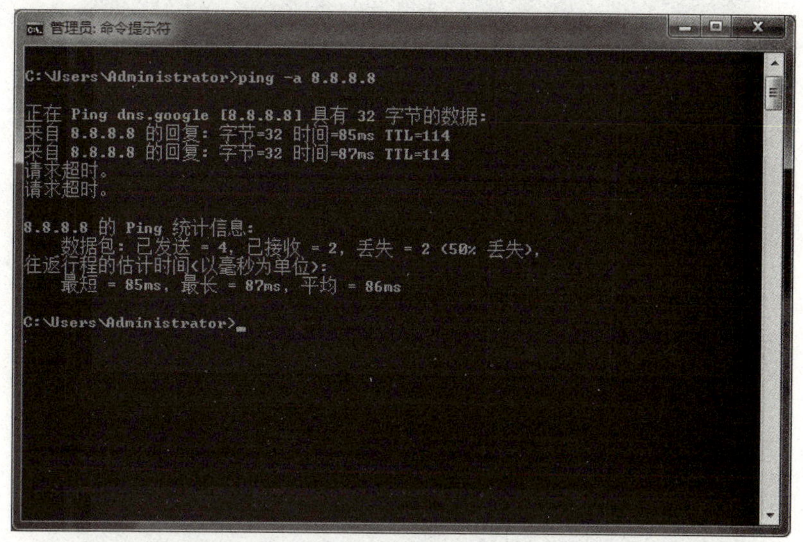

图5-11 执行"ping -a 8.8.8.8"命令的结果

步骤 9：执行"ping -n 7 8.8.8.8"命令，设置发送回送请求 ICMP 报文的次数为 7，连通性测试结果如图 5-12 所示。

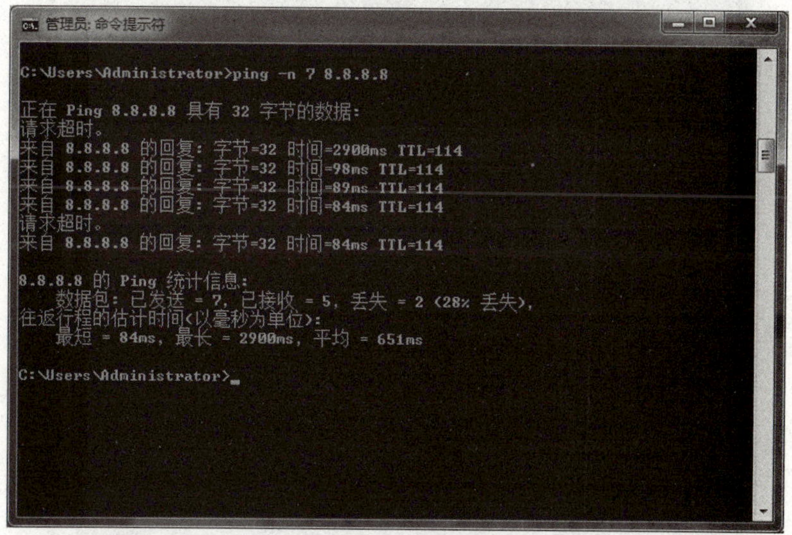

图5-12 执行"ping -n 7 8.8.8.8"命令的结果

步骤 10：执行"ping -l 200 8.8.8.8"命令，设置发送回送请求 ICMP 报文的数据包大小为 200 B，连通性测试结果如图 5-13 所示。

步骤 11：执行"ping -w 5000 8.8.8.8"命令，设置等待每个回送应答的超时时间为 5 000 ms（即 5 s），连通性测试结果如图 5-14 所示。

步骤 12：执行"ping -f -l 2000 8.8.8.8"命令，设置发送回送请求 ICMP 报文的数据包大小为 2 000 B，并且不允许 ping 探测报文在传输过程中被分片，连通性测试结果如图 5-15 所示。

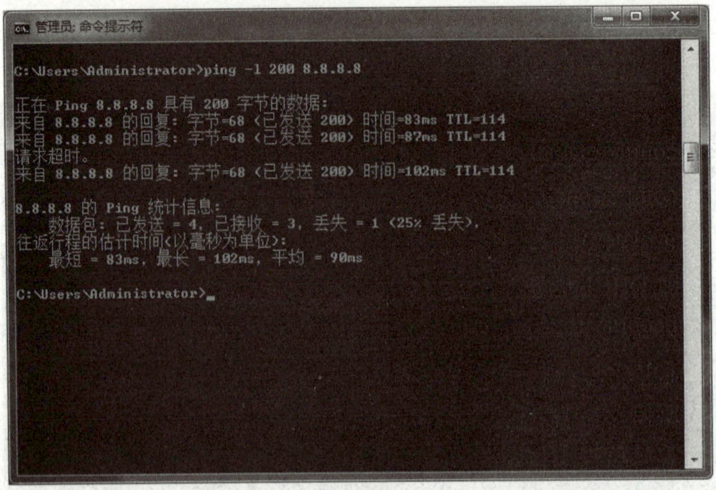

管理员: 命令提示符
C:\Users\Administrator>ping -l 200 8.8.8.8
正在 Ping 8.8.8.8 具有 200 字节的数据:
来自 8.8.8.8 的回复: 字节=68 (已发送 200) 时间=83ms TTL=114
来自 8.8.8.8 的回复: 字节=68 (已发送 200) 时间=87ms TTL=114
请求超时。
来自 8.8.8.8 的回复: 字节=68 (已发送 200) 时间=102ms TTL=114
8.8.8.8 的 Ping 统计信息:
数据包: 已发送 = 4，已接收 = 3，丢失 = 1 (25% 丢失)，
往返行程的估计时间(以毫秒为单位):
最短 = 83ms，最长 = 102ms，平均 = 90ms
C:\Users\Administrator>

图5-13　执行“ping -l 200 8.8.8.8”命令的结果

管理员: 命令提示符
C:\Users\Administrator>ping -w 5000 8.8.8.8
正在 Ping 8.8.8.8 具有 32 字节的数据:
来自 8.8.8.8 的回复: 字节=32 时间=86ms TTL=114
来自 8.8.8.8 的回复: 字节=32 时间=1395ms TTL=114
来自 8.8.8.8 的回复: 字节=32 时间=84ms TTL=114
来自 8.8.8.8 的回复: 字节=32 时间=85ms TTL=114
8.8.8.8 的 Ping 统计信息:
数据包: 已发送 = 4，已接收 = 4，丢失 = 0 (0% 丢失)，
往返行程的估计时间(以毫秒为单位):
最短 = 84ms，最长 = 1395ms，平均 = 412ms
C:\Users\Administrator>

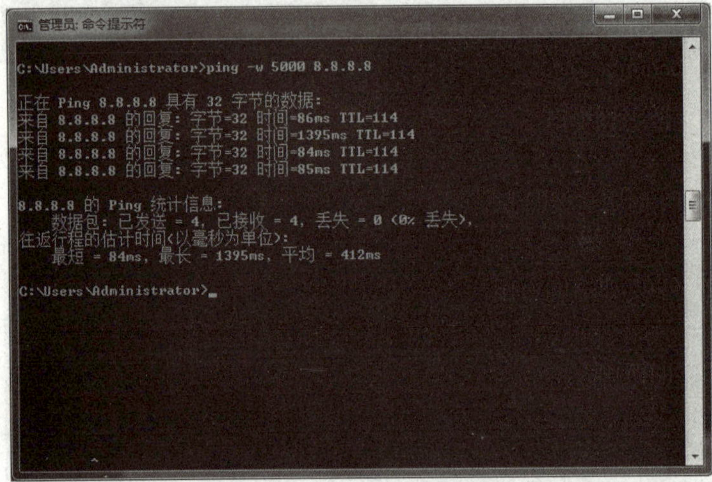

图5-14　执行“ping -w 5000 8.8.8.8”命令的结果

管理员: 命令提示符
C:\Users\Administrator>ping -f -l 2000 8.8.8.8
正在 Ping 8.8.8.8 具有 2000 字节的数据:
需要拆分数据包但是设置 DF。
需要拆分数据包但是设置 DF。
需要拆分数据包但是设置 DF。
需要拆分数据包但是设置 DF。
8.8.8.8 的 Ping 统计信息:
数据包: 已发送 = 4，已接收 = 0，丢失 = 4 (100% 丢失)，
C:\Users\Administrator>

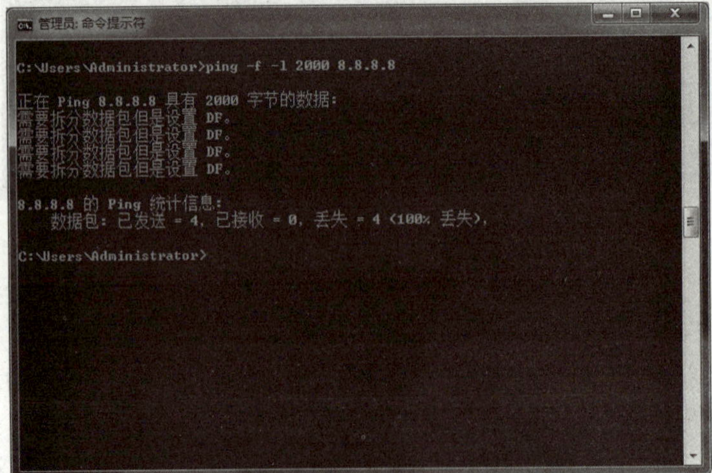

图5-15　执行“ping -f -l 2000 8.8.8.8”命令的结果

任务 5-2：ipconfig 命令的应用

(1) 任务目标

掌握 ipconfig 命令的应用。

(2) 任务内容

常用管理命令 ipconfig 命令的应用。

(3) 完成任务所需的设备和软件

安装有 Windows 10 操作系统的 PC 一台。

(4) 任务实施步骤

步骤 1：打开命令提示符窗口。

步骤 2：执行“ipconfig”命令，显示基本的 TCP/IP 配置信息，包括所有适配器的 IP 地址、子网掩码和默认网关，如图 5-16 所示。

步骤 3：执行“ipconfig /all”命令，显示完整的 TCP/IP 配置信息，包括主机名、MAC 地址、IP 地址、子网掩码、默认网关、DNS 服务器等，如图 5-17 所示。

步骤 4：执行“ipconfig /release”命令，释放所有适配器的当前 DHCP 配置，并丢弃 IP 地址配置，如图 5-18 所示。

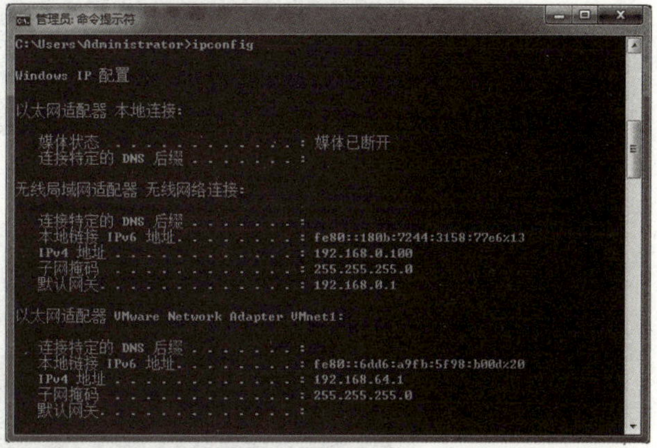

图5-16 执行“ipconfig”命令的结果

步骤 5：执行“ipconfig /renew”命令，更新所有适配器的 DHCP 配置，如图 5-19 所示。

步骤 6：执行“ipconfig /displaydns”命令，显示本地 DNS 缓存内容，如图 5-20 所示。

```
管理员: 命令提示符
C:\Users\Administrator>ipconfig /all

Windows IP 配置

   主机名  . . . . . . . . . . . . . : PC-20200731LHWU
   主 DNS 后缀 . . . . . . . . . . . :
   节点类型  . . . . . . . . . . . . : 混合
   IP 路由已启用 . . . . . . . . . . : 否
   WINS 代理已启用 . . . . . . . . . : 否

以太网适配器 本地连接:

   媒体状态  . . . . . . . . . . . . : 媒体已断开
   连接特定的 DNS 后缀 . . . . . . . :
   描述. . . . . . . . . . . . . . . : Realtek PCIe GbE Family Controller
   物理地址. . . . . . . . . . . . . : 1C-39-47-C8-C2-85
   DHCP 已启用 . . . . . . . . . . . : 是
   自动配置已启用. . . . . . . . . . : 是

无线局域网适配器 无线网络连接:

   连接特定的 DNS 后缀 . . . . . . . :
   描述. . . . . . . . . . . . . . . : Intel(R) Dual Band Wireless-AC 3160
   物理地址. . . . . . . . . . . . . : E4-02-9B-59-AA-92
   DHCP 已启用 . . . . . . . . . . . : 是
   自动配置已启用. . . . . . . . . . : 是
   本地链接 IPv6 地址. . . . . . . . : fe80::180b:7244:3158:77e6%13(首选)
   IPv4 地址 . . . . . . . . . . . . : 192.168.0.100(首选)
   子网掩码  . . . . . . . . . . . . : 255.255.255.0
   获得租约的时间  . . . . . . . . . : 2023年2月6日 11:00:07
   租约过期的时间  . . . . . . . . . : 2023年2月6日 14:48:07
   默认网关. . . . . . . . . . . . . : 192.168.0.1
   DHCP 服务器 . . . . . . . . . . . : 192.168.0.1
   DHCPv6 IAID . . . . . . . . . . . : 283378331
   DHCPv6 客户端 DUID  . . . . . . . : 00-01-00-01-26-B5-9E-22-E4-02-9B-59-AA-92

   DNS 服务器  . . . . . . . . . . . : fe80::1%13
                                       192.168.1.1
                                       192.168.0.1
   TCPIP 上的 NetBIOS  . . . . . . . : 已启用
```

图5-17 执行“ipconfig /all”命令的结果

```
管理员: 命令提示符
C:\Users\Administrator>ipconfig /release

Windows IP 配置

不能在 本地连接 上执行任何操作，它已断开媒体连接。

以太网适配器 本地连接:

   媒体状态  . . . . . . . . . . . . : 媒体已断开
   连接特定的 DNS 后缀 . . . . . . . :

无线局域网适配器 无线网络连接:

   连接特定的 DNS 后缀 . . . . . . . :
   本地链接 IPv6 地址. . . . . . . . : fe80::180b:7244:3158:77e6%13
   默认网关. . . . . . . . . . . . . :

以太网适配器 VMware Network Adapter VMnet1:

   连接特定的 DNS 后缀 . . . . . . . :
   本地链接 IPv6 地址. . . . . . . . : fe80::6dd6:a9fb:5f98:b00d%20
   IPv4 地址 . . . . . . . . . . . . : 192.168.64.1
   子网掩码  . . . . . . . . . . . . : 255.255.255.0
   默认网关. . . . . . . . . . . . . :

以太网适配器 VMware Network Adapter VMnet8:
```

图5-18 执行“ipconfig /release”命令的结果

```
管理员: 命令提示符
C:\Users\Administrator>ipconfig /renew

Windows IP 配置

不能在 本地连接 上执行任何操作，它已断开媒体连接。

以太网适配器 本地连接:

   媒体状态  . . . . . . . . . . . . : 媒体已断开
   连接特定的 DNS 后缀 . . . . . . . :

无线局域网适配器 无线网络连接:

   连接特定的 DNS 后缀 . . . . . . . :
   本地链接 IPv6 地址. . . . . . . . : fe80::180b:7244:3158:77e6%13
   IPv4 地址 . . . . . . . . . . . . : 192.168.0.100
   子网掩码  . . . . . . . . . . . . : 255.255.255.0
   默认网关. . . . . . . . . . . . . : 192.168.0.1

以太网适配器 VMware Network Adapter VMnet1:

   连接特定的 DNS 后缀 . . . . . . . :
   本地链接 IPv6 地址. . . . . . . . : fe80::6dd6:a9fb:5f98:b00d%20
   IPv4 地址 . . . . . . . . . . . . : 192.168.64.1
   子网掩码  . . . . . . . . . . . . : 255.255.255.0
   默认网关. . . . . . . . . . . . . :

以太网适配器 VMware Network Adapter VMnet8:
```

图5-19 执行“ipconfig /renew”命令的结果

```
管理员: 命令提示符
C:\Users\Administrator>ipconfig /displaydns

Windows IP 配置

    1.0.0.127.in-addr.arpa
    ----------------------------------------
    记录名称. . . . . . . : 1.0.0.127.in-addr.arpa.
    记录类型. . . . . . . : 12
    生存时间. . . . . . . : 10800
    数据长度. . . . . . . : 8
    部分. . . . . . . . . : 答案
    PTR 记录  . . . . . . : ieonline.microsoft.com


    ieonline.microsoft.com
    ----------------------------------------
    记录名称. . . . . . . : ieonline.microsoft.com
    记录类型. . . . . . . : 1
    生存时间. . . . . . . : 10800
    数据长度. . . . . . . : 4
    部分. . . . . . . . . : 答案
    A (主机)记录  . . . . : 127.0.0.1
```

图5-20 执行“ipconfig /displaydns”命令的结果

步骤 7：执行“ipconfig /flushdns”命令，清除本地 DNS 缓存内容，如图 5-21 所示。

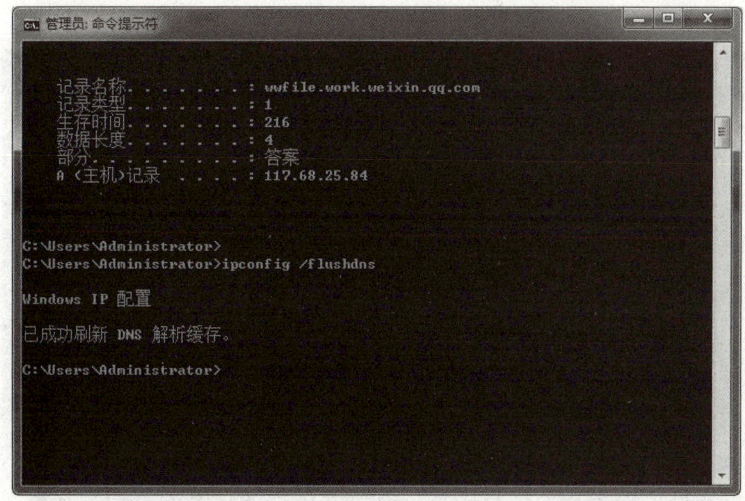

图5-21　执行“ipconfig /flushdns”命令的结果

任务 5-3：tracert 命令的应用

(1) 任务目标

掌握 tracert 命令的应用。

(2) 任务内容

常用管理命令 tracert 命令的应用。

(3) 完成任务所需的设备和软件

安装有 Windows 10 操作系统的 PC 一台。

(4) 任务实施步骤

步骤 1：打开命令提示符窗口。

步骤 2：执行“tracert www.qq.com”命令，跟踪名为 www.qq.com 的主机的路径，结果如图 5-22 所示。

```
管理员: 命令提示符
C:\Users\Administrator>tracert www.qq.com

通过最多 30 个跃点跟踪
到 ins-r23tsuuf.ias.tencent-cloud.net [42.81.179.153] 的路由:

  1     5 ms     1 ms     7 ms  192.168.0.1
  2    29 ms     4 ms     2 ms  192.168.1.1
  3    18 ms     4 ms     4 ms  100.67.0.1
  4    11 ms      *       5 ms  60.235.87.113
  5     8 ms      *        *    60.235.81.57
  6    24 ms      *      20 ms  202.97.54.17
  7    24 ms    25 ms    21 ms  42.81.32.206
  8     *        *        *     请求超时。
  9     *        *        *     请求超时。
 10     *        *        *     请求超时。
 11     *        *        *     请求超时。
 12     *        *        *     请求超时。
 13     *        *        *     请求超时。
 14    22 ms      *      23 ms  42.81.179.153

跟踪完成。

C:\Users\Administrator>
```

图5-22　执行“tracert www.qq.com”命令的结果

步骤 3：执行“tracert –d www.qq.com”命令，跟踪名为 www.qq.com 的主机的路径，并且防止将每个 IP 地址解析为它的名称，结果如图 5-23 所示。

```
管理员: 命令提示符

C:\Users\Administrator>tracert -d www.qq.com

通过最多 30 个跃点跟踪
到 ins-r23tsuuf.ias.tencent-cloud.net [42.81.179.153] 的路由:

  1   158 ms   168 ms   156 ms  192.168.0.1
  2     2 ms     2 ms     4 ms  192.168.1.1
  3    10 ms     5 ms    15 ms  100.67.0.1
  4    32 ms     *        4 ms  60.235.87.113
  5     *        9 ms     *     60.235.81.57
  6    22 ms    23 ms    20 ms  202.97.54.17
  7    23 ms    20 ms    20 ms  42.81.32.206
  8     *        *        *     请求超时。
  9     *        *        *     请求超时。
 10     *        *        *     请求超时。
 11     *        *        *     请求超时。
 12     *        *        *     请求超时。
 13     *        *        *     请求超时。
 14    20 ms    20 ms    22 ms  42.81.179.153

跟踪完成。

C:\Users\Administrator>_
```

图5-23　执行“tracert –d www.qq.com”命令的结果

步骤 4：执行“tracert –h 10 www.qq.com”命令，跟踪名为 www.qq.com 的主机的路径，并且指定搜索目标的路径中“跳数”的最大值为 10，结果如图 5-24 所示。

```
管理员: 命令提示符

C:\Users\Administrator>tracert -h 10 www.qq.com

通过最多 10 个跃点跟踪
到 ins-r23tsuuf.ias.tencent-cloud.net [42.81.179.153] 的路由:

  1     1 ms     1 ms     1 ms  192.168.0.1
  2     7 ms     1 ms     4 ms  192.168.1.1
  3     8 ms   116 ms    34 ms  100.67.0.1
  4     6 ms     5 ms     4 ms  60.235.87.113
  5     *        8 ms     *     60.235.81.57
  6    19 ms    32 ms    28 ms  202.97.54.17
  7    23 ms    23 ms    20 ms  42.81.32.206
  8     *        *        *     请求超时。
  9     *        *        *     请求超时。
 10     *        *        *     请求超时。

跟踪完成。

C:\Users\Administrator>
```

图5-24　执行“tracert –h 10 www.qq.com”命令的结果

任务 5-4：netstat 命令的应用

(1) 任务目标

掌握 netstat 命令的应用。

(2) 任务内容

常用管理命令 netstat 命令的应用。

(3) 完成任务所需的设备和软件

安装有 Windows 10 操作系统的 PC 一台。

（4）任务实施步骤

步骤 1：打开命令提示符窗口。

步骤 2：执行“netstat -a”命令，显示所有活动的 TCP 连接以及计算机侦听的 TCP 和 UDP 端口，结果如图 5-25 所示。

```
管理员: 命令提示符
C:\Users\Administrator>netstat -a

活动连接

  协议  本地地址          外部地址        状态
  TCP    0.0.0.0:135            PC-20200731LHWU:0      LISTENING
  TCP    0.0.0.0:443            PC-20200731LHWU:0      LISTENING
  TCP    0.0.0.0:445            PC-20200731LHWU:0      LISTENING
  TCP    0.0.0.0:902            PC-20200731LHWU:0      LISTENING
  TCP    0.0.0.0:912            PC-20200731LHWU:0      LISTENING
  TCP    0.0.0.0:10020          PC-20200731LHWU:0      LISTENING
  TCP    0.0.0.0:49152          PC-20200731LHWU:0      LISTENING
  TCP    0.0.0.0:49153          PC-20200731LHWU:0      LISTENING
  TCP    0.0.0.0:49154          PC-20200731LHWU:0      LISTENING
  TCP    0.0.0.0:49155          PC-20200731LHWU:0      LISTENING
  TCP    0.0.0.0:49167          PC-20200731LHWU:0      LISTENING
  TCP    10.1.1.1:139           PC-20200731LHWU:0      LISTENING
  TCP    127.0.0.1:4000         PC-20200731LHWU:0      LISTENING
  TCP    127.0.0.1:8307         PC-20200731LHWU:0      LISTENING
  TCP    127.0.0.1:8680         PC-20200731LHWU:0      LISTENING
  TCP    127.0.0.1:10000        PC-20200731LHWU:0      LISTENING
  TCP    127.0.0.1:10184        PC-20200731LHWU:0      LISTENING
  TCP    127.0.0.1:27018        PC-20200731LHWU:0      LISTENING
  TCP    127.0.0.1:49306        ieonline:49307         ESTABLISHED
  TCP    127.0.0.1:49307        ieonline:49306         ESTABLISHED
```

图5-25　执行“netstat -a”命令的结果

步骤 3：执行“netstat -e”命令，显示以太网统计信息，包括发送和接收的字节数、数据包数等，结果如图 5-26 所示。

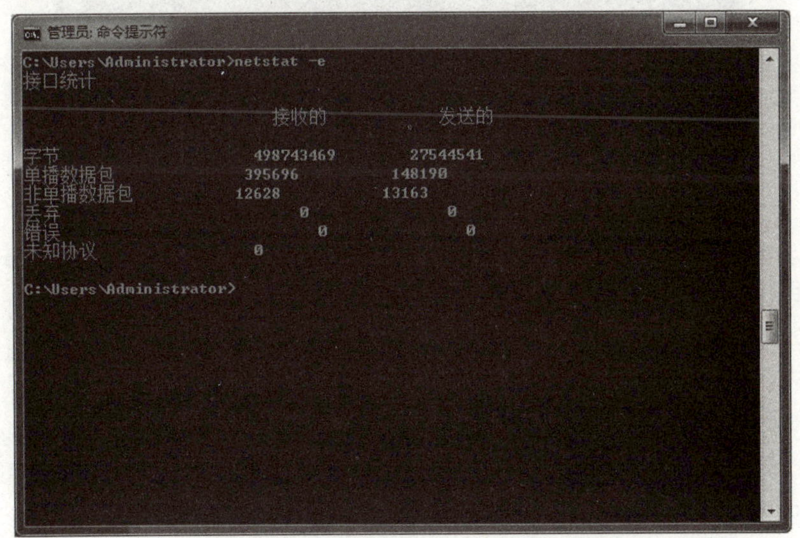

图5-26　执行“netstat -e”命令的结果

步骤 4：执行“netstat -n”命令，显示活动的 TCP 连接，但只以数字形式表示地址和端口号，结果如图 5-27 所示。

步骤 5：执行“netstat -e -s”命令，显示以太网统计信息，如发送和接收的字节数、数据包数等，结果如图 5-28 所示。

```
C:\Users\Administrator>netstat -n

活动连接

  协议  本地地址              外部地址              状态
  TCP    127.0.0.1:49306        127.0.0.1:49307        ESTABLISHED
  TCP    127.0.0.1:49307        127.0.0.1:49306        ESTABLISHED
  TCP    127.0.0.1:50172        127.0.0.1:54533        ESTABLISHED
  TCP    127.0.0.1:50173        127.0.0.1:50174        ESTABLISHED
  TCP    127.0.0.1:50174        127.0.0.1:50173        ESTABLISHED
  TCP    127.0.0.1:54533        127.0.0.1:50172        ESTABLISHED
  TCP    192.168.0.100:50185    14.116.242.216:80      ESTABLISHED
  TCP    192.168.0.100:50199    35.163.74.93:443       ESTABLISHED
  TCP    192.168.0.100:50202    35.241.9.150:443       ESTABLISHED

C:\Users\Administrator>
```

图5-27　执行“netstat -n”命令的结果

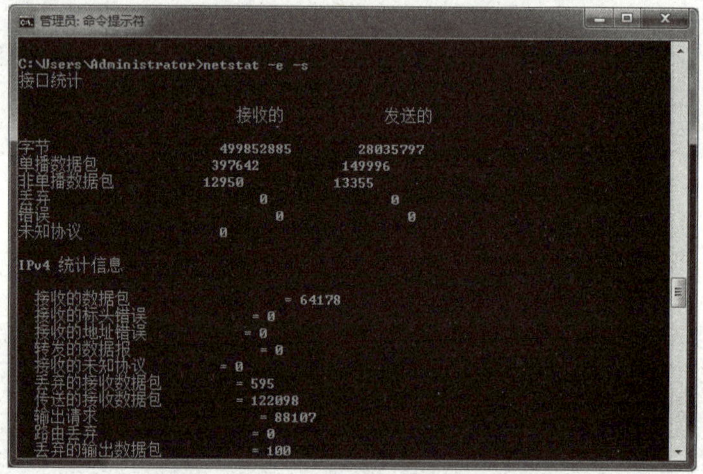

图5-28　执行“netstat -e -s”命令的结果

任务 5-5：arp 命令的应用

（1）任务目标

掌握 arp 命令的应用。

（2）任务内容

常用管理命令 arp 命令的应用。

（3）完成任务所需的设备和软件

安装有 Windows 10 操作系统的 PC 一台。

（4）任务实施步骤

步骤 1：打开命令提示符窗口。

步骤 2：执行“arp -a”命令，显示高速缓存中的 ARP 表项，结果如图 5-29 所示。

步骤 3：执行“arp -s 192.168.0.100 17-23-cd-ef-5a-89”命令，手工加入 IP 地址与 MAC 地址的映射关系，结果如图 5-30 所示。

步骤 4：执行“arp -d 192.168.0.100”命令，可以从 ARP 表中删除该静态表项，结果如图 5-31 所示。

```
管理员: 命令提示符
Microsoft Windows [版本 6.1.7601]
版权所有 (c) 2009 Microsoft Corporation。保留所有权利。

C:\Users\Administrator>arp -a

接口: 192.168.0.100 --- 0xd
  Internet 地址         物理地址              类型
  192.168.0.1           ec-26-ca-df-77-16     动态
  192.168.0.255         ff-ff-ff-ff-ff-ff     静态
  224.0.0.22            01-00-5e-00-00-16     静态
  239.255.255.250       01-00-5e-7f-ff-fa     静态
  255.255.255.255       ff-ff-ff-ff-ff-ff     静态

接口: 192.168.64.1 --- 0x14
  Internet 地址         物理地址              类型
  192.168.64.255        ff-ff-ff-ff-ff-ff     静态
  224.0.0.22            01-00-5e-00-00-16     静态
  224.0.0.251           01-00-5e-00-00-fb     静态
  224.0.0.252           01-00-5e-00-00-fc     静态
  239.255.255.250       01-00-5e-7f-ff-fa     静态

接口: 10.1.1.1 --- 0x15
  Internet 地址         物理地址              类型
  10.1.1.255            ff-ff-ff-ff-ff-ff     静态
  224.0.0.22            01-00-5e-00-00-16     静态
```

图5-29　执行“arp -a”命令的结果

```
管理员: 命令提示符

C:\Users\Administrator>arp -s 192.168.0.100 17-23-cd-ef-5a-89

C:\Users\Administrator>arp -a

接口: 192.168.0.100 --- 0xd
  Internet 地址         物理地址              类型
  192.168.0.1           ec-26-ca-df-77-16     动态
  192.168.0.100         17-23-cd-ef-5a-89     静态
  192.168.0.255         ff-ff-ff-ff-ff-ff     静态
  224.0.0.22            01-00-5e-00-00-16     静态
  239.255.255.250       01-00-5e-7f-ff-fa     静态
  255.255.255.255       ff-ff-ff-ff-ff-ff     静态

接口: 192.168.64.1 --- 0x14
  Internet 地址         物理地址              类型
  192.168.64.255        ff-ff-ff-ff-ff-ff     静态
  224.0.0.22            01-00-5e-00-00-16     静态
  224.0.0.251           01-00-5e-00-00-fb     静态
  224.0.0.252           01-00-5e-00-00-fc     静态
  239.255.255.250       01-00-5e-7f-ff-fa     静态

接口: 10.1.1.1 --- 0x15
  Internet 地址         物理地址              类型
  10.1.1.255            ff-ff-ff-ff-ff-ff     静态
```

图5-30　执行“arp -s 192.168.0.100 17-23-cd-ef-5a-89”命令的结果

```
管理员: 命令提示符

C:\Users\Administrator>arp -d  192.168.0.100

C:\Users\Administrator>arp -a

接口: 192.168.0.100 --- 0xd
  Internet 地址         物理地址              类型
  192.168.0.1           ec-26-ca-df-77-16     动态
  192.168.0.255         ff-ff-ff-ff-ff-ff     静态
  224.0.0.22            01-00-5e-00-00-16     静态
  239.255.255.250       01-00-5e-7f-ff-fa     静态
  255.255.255.255       ff-ff-ff-ff-ff-ff     静态

接口: 192.168.64.1 --- 0x14
  Internet 地址         物理地址              类型
  192.168.64.255        ff-ff-ff-ff-ff-ff     静态
  224.0.0.22            01-00-5e-00-00-16     静态
  224.0.0.251           01-00-5e-00-00-fb     静态
  224.0.0.252           01-00-5e-00-00-fc     静态
  239.255.255.250       01-00-5e-7f-ff-fa     静态

接口: 10.1.1.1 --- 0x15
  Internet 地址         物理地址              类型
  10.1.1.255            ff-ff-ff-ff-ff-ff     静态
  192.168.1.100         17-23-cd-ef-5a-89     静态
```

图5-31　执行“arp -d 192.168.0.100”命令的结果

拓展知识：复用技术

复用技术是指一种在传输路径上综合多路信道，然后恢复原机制或解除终端各信道复用技术的过程。在数据通信中，复用技术提高了信道传输效率，有广泛应用。多路复用技术是在发送端将多路信号进行组合，在一条专用的物理信道上实现传输，接收端再将复合信号分离出来。多路复用技术主要有两大类：频分多路复用（即频分复用）和时分多路复用（即时分复用），波分复用和统计复用本质上也属于这两种复用技术。另外还有其他复用技术，如码分复用、极化波复用和空分复用。

1. 频分复用

频分复用（frequency division multiplexing，FDM）就是将用于传输信道的总带宽划分成若干子频带（或称子信道），每一个子信道传输一路信号。频分复用要求总频率宽度大于各个子信道频率之和，同时为了保证各子信道中所传输的信号互不干扰，应在各子信道之间设立隔离带，这样就保证了各路信号互不干扰（条件之一）。频分复用技术的特点是所有子信道传输的信号以并行的方式工作，每一路信号传输时可不考虑传输时延，因而频分复用技术取得了非常广泛的应用。频分复用技术除传统意义上的频分复用（FDM）外，还有一种是正交频分复用（OFDM）。

（1）传统的频分复用

传统的频分复用典型的应用莫过于广电 HFC 网络电视信号的传输了，不管是模拟电视信号还是数字电视信号都是如此，因为对于数字电视信号而言，尽管在每一个频道（8 MHz）以内是时分复用传输的，但各个频道之间仍然是以频分复用的方式传输的。

（2）正交频分复用

OFDM（orthogonal frequency division multiplexing）实际是一种多载波数字调制技术。OFDM 全部载波频率有相等的频率间隔，它们是一个基本振荡频率的整数倍，正交指各个载波的信号频谱是正交的。

OFDM 系统比 FDM 系统要求的带宽要小得多。由于 OFDM 使用无干扰正交载波技术，单个载波间无须保护频带，这样使得可用频谱的使用效率更高。另外，OFDM 技术可动态分配在子信道中的数据，为获得最大的数据吞吐量，多载波调制器可以智能地分配更多的数据到噪声小的子信道上。目前 OFDM 技术已被广泛应用于广播式的音频和视频领域以及民用通信系统中，主要的应用包括非对称的数字用户环线（ADSL）、数字视频广播（DVB）、高清晰度电视（HDTV）、无线局域网（WLAN）和第 4 代（4G）移动通信系统等。

2. 时分复用

时分复用（time division multiplexing，TDM）就是将提供给整个信道传输信息的时间划分成若干时间片（简称时隙），并将这些时隙分配给每一个信号源使用，每一路信号在自己的时隙内独占信道进行数据传输。某时分复用情况如图 5-32 所示，当某用户暂时无数据发送时，在时分复用帧中分配给该用户的时隙处于空闲状态。

时分复用技术的特点是时隙事先规划分配好且固定不变，所以有时也称同步时分复用。其优点是时隙分配固定，便于调节控制，适于数字信息的传输；缺点是当某信号源没有数据传输时，它所对应的信道会出现空闲，而其他繁忙的信道无法占用这个空闲的信道，因此会降低线路的利用率。时分复用技术有着非常广泛的应用，如 SDH、ATM、IP 和 HFC 网络中 CM 与 CMTS 的通信都利用了时分复用的技术。

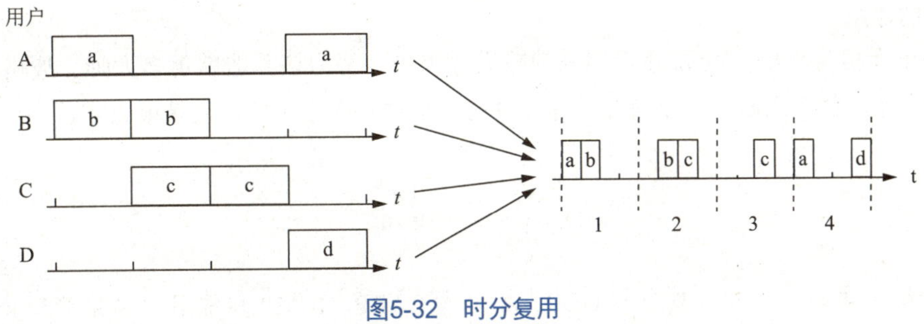

图5-32 时分复用

3. 波分复用

波分复用（wavelength division multiplexing，WDM）是在一根光纤上使用不同波长同时传送多路光波信号。光通信是由光来运载信号进行传输的方式。在光通信领域，人们习惯按波长而不是按频率来命名，因此波分复用本质上也是频分复用。

WDM 是在一根光纤上承载多个波长（信道）系统，将一根光纤转换为多条“虚拟”纤，当然每条虚拟纤独立工作在不同波长上，这样极大地提高了光纤的传输容量。由于 WDM 系统技术的经济性与有效性，使之成为当前光纤通信网络扩容的主要手段。波分复用技术作为一种系统概念，通常有三种复用方式，即 1 310 nm 和 1 550 nm 波长的波分复用、粗波分复用（coarse wavelength division multiplexing，CWDM）和密集波分复用（dense wavelength division multiplexing，DWDM）。

4. 码分复用

码分复用（code division multiplexing，CDM）是靠不同的编码来区分各路原始信号的一种复用方式，主要和各种多址技术结合产生了各种接入技术，包括无线和有线接入。例如，在多址蜂窝系统中是以信道来区分通信对象的，一个信道只容纳一个用户进行通话，许多同时通话的用户，互相以信道来区分，这就是多址。移动通信系统是一个多信道同时工作的系统，具有广播和大面积覆盖的特点。在移动通信环境的电波覆盖区内，建立用户之间的无线信道连接，是无线多址接入方式，属于多址接入技术。联通 CDMA（code division multiple access）就是码分复用的一种方式，称为码分多址，此外还有频分多址（FDMA）、时分多址（TDMA）和同步码分多址（SCDMA）。

心灵启迪：追求卓越，大国工匠

数据在网络传输过程中会丢失、损坏或被丢弃，ICMP 作为网络层的差错报文传输机制，最基本的功能是提供差错报告，其作用是确保数据传输正确。错误在所难免，但我们要采取措施尽可能避免和减少错误的出现，并能对错误进行及时的修正。

对职业敬畏、对工作执着、对产品负责，极度注重细节，不断追求完美和极致，这就是“工匠精神”，我们要学习这种精神，只有这样制造的产品才能打动人心。工匠们喜欢不断雕琢自己的产品，不断改善自己的工艺，对细节有很高的要求，对精品有着执着的坚持和追求，把品质从 0 提高到 1，其利虽微，却长久造福于世。

当代的工匠精神，不仅包括高超的技艺和精湛的技能，同时还包括严谨细致、专注负责的工作态度，精雕细琢、精益求精的工作理念，以及对职业的认同感、责任感，与劳模精神、劳动精神构成一个完整的体系。

党的二十大报告指出：“加快建设国家战略人才力量，努力培养造就更多大师、战略科学家、一流科技领军人才和创新团队、青年科技人才、卓越工程师、大国工匠、高技能人才。”

小 结

本章讲解了传输层协议、TCP和UDP、ARP和RARP、ICMP和常用的网络管理命令等内容。通过任务实施，读者可以掌握常用网络管理命令ping、ipconfig、tracert、netstat和arp等命令的应用，确保在工作、学习和生活中能够处理基本的网络故障，从而保障计算机网络的正常运行。

思考与练习

一、单选题

1. (　　) 被设计用来区分运行在单个设备上的多个应用程序。

A. 队列　　B. 堆栈　　C. 端口　　D. 端口号

2. 在TCP中，发送方发送数据时启动一个定时器，在定时器超时之前，如果(　　)则重新传送该数据。

A. 收到确认信息　　B. 没有收到确认信息

C. 发送信息　　D. 没有发送信息

3. 在滑动窗口协议中，若窗口大小为4，当窗口中第2个报文先确认，第1个报文后确认，后面的报文还未确认，则窗口一次向前滑动(　　)个位置。

A. 1　　B. 2　　C. 3　　D. 4

4. (　　) 命令可以查看主机当前的TCP/IP配置信息（如IP地址、网关、子网掩码等）、刷新动态主机配置协议（DHCP）和域名系统（DNS）设置。

A. ping　　B. arp　　C. tracert　　D. ipconfig

5. (　　) 命令可以显示当前活动的TCP连接、计算机侦听的端口、以太网统计信息、IP路由表、IPv4统计信息以及IPv6统计信息等。

A. arp　　B. protocol　　C. interval　　D. netstat

二、多选题

1. TCP协议的(　　)是指为了避免数据的丢失，发送端每发送一个数据包，TCP便为其保留一个副本，同时设置一个计时器，如果计时器超时，而发送端仍未收到确认信息，则发送端重新发送这一数据包，直到发送成功。

A. 校验　　B. 确认　　C. 丢弃　　D. 重传

2. 为便于进行故障诊断和网络控制，可利用ICMP(　　)来获取某些有用的信息。

A. 路由控制　　B. 重定向　　C. 回应请求　　D. 应答报文

3. 在每台安装有TCP/IP协议的计算机中都有一个ARP缓存表，表里的（　　）是一一对应的。

A. IP地址　　B. MAC地址　　C. 端口号　　D. 网络号

4. UDP在传输数据时不会对数据的（　　）进行验证，在数据丢失或数据出错时也不会要求（　　），因此也节省了很多用于验证数据包的时间。

A. 完整性　　B. 实时性　　C. 重新传输　　D. 丢弃数据

5. IP数据包中的字段包含源端和目的端，并没有记录报文在网络传递中的（　　），因此当设备检测到差错时，它无法通知中间的网络设备，只能向（　　）发送差错报告。

A. 全部路径　　B. 部分路径　　C. 源端　　D. 目的端

三、简答题

1. 简述传输层中TCP协议主要通过哪些方式确保数据传输的可靠性。

2. 简述UDP协议的特点。

第6单元 无线网络构建

知识导图

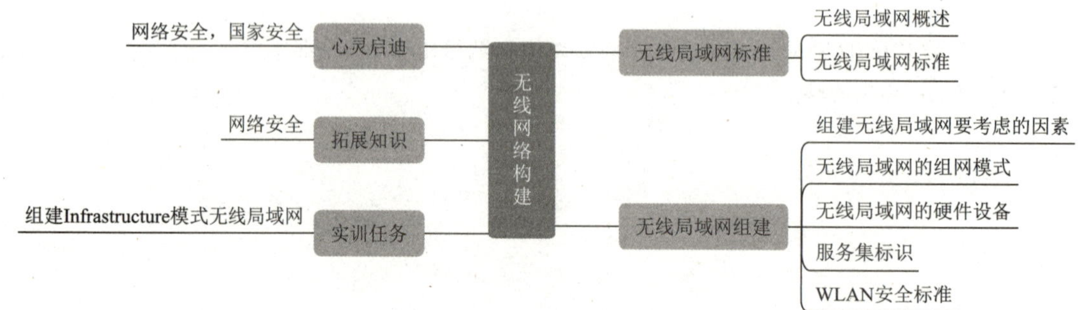

学习目标

- **掌握：** 无线局域网的标准，无线局域网的组网模式。
- **理解：** 无线局域网的工作原理。
- **了解：** 无线局域网的优缺点。
- **应用：** 能够组建 Ad-Hoc（无线对等）模式和 Infrastructure（基础结构）模式的无线网络。
- **养成：** 分析和解决实际问题的能力，具有“网络安全、国家安全”的思想意识。

作为有线网络的补充和延伸，无线局域网络 WLAN 是相当便利的数据传输系统，它利用射频 RF 的技术，取代纷繁复杂的网线所构成的局域网络，使得无线局域网络能利用简单的存取架构，让用户实现“畅游网络”的理想境界。本章将介绍无线局域网的标准及其组网模式，并通过组建无线局域网的实训任务，让读者对无线局域网的工作原理有更加深入的理解。

6.1 无线局域网标准

有线网络具有带宽及安全性较高、稳定性较好、抗干扰能力强等特点，但同时也存在布线成本高、受地理位置限制、影响布局美观等缺点。无线局域网作为有线网络的补充和延伸，可以弥补有线网络的不足，让用户有不错的网络体验，如图 6-1 所示。

1. 无线局域网概述

无线局域网（wireless local area network，WLAN）是通过无线通信技术将计算机设备互联起来，构成可以互相通信和实现资源共享的网络体系。无线局域网不再使用通信电缆将计算机与网络连接起来，而是通过无线的方式连接，从而使网络的构建和终端的移动更加灵活。

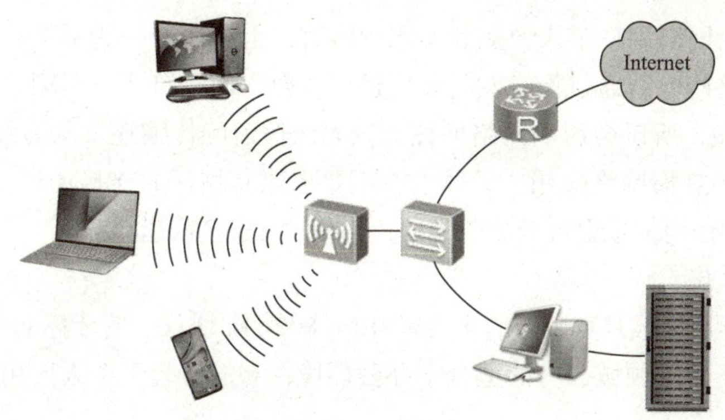

图6-1 无线局域网示例

无线传输利用空间电磁波实现站点之间的通信，地球上的大气层为大部分无线传输提供了物理通道，最常用的无线传输介质有无线电波、微波和红外线。

无线电波是指在自由空间（包括空气和真空）传播的射频（radio frequency，RF）频段的电磁波。无线电技术是通过无线电波传播声音或其他信号的技术。导体中电流强弱的改变会产生无线电波，利用这一现象，通过调制可将信息加载于无线电波之上，当电波通过空间传播到达接收端，电波引起的电磁场变化又会在导体中产生电流，通过解调将信息从电流变化中提取出来，就达到了信息传递的目的。

微波是指频率为 300 MHz ～ 300 GHz 的电磁波，是无线电波中一个有限频带的简称，即波长在 1 m（不含 1 m）到 1 mm 之间的电磁波，是分米波、厘米波、毫米波的统称。微波频率比一般的无线电波频率高，通常也称“超高频电磁波”。

红外线是太阳光谱中存在于红光外侧的看不见的光线，又称为红外热辐射。太阳光谱上红外线的波长大于可见光线，波长为 0.75 ～ 1 000 μm。红外线可分为三部分，即近红外线，波长为 0.75 ～ 1.50 μm；中红外线，波长为 1.50 ～ 6.0 μm；远红外线，波长为 6.0 ～ 1 000 μm。红外线通信有不易被人发现和截获、保密性强等优点。

无线局域网具有以下优点：

① 灵活性和移动性。在有线网络中，网络设备的安放位置受网络位置的限制，而无线局域网在无线信号覆盖区域内的任何一个位置都可以接入网络，而且连接到无线局域网的用户可以移动且能同时与网络保持连接。

② 安装便捷。无线局域网可以免去或最大限度地减少网络布线的工作量，一般只要安装一个或多个接入点设备，就可建立覆盖整个区域的局域网络。

③ 易于进行网络规划和调整。对于有线网络来说，办公地点或网络拓扑的改变通常意味着重新建网。重新布线是一个昂贵、费时和琐碎的过程，无线局域网可以避免或减少以上情况的发生。

④ 故障定位容易。有线网络一旦出现物理故障，尤其是由于线路连接不良而造成的网络中断，往往很难查明，而且检修线路需要付出很大代价。无线网络则很容易定位故障，只需更换故障设备即可恢复网络连接。

⑤ 易于扩展。无线局域网有多种配置方式，可以很快从只有几个用户的小型局域网扩展到上千用户的大型网络，并且能够提供节点间“漫游”等有线网络无法实现的特性。

如今的无线局域网发展十分迅速，已经在家庭、学校、商场、医院、企业等场合得到了广泛的应用。无线局域网在给网络用户带来便捷和实用的同时，也存在着一些不足。无线局域网是依靠无线电波进行传输的，这些电波通过无线发射装置进行发射，而建筑物、车辆、树木和其他障碍物都可能阻碍电磁波的传输，所以会影响网络的性能。无线信道的传输速率与有线信道相比要低得多，只适合于个人终端和小规模网络应用。无线电波不要求建立物理的连接通道，无线信号是发散的，无线电波广播范围内的任何信号很可能被监听到，存在信息安全隐患。

2. 无线局域网标准

无线局域网所有标准中最具竞争力的主要有 IEEE 802.11x 协议、蓝牙标准和 HomeRF 工业标准。它们各有优劣，应用于不同领域，有的适合于办公环境，有的适合于个人应用，有的则适用于家庭用户。

（1）IEEE 802.11x 系列

1997 年 6 月，IEEE 制定了无线局域网标准 IEEE 802.11，该标准定义了物理层和介质访问控制子层的协议规范，主要用于解决办公室局域网和校园网中用户与用户终端的无线接入，主要受限于数据存取，传输速率最高能达到 2 Mbit/s。由于它在速率和传输距离上都不能满足人们的需要，因此 IEEE 随后相继推出了各种新标准，对先前的标准进行补充和完善。

① IEEE 802.11b。IEEE 802.11b 是 802.11 的扩充，1999 年 9 月获得批准，它工作在 2.4 GHz 频段，无须直线传播，最大数据传输速率为 11 Mbit/s，根据应用环境以及其他传输因素传输速率能够从 11 Mbit/s 降到 5.5 Mbit/s、2 Mbit/s 和 1 Mbit/s，以保证设备正常稳定运行。支持的范围在办公环境为 100 m，室外为 300 m。同时，IEEE 802.11b 标准成为往后所有 WLAN 标准制定的基础。

② IEEE 802.11a。IEEE 802.11a 继承了 802.11b 的优势，于 1999 年获得批准。它工作在 5 GHz 频段，传输速率最高可达 54 Mbit/s。不像 2.4 GHz 频带已经被普遍使用，IEEE 802.11a 采用 5 GHz 频带具有更少的冲突，抗干扰性更好。但是，IEEE 802.11a 几乎被限制在直线范围内使用，因此必须使用更多的接入点，导致该标准的无线产品成本较高。IEEE 802.11a 标准与 IEEE 802.11b 标准不兼容。

无线局域网 WLAN 工作在 2.4 GHz 频段和 5 GHz 频段的特点见表 6-1。

表6-1　WLAN工作在2.4 GHz频段和5 GHz频段的特点

频　段	优　点	缺　点
2.4 GHz	信号强，衰减小，穿墙能力强，覆盖距离远	带宽较窄，速度较慢，干扰较大
5 GHz	带宽较大，速度较快，干扰小	信号弱，衰减大，穿墙能力差，覆盖距离较近

③ IEEE 802.11g。IEEE 802.11g 标准于 2003 年 7 月被批准，它工作在 2.4 GHz 频段，最大传输速率为 54 Mbit/s。IEEE 802.11g 标准能够与 IEEE 802.11b 标准兼容，继承了 IEEE 802.11b 标准覆盖范围广的优点，数据传输速率得到了提高。

④ IEEE 802.11n。IEEE 802.11n 标准于 2009 年 9 月正式批准，它工作在 2.4 GHz 和 5 GHz 两个工作频段（双频工作模式），可以与 IEEE 802.11b、IEEE 802.11a、IEEE 802.11g 标准兼容。由于 MIMO OFDM 技术的应用，最大传输速率提高到 600 Mbit/s，传输距离也有所增加。

⑤ IEEE 802.11ac。IEEE 802.11ac 第一批产品（Wave 1）于 2013 年推出，2016 年推出高带宽产品（Wave 2），2016 年 7 月 IEEE 802.11n 标准升级到 IEEE 802.11ac 标准。IEEE 802.11ac 工作在 5.0 GHz 频段，主要是基于 IEEE 802.11a 发展起来的，具有向下兼容性，数据传输通道有很大扩充。

IEEE 802.11ac 理论上的最大传输速度达 1 Gbit/s，比 IEEE 802.11n 的最大 600 Mbit/s 高出不少。

⑥ IEEE 802.11ax。IEEE 802.11ax 又称高效率无线标准（High-Efficiency Wireless，HEW），是一项制定中的无线区域网路标准。2014 年 IEEE 802.11ax 任务组成立，在 802.11-2012 标准基础上开发 802.11ax 协议。IEEE 802.11ax 支持 2.4 GHz 和 5 GHz 频段，具有向下兼容性，目标是支持室内、外场景、提高频谱效率、提升密集用户环境的吞吐量等。IEEE 802.11ax 设备在 2018 年国际消费电子展上被展出，最高传输速率为 11 Gbit/s。

IEEE 802.11x 系列标准的工作频段、最大传输速率及调制方式等见表 6-2。

表6-2 IEEE 802.11x系列标准的工作频段、最大传输速率及调制方式等

无线标准	工作频段/GHz	最大传输速率/（Mbit/s）	调制方式	兼容性	发布时间/年
IEEE 802.11	2.4	2	DSSS，FHSS	—	1997
IEEE 802.11b	2.4	11	DSSS	通过 Wi-Fi 认证可互通	1999
IEEE 802.11a	5	54	OFDM	不兼容 802.11b/g	1999
IEEE 802.11g	2.4	54	DSSS，OFDM	兼容 802.11b	2003
IEEE 802.11n	2.4/5	600	64-QAM，OFDM	兼容 802.11a/b/g	2009
IEEE 802.11ac	5	1 000	256-QAM，OFDM	兼容 802.11a/n	2013
IEEE 802.11ax	2.4/5	11 000	1024-QAM，OFDMA	兼容 802.11a/n/ac	2019

Wi-Fi 即 Wi-Fi 联盟（Wi-Fi Alliance，WFA），是一个商业联盟，它成立于 1999 年，为了推动 IEEE 802.11b 标准的制定，由多家企业和组织共同成立了无线以太网路相容性联盟（Wireless Ethernet Compatibility Alliance，WECA），2002 年 10 月改名为 Wi-Fi 联盟。Wi-Fi 联盟的主要工作是在全球范围内推行 Wi-Fi 产品的兼容认证，发展 IEEE 802.11 标准的无线局域网技术。如今该联盟的成员单位已经遍布全球多个国家和地区，中国区会员也有多个。

IEEE（电气和电子工程师协会）负责开发和维护 IEEE 802.11 无线局域网通信标准，而 Wi-Fi 联盟为这些标准制定测试和认证计划以及相关服务，以推动产品通过验证以满足标准要求。因此，IEEE 802.11b/a/g/n/ac/ax 标准也分别被称为 Wi-Fi1/Wi-Fi2/Wi-Fi3/Wi-Fi4/Wi-Fi5/Wi-Fi6。

（2）蓝牙

蓝牙是一种无线数据和语音通信开放的全球规范，为固定和移动设备建立通信环境的一种特殊的近距离无线技术连接。蓝牙工作在 2.4 GHz 频段，可实现固定设备、移动设备和楼宇个人域网之间的短距离数据交换，可连接多个设备。蓝牙技术的实质是为固定设备或移动设备之间的通信环境建立通用的无线电空中接口（radio air interface），将通信技术与计算机技术进一步结合起来，使各种 3C 设备（计算机类、通信类和消费类电子产品的统称）在没有电线或电缆相互连接的情况下，能在近距离范围内实现相互通信或操作。

在 1998 年 5 月，蓝牙技术由五家大公司联合宣布，它们分别是爱立信（Ericsson）、诺基亚（Nokia）、东芝（Toshiba）、国际商用机器公司（IBM）和英特尔（Intel）。蓝牙设备是蓝牙技术应用的主要载体，常见蓝牙设备如无线耳机、移动电话等，蓝牙设备容纳蓝牙模块，支持蓝牙无线电连接与软件应用。蓝牙设备连接必须在一定范围内进行配对，这种配对搜索被称为短程临时网络模式，也称微微网，可以容纳设备最多不超过八台。蓝牙设备连接成功，主设备只有一台，从设备可以多台。蓝牙技术具备射频特性，采用了 TDMA 结构与网络多层次结构，在技术上应用了跳频技术、无线技术等，具有传输效率高、安全性高等优势，所以被各行各业所应用。

蓝牙技术具有适用设备多、无须电缆、工作频段全球通用、两设备间建立联系迅速、抗干扰能力强、通过跳频扩频技术进行传播等优点，与此同时也存在传输距离短、功耗大、连接过程烦琐、安全性不高等缺点，未来的蓝牙技术将会在强化利用、拓展应用领域、提高兼容性等方面不断发展和完善。

（3）HomeRF

HomeRF（home radio frequency）无线标准是由 HomeRF 工作组开发的开放性行业标准，目的是在家庭范围内，使计算机与其他电子设备之间实现无线通信。

HomeRF 工作组在 1997 年由美国家用射频委员会成立，主要任务是为家庭用户建立具有互操作性的话音和数据通信网。HomeRF 标准工作在 2.4 GHz 频段，集成了语音和数据传送技术，数据传输速率达到 100 Mbit/s，在 WLAN 的安全性方面主要考虑访问控制和加密技术。

HomeRF 标准在进行数据通信时，采用 IEEE 802.11 规范中的 TCP/IP 传输协议；当进行语音通信时，则采用数字增强型无绳通信标准。HomeRF 标准与 802.11b 不兼容，因此在应用范围上会有很大局限性，更多的是在家庭网络中使用。

6.2 无线局域网组建

网络的重要性已充分体现，而无线已经成为终端接入的主导力量，移动办公成为大势所趋。无线 Wi-Fi 网络越来越多地承载客户业务，提供更加丰富和流畅的网络服务，无论是在室内和室外场景、普通和高密场景、简单和复杂的场景，用户都需要无线 Wi-Fi 覆盖以满足移动上网的需求。随着网络技术的不断发展，无线网络将逐渐实现大流量、高并发、低时延的移动应用。

1. 组建无线局域网要考虑的因素

无线局域网需要支持高速、突发的数据业务，在室内使用还需要解决多径衰落以及各子网间串扰等问题，因此在组建无线局域网时，往往需要仔细考虑许多细节因素，才能成功搭建无线局域网，并保证其有很高的工作性能。

① 在通过无线局域网连接远程局域网时，远程局域网所在的建筑物应该尽量可视，因为高大的建筑物或茂密的树木等障碍物会直接影响无线局域网数据信号的正常传输。

② 当远程网络与本地局域网之间的距离比较远时，可以适当降低网络传输带宽，达到远距离数据传输的目的。在进行远距离无线传输时，可以设立无线局域网中继中转站，以便让上网信号绕过障碍物。

③ 适当设置无线局域网的天线高度，倘若仅仅依靠增大天线增益或增大功率放大等方法，那么获取的无线传输效果将十分有限。可以将无线节点设备的天线布置在建筑物的最高层，并且尽量利用小型天线以确保无线电波的相对集中，这样有利于有效避免来自其他无线局域网信号的干扰。

④ 尽管无线局域网传输采用了跳频技术，但上网信号的频率载波很难被检测到，因此只有当双方无线设置了相同的网络 ID 号，才能进行无线上网信号的安全传输。如果要进一步保证无线局域网的运行安全性，还可以对无线上网信号进行加密。

2. 无线局域网的组网模式

将 WLAN 中的几种设备结合在一起使用，就可以组建出多层次、无线和有线并存的计算机网络。一般说来，无线局域网有两种组网模式：一种是无固定基站的 WLAN（即 Ad-Hoc 模式）；另一种是有固定基站的 WLAN。

（1）Ad-Hoc 模式

Ad-Hoc 模式是一种自足网络，也称无线对等网，是一种最简单的无线局域网结构，主要适用于在安装无线网卡的计算机之间组成的对等状态的网络，如图 6-2 所示。无固定基站的 WLAN 结构是一种无中心的拓扑结构，通过网络连接的各个设备之间的通信关系是平等的，但仅适用于少数（通常小于五台）的计算机无线连接方式。

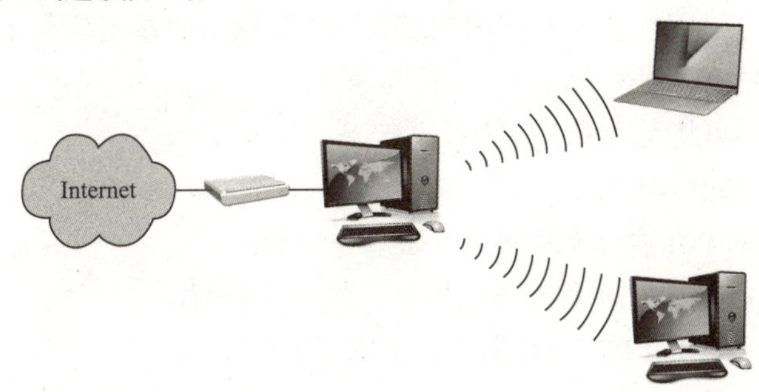

图6-2　Ad-Hoc模式无线对等网

Ad-Hoc 模式不需要无线中介设备 AP，只需要在每台计算机中安装无线网卡就可以实现，因此常用于临时网络的组建。Ad-Hoc 模式的原理是网络中的一台计算机主机建立点到点连接，相当于虚拟 AP，而其他计算机就可以直接通过这个点对点连接进行网络互联与共享。

（2）Infrastructure 模式

Infrastructure 模式是指以 AP 为中心的组网模式，也是无线局域网最为普遍的一种组网模式，如图 6-3 所示。当网络中的计算机用户到达一定数量时，或者当需要建立一个稳定的无线网络平台时，一般会采用该组网模式。

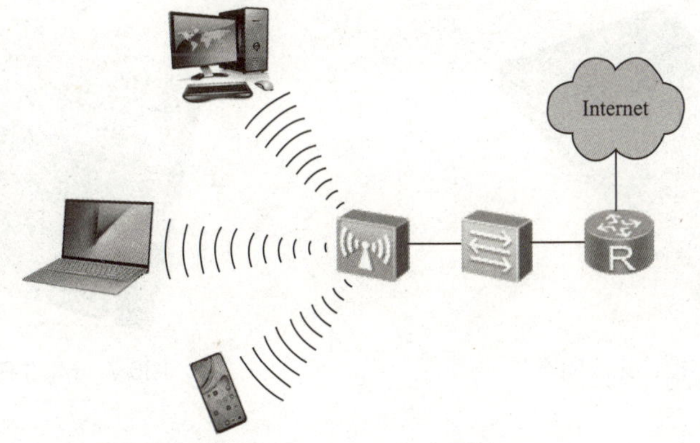

图6-3　Infrastructure 模式无线局域网

在 Infrastructure 模式中，需要有一个 AP 充当中心站，所有站点对网络的访问都受该中心的控制。类似传统有线星状拓扑方案，此种模式需要有一台符合 IEEE 802.11b/g 模式的 AP 或无线路由器存在，所有通信通过 AP 或无线路由器作连接，就如同有线网络下利用集线器来作连接，该模式下的无线网可以通过 AP 或无线路由器的以太网口与有线网相连。

3. 无线局域网的硬件设备

组建无线局域网所需的硬件设备主要有无线网卡、无线 AP、无线路由器和无线天线等，其中无线网卡是必需的设备，无线网络与有线局域网连接时需要用无线 AP，无线局域网接入 Internet 时需要用无线路由器，接收远距离传输的无线信号或者需要扩展网络覆盖范围时，需要用无线天线。

(1) 无线网卡

无线网卡（wireless network interface controller，WNIC）是一种终端无线网络设备，它能够帮助计算机连接到无线网络上。无线网卡的作用和以太网中的网卡的作用基本相同，它作为无线局域网的接口，能够实现无线局域网各客户机间的连接与通信。

根据不同的接口类型可将无线网卡分为：

① USB 无线网卡，如图 6-4 所示。

② 台式计算机专用的 PCI 接口无线网卡，如图 6-5 所示。

③ 笔记本电脑专用的 PCMCIA 接口无线网卡，如图 6-6 所示。

④ 笔记本电脑内置的 MINI-PCI 无线网卡，如图 6-7 所示。

图6-4 USB无线网卡

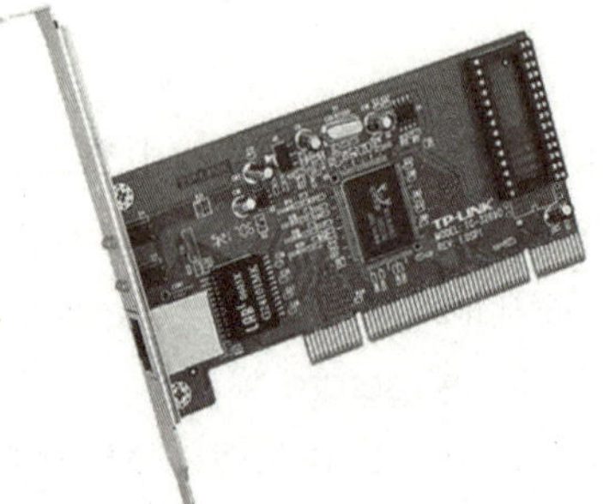

图6-5 PCI接口无线网卡

图6-6 PCMCIA接口无线网卡

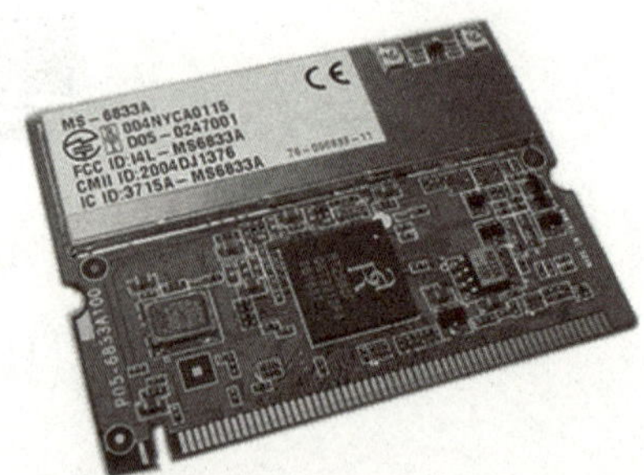

图6-7 MINI-PCI无线网卡

(2) 无线 AP

无线 AP（access point）是无线局域网的接入点，它用于无线网络的无线交换机，也是无线网络的核心，如图 6-8 和图 6-9 所示。无线 AP 是移动计算机用户进入有线网络的接入点，主要用于宽带家庭、大楼内部以及园区内部，可以覆盖几十米至几百米。

在无线网络中，AP 就相当于有线网络的集线器，它能够把各个无线客户端连接起来，无线客户端所使用的网卡是无线网卡，传输介质是电磁波。无线 AP 是无线网和有线网之间沟通的桥梁，是组建无线局域网（WLAN）的核心设备，它主要提供无线工作站和有线局域网之间的互相访问。

图6-8 室内无线AP

图6-9 室外无线AP

(3) 无线路由器

无线路由器是用于用户上网、带有无线覆盖功能的路由器。无线路由器可以看作一个转发器，将家中墙上接出的宽带网络信号通过天线转发给附近的无线网络设备，如图 6-10 所示。无线路由器集成了无线 AP 和宽带路由器的功能，不仅具备 AP 的无线接入功能，还具有一些网络管理的功能，如 DHCP 服务、NAT、防火墙、MAC 地址过滤等功能，它支持的信号范围和同时在线使用的设备数量有限。

无线路由器可实现家庭无线网络中的 Internet 连接共享，它可以与所有以太网接的 ADSL Modem 或 Cable Modem 直接相连，也可以在使用时通过交换机或集线器、宽带路由器等局域网方式再接入。

(4) 无线天线

当无线网络中各网络设备相距较远时，随着信号的减弱，传输速率会明显下降以致无法实现无线网络的正常通信，此时就要借助无线天线对所接收或发送的信号进行增强，如图 6-11 所示。

图6-10 无线路由器

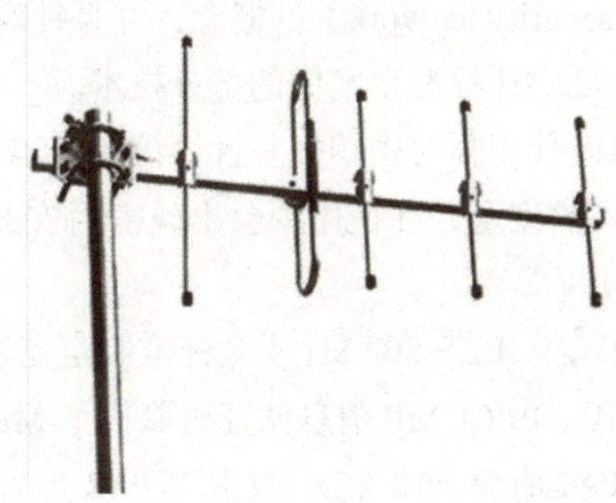

图6-11 无线天线（室外）

无线天线有多种类型，其中常见的有两种：室内天线和室外天线。室内天线方便灵活，但增益小、传输距离短；室外天线的类型比较多，一种是锅状的定向天线，一种是棒状的全向天线，室外天线传输距离远，比较适合远距离传输。

4. 服务集标识

服务集标识（service set identifier，SSID）用来区分不同的网络，最多可以有 32 字符，无线网卡设置不同的 SSID 就可以进入不同网络，如图 6-12 所示。

SSID技术可以将一个无线局域网分为几个需要不同身份验证的子网络，每一个子网络都需要独立的身份验证，只有通过身份验证的用户才可以进入相应的子网络，未被授权的用户无权进入本网络。简单来说，SSID就是一个局域网的名称，只有设置网络名称为相应SSID值的设备才能共享网络。

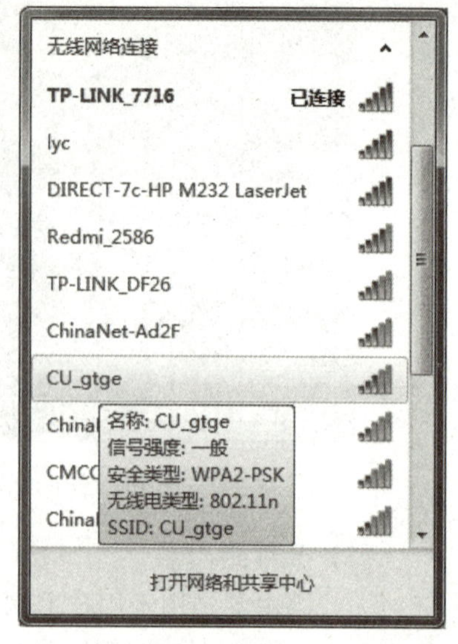

图6-12　搜索到的无线网络的SSID

5. WLAN安全标准

无线网络从产生时起就伴随着安全问题，无线网络在不断发展的同时，无线网络安全协议也在更迭换代，经历了WEP、WPA、WPA2、WPA3四种加密标准。

（1）WEP

WEP（wired equivalent privacy，有线等效加密）是对在两台设备间无线传输的数据进行加密的方式，用以防止非法用户窃听或侵入无线网络。Wi-Fi联盟于1997年在IEEE 802.11b标准里引入了安全协议WEP，WEP被用来提供和有线LAN同级的安全性，但LAN天生比WLAN安全，因为LAN的物理结构对其有所保护，部分或全部网络埋在建筑物里面也可以防止未授权的访问。

WEP安全架构是基站对用户进行单向鉴别，用户鉴别采用开放式的系统鉴别。由于WEP核心的RC4数据加密算法的不足，最终在2003年被淘汰。

（2）WPA

WPA（Wi-Fi protected access）是针对WEP协议的弱点，由Wi-Fi联盟于2002年推出的无线网络WLAN安全协议，它是在IEEE 802.11i完备之前替代WEP的过渡方案。

IEEE 802.11i标准是指无线安全标准，为增强WLAN的数据加密和认证性能，定义了RSN（robust security network）的概念，并且针对WEP加密机制的各种缺陷做了多方面的改进。WPA协议使用了802.11i标准草案中的部分技术。

WPA使用临时密钥完整性协议（TKIP）进行密钥升级，但因TKIP仍然使用RC4加密算法，所以依然不够安全，在使用中会出现密钥攻击、中间人攻击等问题。

（3）WPA2

2004年IEEE 802.11i安全标准制定完毕，WPA2是经由Wi-Fi联盟验证过的IEEE 802.11i标准的认证形式，由CCMP消息认证码取代了Michael算法，AES算法取代了RC4算法。

WPA2有WPA2个人版和WPA2企业版，WPA2企业版需要一台具有IEEE 802.1X功能的RADIUS（远程用户拨号认证系统）服务器，没有RADIUS服务器的SOHO用户可以使用WPA2个人版，其口令长度为20个以上的随机字符，或者使用McAfee无线安全或Witopia Secure MyWiFi等托管的RADIUS服务。

2017年8月，研究人员发现了WPA2的KRACK（key reinstallation attack）漏洞。

（4）WPA3

Wi-Fi联盟于2018年6月25日正式发布WPA3。WPA3包含众多对WPA2安全性的改进，如为每个用户使用192 bit加密和单独加密，缓解由弱密码造成的安全问题，并简化无显示接口设备的设置流程，使用更安全的握手协议SAE、更强大的加密算法CNSA，以及专门针对开放式公共网络的加密方式 OWE。

虽然 Wi-Fi 联盟推出了 WPA3 安全机制，但其大规模部署仍然需要一段时间。因此为了保证 WLAN 无线网络安全，在安全协议之外还需要采取一系列防护措施，如有效隔离、加强 WLAN 的身份认证、监测非法无线局域网设备、部署无线入侵防御系统等。

6.3 实训任务

任务：组建 Infrastructure 模式无线局域网

(1) 任务目标

① 掌握各种无线网络设备的使用。

② 掌握无线网络配置过程。

(2) 任务内容

① 用华为 eNSP 创建网络拓扑。

② AC 配置。

③ AP 管理。

④ 终端设备连接无线网络。

(3) 完成任务所需的设备和软件

安装有 Windows 10 操作系统的 PC 一台，华为 eNSP。

(4) 网络拓扑结构

网络拓扑结构如图 6-13 所示。

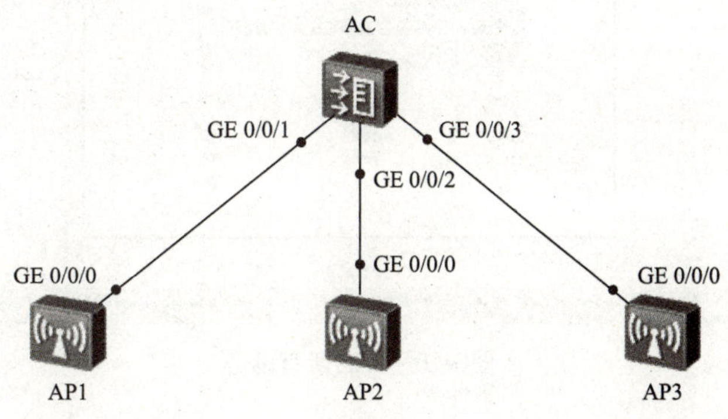

图6-13 网络拓扑结构

(5) 任务实施步骤

步骤 1：打开 eNSP 模拟器，创建网络拓扑如图 6-14 所示。

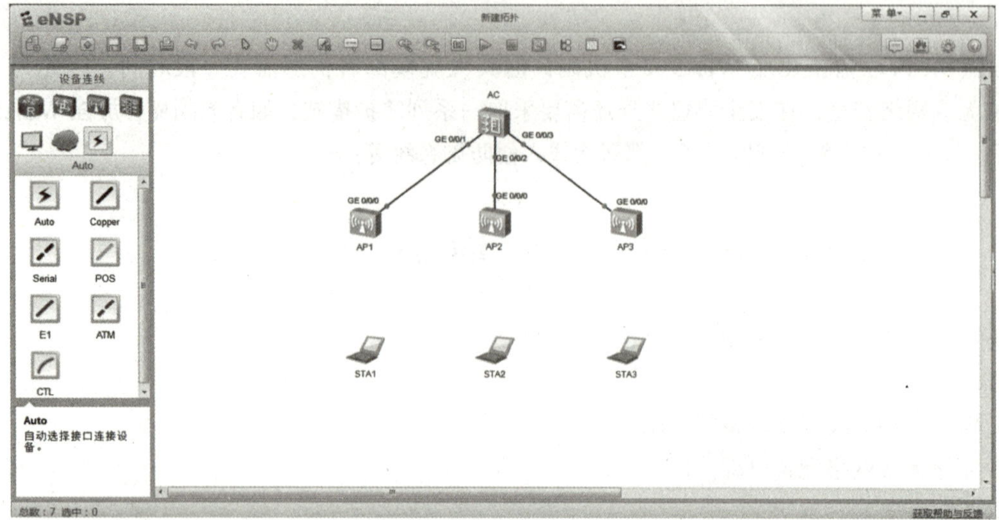

图6-14 创建网络拓扑

步骤 2：开启所有设备，如图 6-15 所示。

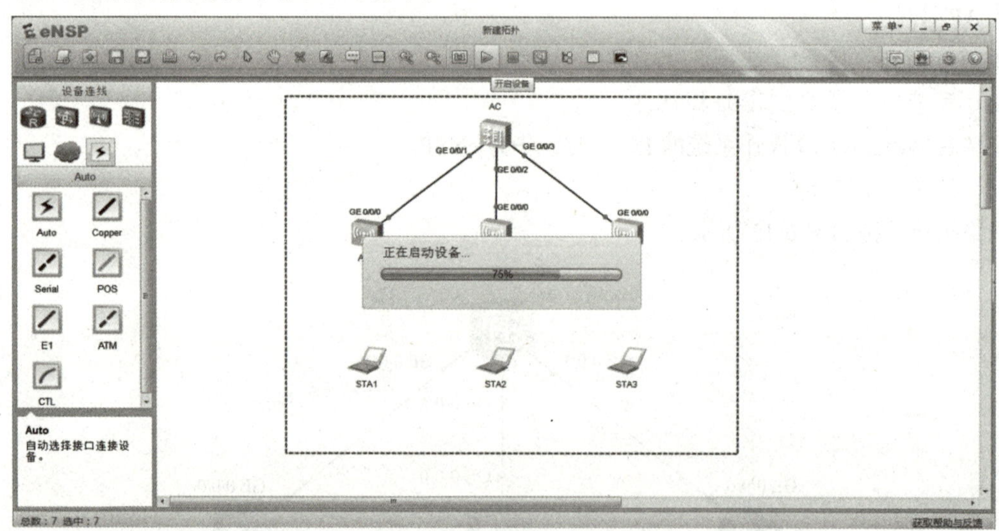

图6-15 开启所有设备

步骤 3：双击无线控制器 AC 进入其命令行窗口，首先创建 AC 的 vlan，其中管理 vlan 为 vlan1:192.168.1.10，业务 vlan 为 vlan10:192.168.10.10，如图 6-16 所示，编辑命令如下：

```
[AC6005]vlan batch 1 10        //同时创建两个虚拟局域网 vlan 1 和 vlan 10，下 1 行为本
                                 条命令的运行结果
Info: This operation may take a few seconds. Please wait for a moment...done.
[AC6005]int vlan 1                             //进入 vlan 1
[AC6005-Vlanif1]ip address 192.168.1.10 24     //设置 IP 地址和子网掩码
[AC6005-Vlanif1]int vlan 10                    //进入 vlan 10
[AC6005-Vlanif10]ip address 192.168.10.10 24   //设置 IP 地址和子网掩码
[AC6005-Vlanif10]q                             //退出
```

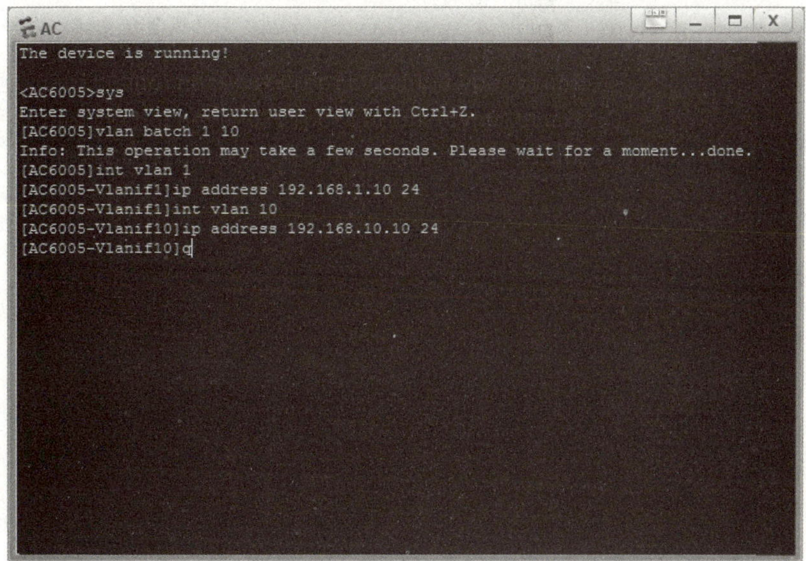

图6-16　创建AC 的vlan

步骤 4：将连接 AP 的端口设为 trunk 类型，并允许所有的 vlan 通过，如图 6-17 所示，编辑命令如下：

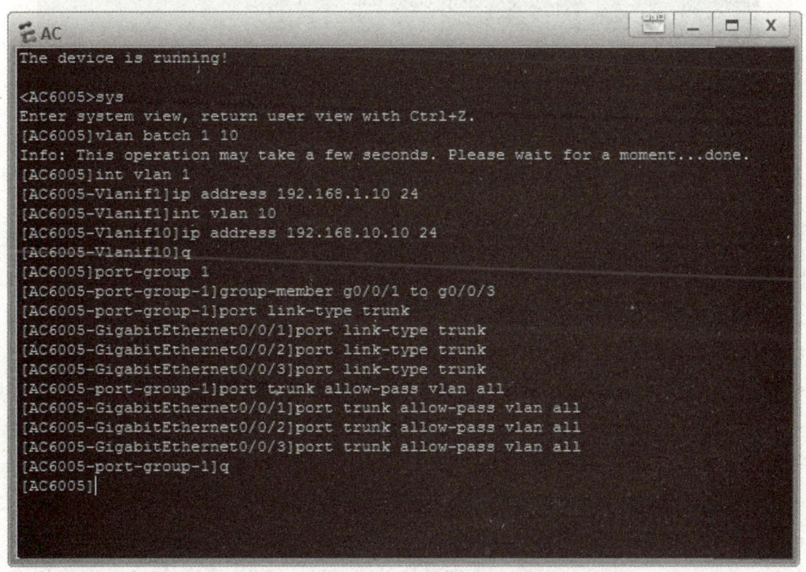

图6-17　将连接AP的端口设为 trunk 类型并允许所有的 vlan 通过

```
[AC6005]port-group 1                                //创建一个组，并进入其中
[AC6005-port-group-1]group-member g0/0/1 to g0/0/3  //设置组中成员为三个接口
[AC6005-port-group-1]port link-type trunk           //设置组中接口均为trunk类型，
                                                      以下3行为系统自动显示
[AC6005-GigabitEthernet0/0/1]port link-type trunk
[AC6005-GigabitEthernet0/0/2]port link-type trunk
[AC6005-GigabitEthernet0/0/3]port link-type trunk
```

```
[AC6005-port-group-1]port trunk allow-pass vlan all //设置组中端口允许所有
vlan通过，以下3行为自动显示
[AC6005-GigabitEthernet0/0/1]port trunk allow-pass vlan all
[AC6005-GigabitEthernet0/0/2]port trunk allow-pass vlan all
[AC6005-GigabitEthernet0/0/3]port trunk allow-pass vlan all
[AC6005-port-group-1]q
```

步骤5：设置无线终端和AP的dhcp服务，如图6-18所示，编辑命令如下：

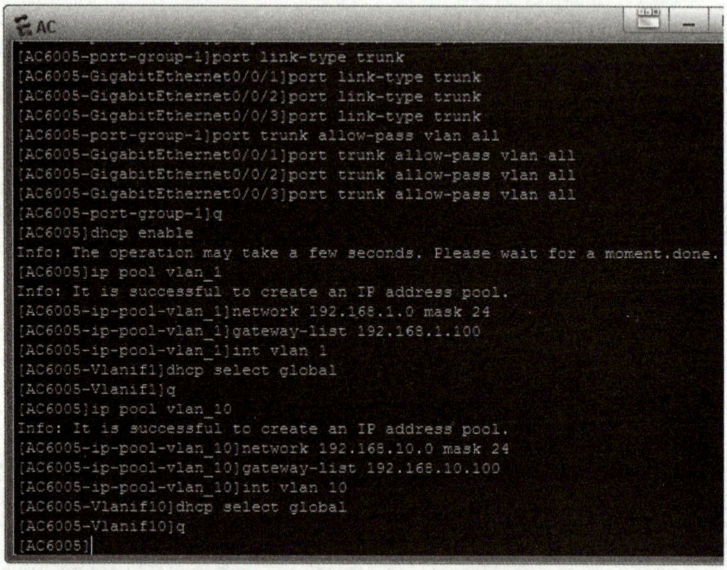

```
AC
[AC6005-port-group-1]port link-type trunk
[AC6005-GigabitEthernet0/0/1]port link-type trunk
[AC6005-GigabitEthernet0/0/2]port link-type trunk
[AC6005-GigabitEthernet0/0/3]port link-type trunk
[AC6005-port-group-1]port trunk allow-pass vlan all
[AC6005-GigabitEthernet0/0/1]port trunk allow-pass vlan all
[AC6005-GigabitEthernet0/0/2]port trunk allow-pass vlan all
[AC6005-GigabitEthernet0/0/3]port trunk allow-pass vlan all
[AC6005-port-group-1]q
[AC6005]dhcp enable
Info: The operation may take a few seconds. Please wait for a moment.done.
[AC6005]ip pool vlan_1
Info: It is successful to create an IP address pool.
[AC6005-ip-pool-vlan_1]network 192.168.1.0 mask 24
[AC6005-ip-pool-vlan_1]gateway-list 192.168.1.100
[AC6005-ip-pool-vlan_1]int vlan 1
[AC6005-Vlanif1]dhcp select global
[AC6005-Vlanif1]q
[AC6005]ip pool vlan_10
Info: It is successful to create an IP address pool.
[AC6005-ip-pool-vlan_10]network 192.168.10.0 mask 24
[AC6005-ip-pool-vlan_10]gateway-list 192.168.10.100
[AC6005-ip-pool-vlan_10]int vlan 10
[AC6005-Vlanif10]dhcp select global
[AC6005-Vlanif10]q
[AC6005]
```

图6-18　设置无线终端和AP的dhcp服务

```
[AC6005]dhcp enable            //开启DHCP功能，下1行为本条命令的运行结果
Info: The operation may take a few seconds. Please wait for a moment.done.
[AC6005]ip pool vlan_1         //创建地址池vlan_1，下1行为本条命令的运行结果
Info: It is successful to create an IP address pool.
[AC6005-ip-pool-vlan_1]network 192.168.1.0 mask 24       //创建IP地址的网段
[AC6005-ip-pool-vlan_1]gateway-list 192.168.1.100        //创建地址池的网关
[AC6005-ip-pool-vlan_1]int vlan 1                        //进入vlan 1
[AC6005-Vlanif1]dhcp select global                       //选择DHCP全局
[AC6005-Vlanif1]q                                        //退出
[AC6005]ip pool vlan_10        //创建地址池vlan_10，下1行为本条命令的运行结果
Info: It is successful to create an IP address pool.
[AC6005-ip-pool-vlan_10]network 192.168.10.0 mask 24     //创建IP地址的网段
[AC6005-ip-pool-vlan_10]gateway-list 192.168.10.100      //创建地址池的网关
[AC6005-ip-pool-vlan_10]int vlan 10                      //进入vlan 10
[AC6005-Vlanif10]dhcp select global                      //选择DHCP全局
[AC6005-Vlanif10]q
```

步骤6：双击AP1进入其命令行窗口，查看其MAC地址，如图6-19所示。用同样的方法查看AP2、AP3的MAC地址，如图6-20和图6-21所示。编辑命令如下：

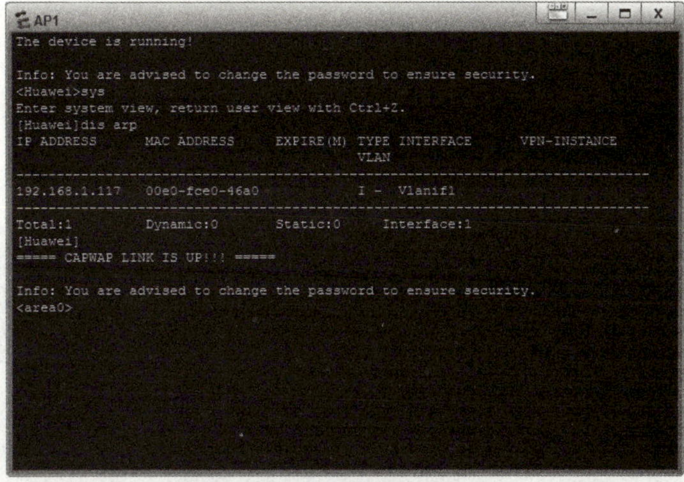

图6-19 查看AP1的MAC地址

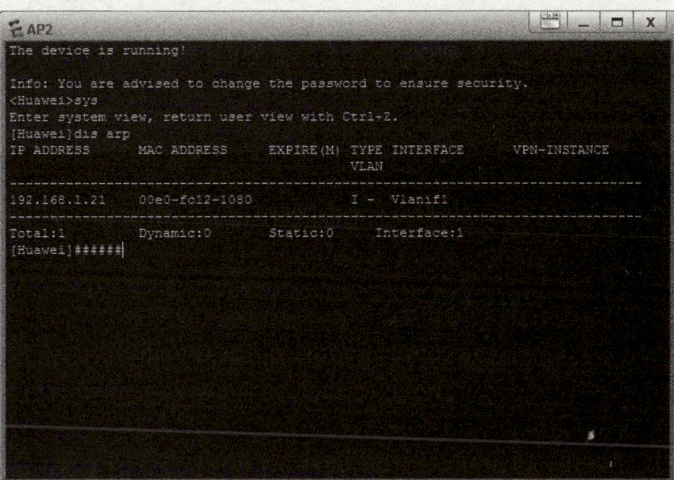

图6-20 查看AP2的MAC地址

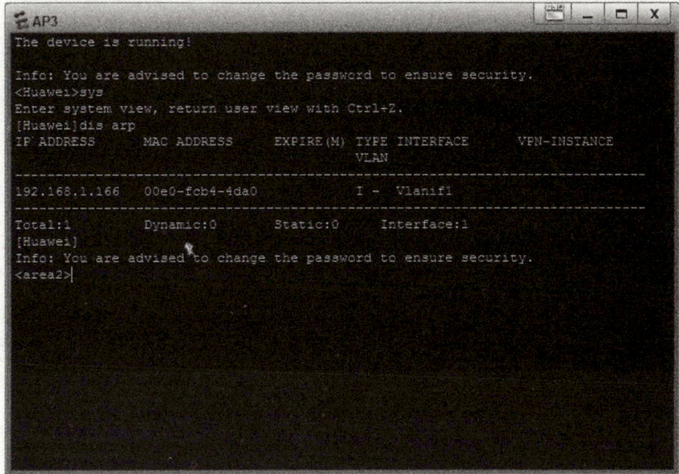

图6-21 查看AP3的MAC地址

```
<Huawei>sys
Enter system view, return user view with Ctrl+Z.
[Huawei]dis arp
```

步骤 7：上线 AP，如图 6-22 所示，编辑命令如下：

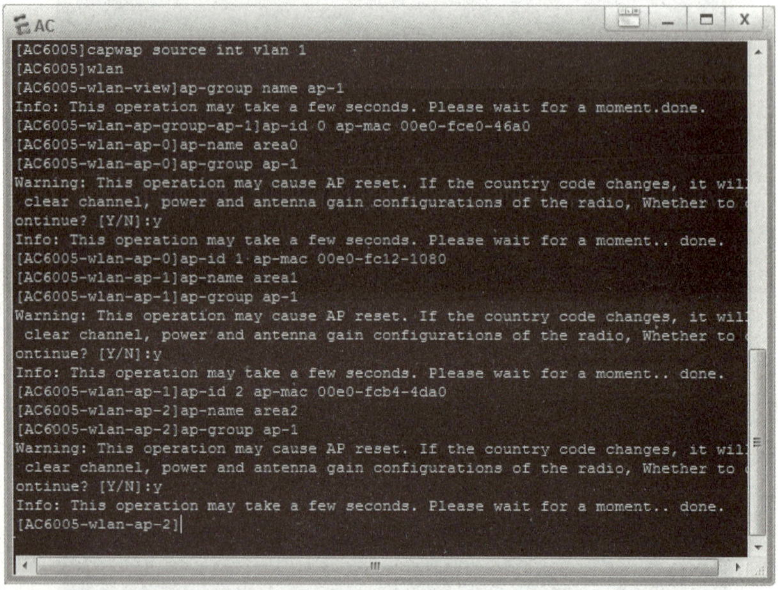

```
AC
[AC6005]capwap source int vlan 1
[AC6005]wlan
[AC6005-wlan-view]ap-group name ap-1
Info: This operation may take a few seconds. Please wait for a moment.done.
[AC6005-wlan-ap-group-ap-1]ap-id 0 ap-mac 00e0-fce0-46a0
[AC6005-wlan-ap-0]ap-name area0
[AC6005-wlan-ap-0]ap-group ap-1
Warning: This operation may cause AP reset. If the country code changes, it wil
 clear channel, power and antenna gain configurations of the radio, Whether to c
ontinue? [Y/N]:y
Info: This operation may take a few seconds. Please wait for a moment.. done.
[AC6005-wlan-ap-0]ap-id 1 ap-mac 00e0-fc12-1080
[AC6005-wlan-ap-1]ap-name area1
[AC6005-wlan-ap-1]ap-group ap-1
Warning: This operation may cause AP reset. If the country code changes, it wil
 clear channel, power and antenna gain configurations of the radio, Whether to c
ontinue? [Y/N]:y
Info: This operation may take a few seconds. Please wait for a moment.. done.
[AC6005-wlan-ap-1]ap-id 2 ap-mac 00e0-fcb4-4da0
[AC6005-wlan-ap-2]ap-name area2
[AC6005-wlan-ap-2]ap-group ap-1
Warning: This operation may cause AP reset. If the country code changes, it wil
 clear channel, power and antenna gain configurations of the radio, Whether to c
ontinue? [Y/N]:y
Info: This operation may take a few seconds. Please wait for a moment.. done.
[AC6005-wlan-ap-2]
```

图6-22 上线AP

```
[AC6005]capwap source int vlan 1                //设置 vlan 1 为管理下发接口
[AC6005]wlan                                    //进入到 wlan
[AC6005-wlan-view]ap-group name ap-1            //设置一个 AP 组为 ap-1
Info: This operation may take a few seconds. Please wait for a moment.done.
[AC6005-wlan-ap-group-ap-1]ap-id 0 ap-mac 00e0-fc43-7ea0  // AP 组中给 AP1 编号
（每个 AP 只有一个 MAC 地址，在 AP 设备的命令行窗口输入 dis arp 查看）
[AC6005-wlan-ap-0]ap-name area0                 //给 AP1 设置一个名称
[AC6005-wlan-ap-0]ap-group ap-1                 //把 AP1 添加到 AP 组中
Warning: This operation may cause AP reset. If the country code changes, it will
 clear channel, power and antenna gain configurations of the radio, Whether to c
ontinue? [Y/N]:y                                //输入 y 回车
Info: This operation may take a few seconds. Please wait for a moment.. done.
[AC6005-wlan-ap-0]ap-id 1 ap-mac 00e0-fcbe-3920  // AP 组中给 AP2 编号
[AC6005-wlan-ap-1]ap-name area1                 //给 AP2 设置一个名称
[AC6005-wlan-ap-1]ap-group ap-1                 //把 AP2 添加到 AP 组中
Warning: This operation may cause AP reset. If the country code changes, it will
 clear channel, power and antenna gain configurations of the radio, Whether to c
ontinue? [Y/N]:y                                //输入 y 回车
Info: This operation may take a few seconds. Please wait for a moment.. done.
[AC6005-wlan-ap-1]ap-id 2 ap-mac 00e0-fc67-7f50  // AP 组中给 AP3 编号
[AC6005-wlan-ap-2]ap-name area2                 //给 AP3 设置一个名称
```

```
[AC6005-wlan-ap-2]ap-group ap-1             //把AP3添加到AP组中
Warning: This operation may cause AP reset. If the country code changes, it will
 clear channel, power and antenna gain configurations of the radio, Whether to c
ontinue? [Y/N]:y                                        输入y回车
Info: This operation may take a few seconds. Please wait for a moment.. done.
```

步骤 8：显示 AP 组的成员信息，如图 6-23 所示，编辑命令如下：

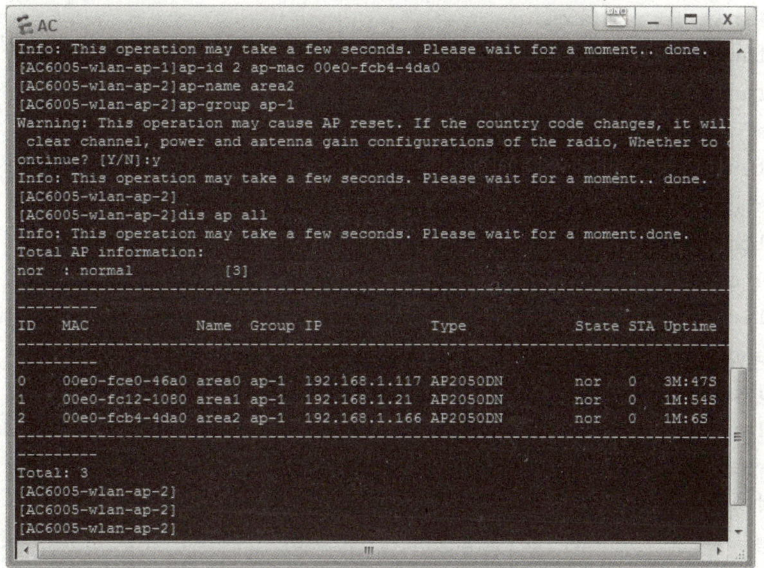

```
Info: This operation may take a few seconds. Please wait for a moment.. done.
[AC6005-wlan-ap-1]ap-id 2 ap-mac 00e0-fcb4-4da0
[AC6005-wlan-ap-2]ap-name area2
[AC6005-wlan-ap-2]ap-group ap-1
Warning: This operation may cause AP reset. If the country code changes, it wil
 clear channel, power and antenna gain configurations of the radio, Whether to c
ontinue? [Y/N]:y
Info: This operation may take a few seconds. Please wait for a moment.. done.
[AC6005-wlan-ap-2]
[AC6005-wlan-ap-2]dis ap all
Info: This operation may take a few seconds. Please wait for a moment.done.
Total AP information:
nor  : normal          [3]
--------------------------------------------------------------------------------
---------
ID  MAC             Name  Group IP              Type            State STA Uptime
--------------------------------------------------------------------------------
---------
0   00e0-fce0-46a0 area0 ap-1  192.168.1.117 AP2050DN        nor   0   3M:47S
1   00e0-fc12-1080 area1 ap-1  192.168.1.21  AP2050DN        nor   0   1M:54S
2   00e0-fcb4-4da0 area2 ap-1  192.168.1.166 AP2050DN        nor   0   1M:6S
--------------------------------------------------------------------------------
---------
Total: 3
[AC6005-wlan-ap-2]
[AC6005-wlan-ap-2]
[AC6005-wlan-ap-2]
```

图6-23　显示AP组的成员信息

```
[AC6005-wlan-ap-2]dis ap all              //显示AP组成员信息，出现nor代表成功
```

步骤 9：在 AC 上进行模板配置，并下发给 AP，如图 6-24 所示，编辑命令如下：

```
[AC6005-wlan-view]security-profile name lu
[AC6005-wlan-sec-prof-lu]security wpa2 psk pass-phrase 123456abc aes
[AC6005-wlan-sec-prof-lu]q
[AC6005-wlan-view]ssid-profile name xn
[AC6005-wlan-ssid-prof-xn]ssid WXWLSL
Info: This operation may take a few seconds, please wait.done.
[AC6005-wlan-ssid-prof-xn]q
[AC6005-wlan-view]vap-profile name fw
[AC6005-wlan-vap-prof-fw]security-profile lu
Info: This operation may take a few seconds, please wait.done.
[AC6005-wlan-vap-prof-fw]ssid-profile xn
Info: This operation may take a few seconds, please wait.done.
[AC6005-wlan-vap-prof-fw]forward-mode tunnel
Info: This operation may take a few seconds, please wait.done.
[AC6005-wlan-vap-prof-fw]service-vlan vlan-id 10
Info: This operation may take a few seconds, please wait.done.
[AC6005-wlan-vap-prof-fw]q
[AC6005-wlan-view]ap-group name ap-1
[AC6005-wlan-ap-group-ap-1]vap-profile fw wlan 1 radio all
Info: This operation may take a few seconds, please wait...done.
[AC6005-wlan-ap-group-ap-1]
[AC6005-wlan-ap-group-ap-1]
[AC6005-wlan-ap-group-ap-1]
[AC6005-wlan-ap-group-ap-1]
[AC6005-wlan-ap-group-ap-1]
[AC6005-wlan-ap-group-ap-1]
[AC6005-wlan-ap-group-ap-1]
```

图6-24　在AC上进行模板配置，并下发给AP

```
[AC6005-wlan-view]security-profile name lu          //配置安全模板的名称
[AC6005-wlan-sec-prof-lu]security wpa2 psk pass-phrase 123456abc aes
                                                    //设置安全密码
[AC6005-wlan-sec-prof-lu]q
[AC6005-wlan-view]ssid-profile name xn              //配置SSID模板的名称
[AC6005-wlan-ssid-prof-xn]ssid WXWLSL               //设置SSID的名称
Info: This operation may take a few seconds, please wait.done.
[AC6005-wlan-ssid-prof-xn]q
[AC6005-wlan-view]vap-profile name fw               //配置vap模板的名称
[AC6005-wlan-vap-prof-fw]security-profile lu        //把安全模板放入到vap模板
Info: This operation may take a few seconds, please wait.done.
[AC6005-wlan-vap-prof-fw]ssid-profile xn            //把ssid模板放入到vap模板
Info: This operation may take a few seconds, please wait.done.
[AC6005-wlan-vap-prof-fw]forward-mode tunnel        //设置转发模式
Info: This operation may take a few seconds, please wait.done.
[AC6005-wlan-vap-prof-fw]service-vlan vlan-id 10 //设置业务vlan为vlan 10
Info: This operation may take a few seconds, please wait.done.
[AC6005-wlan-vap-prof-fw]q
[AC6005-wlan-view]ap-group name ap-1                //进入到group组中
[AC6005-wlan-ap-group-ap-1]vap-profile fw wlan 1 radio all // 将该 VAP 模板
应用到所有射频接口上
Info: This operation may take a few seconds, please wait...done.
[AC6005-wlan-ap-group-ap-1]q
[AC6005-wlan-view]dis ap all
```

至此AC配置完成，后面可以连网使用了，如图6-25所示。

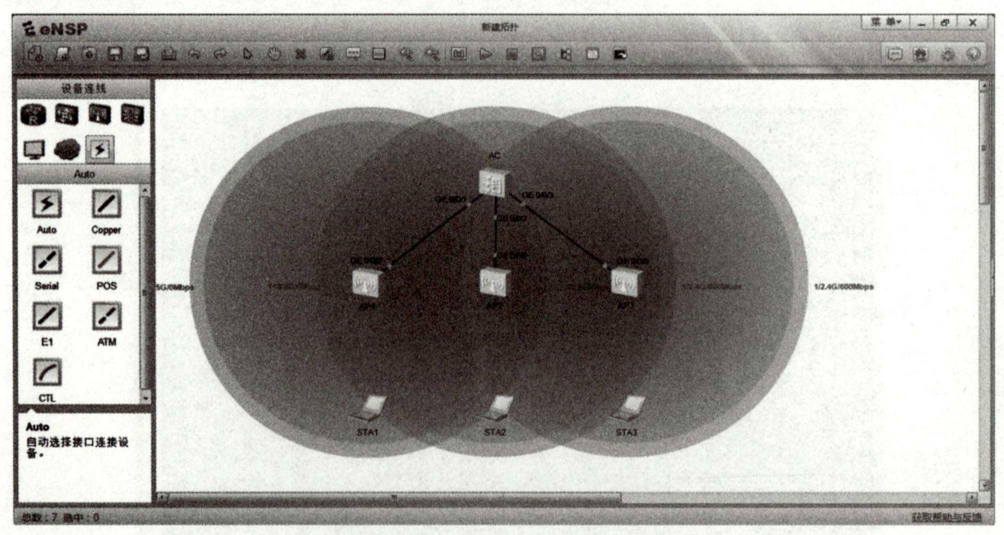

图6-25 AC配置完成

步骤10：双击三台终端设备STA1、STA2、STA3，选择要连接的WIAN，然后输入密码即可连入WLAN，如图6-26所示。三台终端设备连入WLAN之后的效果如图6-27所示。

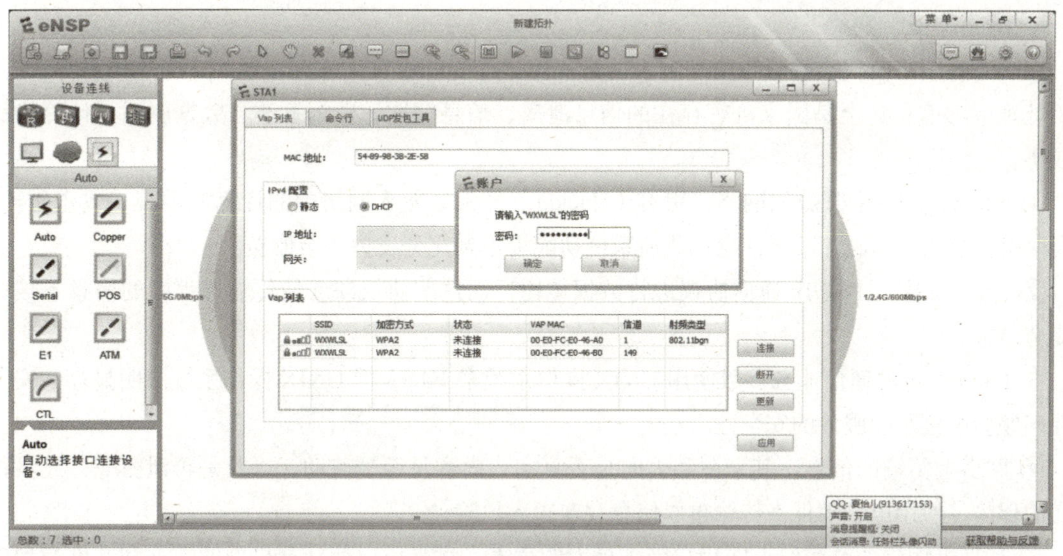

图6-26 STA1连入WLAN

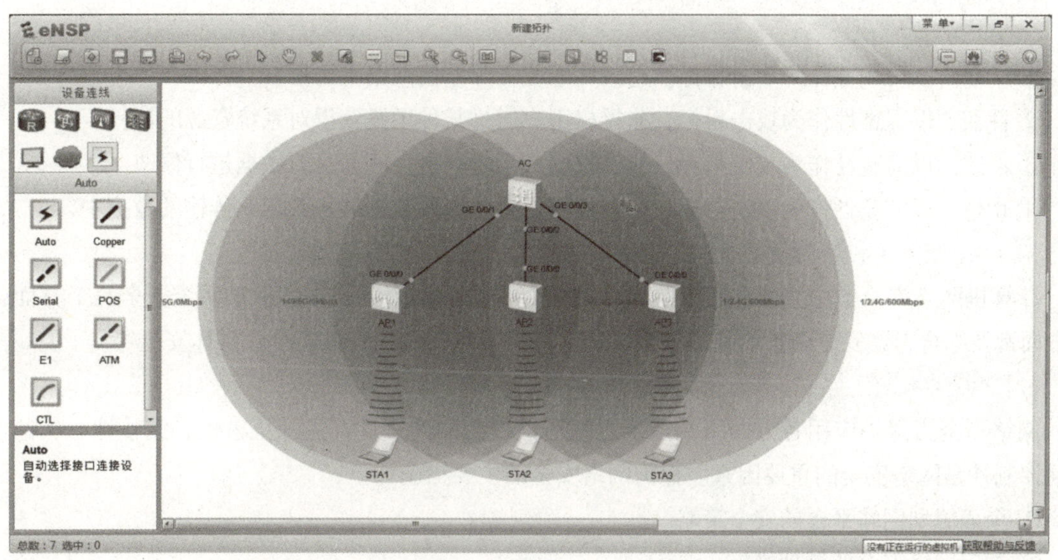

图6-27 三台终端设备连入WLAN之后的效果

拓展知识：网络安全

网络安全（cyber security）是指网络系统的硬件、软件及其系统中的数据受到保护，不因偶然的或者恶意的原因而遭受到破坏、更改、泄露，系统连续可靠正常地运行，网络服务不中断。

具体到网络中的一个运行系统，其安全是指信息处理和传输的安全，包括硬件系统的安全、可靠的运行，操作系统和应用软件的安全以及数据信息的安全等。其中的信息安全指人们在网络中进行信息查询或处理时，确保不被监听、窃取或篡改等，以满足人们对信息的隐秘性、可用性等基本的安全需求。由于网络是信息共享的载体，因此信息安全在某种程度上就等同于网络安全。

1. 网络的安全隐患

在当今的网络时代，除了预防和解决网络实体要经受的水灾、火灾、地震、电磁辐射等灾害外，还要处理敏感信息甚至是国家机密存在的信息泄露、信息窃取、数据篡改、数据删添、计算机病毒等威胁。

① Internet 是一个开放的网络，黑客（Hacker）经常会侵入网络中的计算机系统，或盗用特权，或窃取机密数据，或破坏重要信息，或使系统功能得不到充分发挥直至瘫痪。

② Internet 基于 TCP/IP 通信协议进行数据传输，而这些协议缺乏使传输过程中的信息不被窃取的安全措施。

③ Internet 上的通信业务多数使用 UNIX 操作系统来支持，但 UNIX 操作系统中明显存在安全脆弱性问题会直接影响服务的安全性。

④ 网络上传输的信息，其来源和去向是否真实，内容是否被改动，以及是否泄露等，还没得到切实的保障，使用电子邮件来传输重要信息存在很大风险。

⑤ 计算机病毒的泛滥给上网用户带来极大的危害，病毒可以使计算机中的数据和文件遭到破坏或丢失，使计算机系统或网络系统瘫痪等。

2. 网络的攻击形式

① 中断。以可用性作为攻击目标，它毁坏系统资源，使网络不可用。

② 截获。以保密性作为攻击目标，非授权用户通过某种手段获得对系统资源的访问。

③ 修改。以完整性作为攻击目标，非授权用户不仅获得访问而且对数据进行修改。

④ 伪造。以完整性作为攻击目标，非授权用户将伪造的数据插入到正常传输的数据中。

3. 网络安全的预防措施

计算机网络安全措施主要包括保护网络安全、保护应用服务安全和保护系统安全三个方面，各个方面都要综合考虑安全防护的物理安全、防火墙、信息安全、Web 安全、媒体安全等。

（1）保护网络安全

网络安全指保护应用各方网络端系统之间通信过程的安全性，保证机密性、完整性、认证性和访问控制性是网络安全的重要因素。保护网络安全的主要措施如下：

① 全面规划网络平台的安全策略。

② 制定网络安全的管理措施。

③ 使用防火墙。

④ 尽可能记录网络上的一切活动。

⑤ 注意对网络设备的物理保护。

⑥ 检验网络平台系统的脆弱性。

⑦ 建立可靠的识别和鉴别机制。

（2）保护应用安全

保护应用安全是指针对特定应用（如 Web 服务器、网络支付专用软件系统）所建立的安全防护措施，它独立于网络的任何其他安全防护措施。

由于电子商务中的应用层对安全的要求最严格、最复杂，因此更倾向于在应用层而不是在网络层采取各种安全措施。虽然网络层上的安全仍有其特定地位，但是不能完全依靠它来解决电子商务应用的安全性。应用层上的安全业务可以涉及认证、访问控制、机密性、数据完整性、不可否认性、Web 安全性、EDI 和网络支付等应用的安全性。

（3）保护系统安全

保护系统安全是指从整体业务系统的角度进行安全防护，它与网络系统硬件平台、操作系统、各种应用软件等互相关联。例如，涉及网络支付结算的系统安全包含以下措施：

① 在安装的软件中，如浏览器软件、电子钱包软件、支付网关软件等，检查和确认未知的安全漏洞。

② 技术与管理相结合，使系统具有最小穿透风险性。如通过诸多认证才允许连通，对所有接入数据必须进行审计，对系统用户进行严格安全管理。

③ 建立详细的安全审计日志，以便检测并跟踪入侵攻击等。

4. 商务交易安全的预防措施

商务交易安全是指传统商务在互联网络上应用时产生的各种安全问题，在计算机网络安全的基础上，为了保障电子商务过程的顺利进行，主要采用的安全技术包括加密技术、认证技术和电子商务安全协议等。

（1）加密技术

对称加密又称私钥加密，即信息的发送方和接收方用同一个密钥去加密和解密数据。如果通信双方能够确保专用密钥在密钥交换阶段不泄露，那么就可以通过这种方法加密机密信息，随报文一起发送报文摘要或报文散列值来实现。它的最大优势是加密和解密速度快，适合于对大数据量进行加密，但密钥管理困难。

非对称加密又称公钥加密，即使用一对密钥来分别完成加密和解密操作，其中一个公开发布（即公钥），另一个由用户自己秘密保存（即私钥）。其工作过程是：乙方生成一对密钥（公钥和私钥）并将公钥向其他方公开，得到该公钥的甲方使用该密钥对机密信息进行加密后再发送给乙方，乙方再用自己保存的另一把专用密钥（私钥）对加密后的信息进行解密。

（2）认证技术

数字签名也称电子签名，如同出示手写签名一样，能起到电子文件认证、核准和生效的作用。其实现方式是：把散列函数和公开密钥算法结合起来，发送方从报文文本中生成一个散列值，并用自己的私钥对这个散列值进行加密，形成发送方的数字签名；然后，将这个数字签名作为报文的附件和报文一起发送给报文的接收方；报文的接收方从接收到的原始报文中计算出散列值，再用发送方的公开密钥来对报文附加的数字签名进行解密；如果这两个散列值相同，则接收方就能确认该数字签名是发送方的。

数字证书是一个经证书授权中心数字签名、包含公钥拥有者信息以及公钥的文件。数字证书的最主要构成包括一个用户公钥，加上密钥所有者的用户身份标识符，以及被信任的第三方签名。第三方一般是用户信任的证书权威机构（CA），如政府部门和金融机构。用户以安全的方式向公钥证书权威机构提交公钥并得到证书，然后用户就可以公开这个证书。任何需要用户公钥的人都可以得到此证书，并通过相关的信任签名来验证公钥的有效性。数字证书通过标志交易各方身份信息的一系列数据，提供了一种验证各自身份的方式，用户可以用它来识别对方的身份。

（3）电子商务的安全协议

SSL（secure socket layer，安全套接层）协议位于传输层和应用层之间，由 SSL 记录协议、SSL

握手协议和 SSL 警报协议组成。SSL 握手协议被用来在客户与服务器真正传输应用层数据之前建立安全机制。当客户与服务器第一次通信时，双方通过握手协议在版本号、密钥交换算法、数据加密算法和 Hash 算法上达成一致，然后互相验证对方身份，最后使用协商好的密钥交换算法产生一个只有双方知道的秘密信息，客户和服务器各自根据此秘密信息产生数据加密算法和 Hash 算法参数。SSL 记录协议根据 SSL 握手协议协商的参数，对应用层送来的数据进行加密、压缩、计算消息鉴别码 MAC，然后经网络传输层发送给对方。SSL 警报协议用来在客户和服务器之间传递 SSL 出错信息。

SET（secure electronic transaction，安全电子交易）协议用于划分与界定电子商务活动中消费者、网上商家、交易双方银行、信用卡组织之间的权利义务关系，给定交易信息传送流程标准。SET 主要由三个文件组成，分别是 SET 业务描述、SET 程序员指南和 SET 协议描述。SET 协议保证了电子商务系统的机密性、数据的完整性、身份的合法性。SET 协议是专为电子商务系统设计的，它位于应用层，其认证体系十分完善，能实现多方认证。在 SET 的实现中，消费者账户信息对商家来说是保密的。但是 SET 协议十分复杂，交易数据需进行多次验证，用到多个密钥以及多次加密解密，而且在 SET 协议中除消费者与商家外，还有发卡行、收单行、认证中心、支付网关等其他参与者。

5. 安全技术

（1）物理防护

例如，保护网络关键设备（如交换机、大型计算机等），制定严格的网络安全规章制度，采取防辐射、防火以及安装不间断电源（UPS）等措施。

（2）访问控制

对用户访问网络资源的权限进行严格的认证和控制，如进行用户身份认证、对口令加密、更新和鉴别、设置用户访问目录和文件的权限、控制网络设备配置的权限等。

（3）数据加密

加密是保护数据安全的重要手段，加密的作用是保障信息不被他人截获、防止计算机网络病毒等。

（4）网络隔离

网络隔离有两种方式：一种是采用隔离卡来实现；一种是采用网络安全隔离网闸实现。隔离卡主要用于对单台机器的隔离；网闸主要用于对整个网络的隔离。

（5）防火墙

防火墙技术是通过对网络的隔离和限制访问等方法来控制网络的访问权限。

（6）其他措施

除以上安全措施外，还有信息过滤、容错、数据镜像、数据备份和审计等技术，它们是针对网络安全问题提出的具体解决办法，随着网络技术的发展，还将出现更多、更高效的网络安全措施。

6. 防范意识

拥有网络安全意识是保证网络安全的重要前提，许多网络安全事件的发生都和缺乏安全防范意识有关。提高网络安全防范意识，应从以下几方面着手。

（1）主机安全检查

保证网络安全，进行网络安全建设，首先要全面了解网络系统，评估网络系统的安全性，认识到风险所在，从而迅速、准确地解决内网安全问题。

（2）了解网络安全法

《中华人民共和国网络安全法》于 2016 年 11 月 7 日发布，自 2017 年 6 月 1 日起正式实施，对“不得出售个人信息”、“严厉打击网络诈骗”、“网络实名制”、“重点保护关键信息基础设施”、“惩治攻击破坏我国关键信息基础设施的境外组织和个人”和“重大突发事件可采取‘网络通信管制’”六点做出了明确的法律规定。

（3）确保个人信息安全

尽量不连接公共场所的 Wi-Fi 密码，不随意在社交网络上发布个人信息、护照、车牌、高铁票、飞机票等信息，不要点击来源不明的链接，社交账号密码注意增加复杂度并经常更换，谨慎点击来历不明的链接，谨慎使用社交网络和网购等。

（4）谨防网络诈骗

针对大学生的常见诈骗套路有网络兼职刷单诈骗、网络贷款诈骗、网络购买游戏装备诈骗等。

常规网络诈骗主要包括网络刷单、办贷款要高额费用、购物退款、公检法要求汇款、索要短信验证码、自称领导要钱等。

日常生活中，谨防网络诈骗，以免造成不必要的麻烦，以下几方面可作为重要参考：

① 不要轻信麻痹，克服“贪利”思想，谨防上当。

② 不要轻易将自己或家人的身份、通信信息等家庭、个人资料泄露给他人。

③ 不要在陌生人的教唆下将钱款汇入指定账户。

心灵启迪：网络安全，国家安全

党的二十大报告指出：“国家安全是民族复兴的根基，社会稳定是国家强盛的前提。”

网络安全为人民，网络安全靠人民。倡导全民共同关注网络安全，提升网络安全意识，加强个人信息和数据安全保护，谨防电信网络诈骗，防范网络安全风险，共筑网络安全防线。

信息网络已经成为社会发展的重要保证，有很多信息是敏感信息，甚至是国家机密，经常遭受世界各地的各种各样的攻击，如信息泄漏、信息窃取、数据篡改、数据删添、计算机病毒等，同时，网络实体还要经受水灾、火灾、地震、电磁辐射等方面的考验。

没有网络安全就没有国家安全。网络安全和信息化对很多领域都是牵一发而动全身的，积极参与网络安全事业，坚持网络安全为人民、网络安全靠人民，增强网络安全防御能力和威慑能力，是每一名公民的职责。

为了避免成为骗子攻击的对象，大学生应该了解网络安全知识，谨防上当受骗，如密码安全常识、网上交友、网上购物、防止攻击常识等，保障人身和财物安全。

小　结

本章讲解了无线局域网的相关基础知识，以及无线局域网的标准和组建模式。通过任务实施，使读者熟悉最为普遍的 Infrastructure 模式的无线局域网的组网过程，不但增强了动手能力，而且对无线局域网技术的掌握有很大帮助。

思考与练习

一、单选题

1. 无线局域网 WLAN 利用（　　）在空气中发送和接收数据，而无须线缆介质。

A. 双绞线　　B. 电缆　　C. 光纤　　D. 电磁波

2. WLAN 作为传统有线网络的一种（　　），把个人从办公桌边解放了出来，使他们可以随时随地获取信息，提高了员工的办公效率。

A. 置换　　B. 替代　　C. 补充和延伸　　D. 发展和探索

3. 无线局域网最大的优势就是免去或减少了（　　）的工作量。

A. 网络规划　　B. 网络布线　　C. 网络拓扑　　D. 网络管理

4.（　　）也称无线网桥，主要提供无线工作站对有线局域网的访问和从有线局域网对无线工作站的访问。

A. 无线网卡　　B. 无线路由

C. 无线访问接入点 AP　　D. 无线传输介质

5. 组建一个（　　）的无线局域网，总花费也不过百元。其缺点主要有使用范围小、信号差、功能少、使用不方便等。

A. 无基站的 Ad-Hoc（自组网络）模式

B. 有固定基站的 Infrastructure（基础结构）模式

C. 以上都是

D. 以上都不是

二、多选题

1. 无线局域网标准有（　　）。

A. IEEE 802.11x 系列　　B. 蓝牙

C. Home RF　　D. TCP/IP

2. 无线局域网组网模式主要有（　　）。

A. 无基站的 Ad-Hoc（自组网络）模式

B. 有固定基站的 Infrastructure（基础结构）模式

C. 桥接模式

D. NAT 模式

三、简答题

简述无线局域网各组网模式的适用场景，并说明理由。

第7单元 Internet接入

知识导图

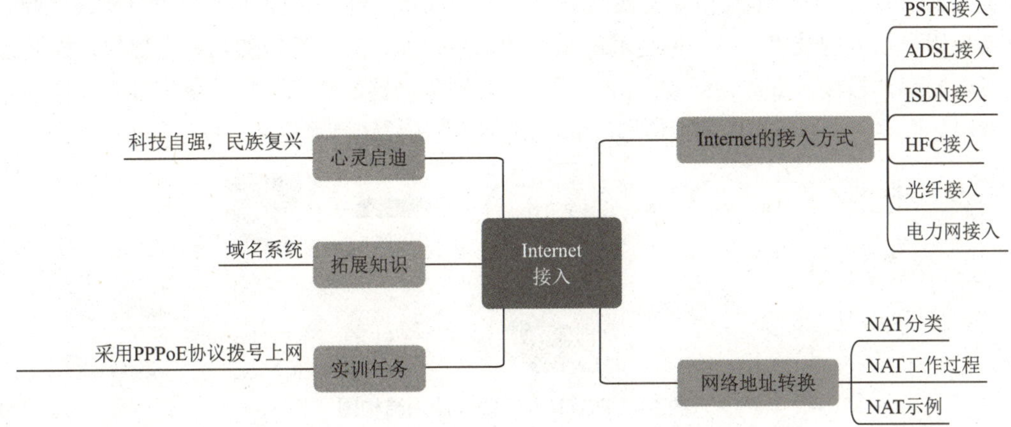

学习目标

- 掌握：无线局域网的标准，无线局域网的组网模式。
- 理解：无线局域网的工作原理。
- 了解：无线局域网的优缺点。
- 应用：能够组建 Ad-Hoc（无线对待）模式和 Infrastructure（基础结构）模式的无线网络。
- 养成：分析和解决实际问题的能力，具有“科技自强，民族复兴”的精神。

随着网络技术的蓬勃发展，信息化的巨大变革正在重构传统广域网。第一代广域网关注的是连接，用户只关心网络的连通性问题；第二代广域网更关注网络业务的丰富性和多业务处理能力；在当前的云时代和全连接时代，广域网正向着更敏捷、更安全、更注重用户体验的方向发展。本章介绍 Internet 的接入方式和网络地址转换，通过实训任务“采用 PPPoE 协议拨号上网”的操作，进一步介绍 Internet 的接入方式。

7.1　Internet的接入方式

广域网（wide area network，WAN）是连接不同地区局域网或城域网的远程网络，所覆盖的范围可以是多个地区、城市或国家。世界上最大的广域网是 Internet。

Internet 即互联网，指网络与网络之间所串连成的庞大网络，这些网络以一组通用的协议相连，形成逻辑上的单一巨大国际网络。随着网络技术的蓬勃发展，互联网已经成为世界上规模最大、覆盖面最广、信息资源最丰富的计算机网络。

家庭用户或单位用户要接入互联网，可通过某种通信线路连接到 ISP（Internet Service Provider，互联网服务提供商），由 ISP 提供互联网的入网连接和信息服务。Internet 接入是通过特定的信息采集与共享的传输通道，利用 ADSL 接入等传输技术完成用户与 IP 广域网的高带宽、高速度的物理连接，Internet 接入技术主要有电信网接入、有线电视网接入、以太网接入、无线接入、光纤接入、电力网接入等。

1. PSTN 接入

PSTN（public switched telephone network，公共交换电话网络）是一种旧式电话系统，是一种以模拟技术为基础的全球语音通信电路交换网络。PSTN 电话拨号接入技术是利用 PSTN 通过调制解调器拨号实现用户接入的技术。电话网传输的是音频信号，而计算机传输的是数字信号，因此计算机需要通过调制解调器接入 Internet，如图 7-1 所示。调制解调器的功能是将数字信号与模拟信号相互转换，调制是将数字信号转换成模拟信号，解调是将模拟信号转换为数字信号。

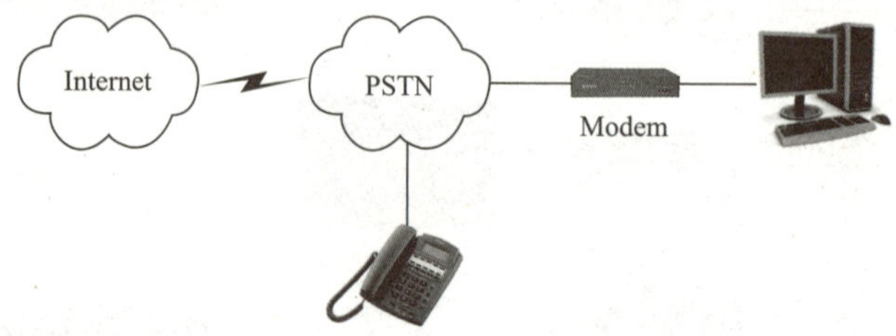

图7-1 PSTN电话拨号接入结构图

一条电话线只能支持一个用户接入，电话线的传输效率比较低，理论上只能提供 33.6 kbit/s 的上行速率和 56 kbit/s 的下行速率。在众多的广域网互联技术中，通过 PSTN 进行互联所需要的通信费用最低，但其数据传输质量及传输速度也最差，同时 PSTN 的网络资源利用率也比较低。

2. ADSL 接入

DSL（digital subscriber line，数字用户线路）是指以电话线为传输介质的传输技术，包括 ADSL、HDSL、VDSL 和 RADSL 等，一般称之为 xDSL，它们的区别主要体现在信号传输速率和距离的不同以及上行和下行速率对称性的不同。ADSL（asymmetric digital subscriber line，非对称数字用户线路）是在普通电话线上通过 ADSL Modem 传输数字信号的技术，如图 7-2 所示。

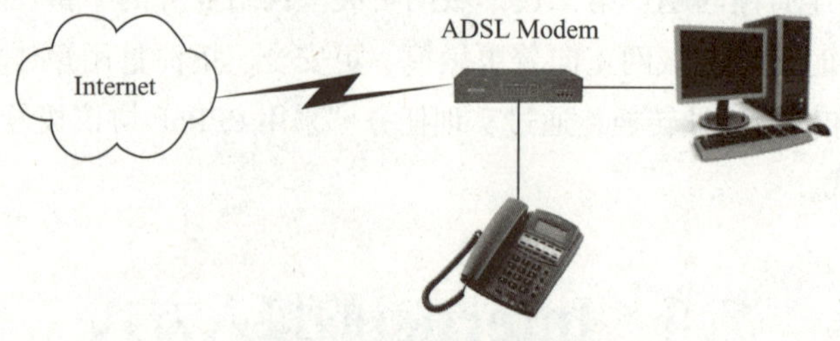

图7-2 ADSL接入结构图

ADSL 采用了多种复用和调制技术，在电话线上产生了三个信息通道，分别是标准电话服务通道、上行通道和下行通道，它们可以并行工作。理论上上行速率可达到 1 Mbit/s，下行速率可达 8 Mbit/s，下行通道的数据传输速率远远大于上行通道。

ADSL 的接入方式主要有虚拟拨号和专线两种方式，虚拟拨号是用户在计算机上运行一个专用客户端软件，当通过身份验证时，获得一个动态的 IP，即可连通网络，也可以随时断开与网络的连接，费用与电话服务无关；专线方式是指分配给用户一个固定的 IP 地址，只需一次设置好 IP 地址、子网掩码、DNS 与网关后，即可一直在线。

3. ISDN 接入

ISDN（integrated services digital network，综合业务数字网）是对电话网进行数字化改造而来的，俗称"一线通"，指用户通过一条 ISDN 线路，将各种不同的终端接入到 ISDN 网络中，提供电话、传真、数据、图像等多种信息的业务综合服务。可以在上网的同时拨打电话、收发传真，就像两条电话线一样。其缺点是传输速率仍然较低，无法实现一些高速率需求的网络服务，以及费用较高。

4. HFC 接入

HFC（hybrid fiber coax，混合光纤同轴电缆）是一种基于有线电视网（CATV）的接入技术，它通过电缆调制解调器（cable modem）在有线电视网上进行高速数据传输。cable modem 的一个接口用来接室内墙上的有线电视端口，另一个接口与计算机相连。

HFC 网不仅可以提供原来的有线电视业务，而且可以提供语音、数据以及其他交互型业务。HFC 采用非对称数据传输速率，上行速率为 10 Mbit/s 左右，下行速率为 10 ～ 40 Mbit/s。但是，基于有线电视网络的架构是属于网络资源分享型的，当用户激增时，速率就会下降且不稳定，扩展性不够。

5. 光纤接入

光纤具有传输容量大、传输质量高、损耗小、传输距离远等优点，因此，全部或部分采用光纤传输介质作为光纤接入网，实现用户高性能宽带接入。根据光网络单元所设置的位置，光纤接入网可分为 FTTC（光纤到路边）、FTTZ（光纤到小区）、FTTB（光纤到大楼）、FTTF（光纤到楼层）、FTTO（光纤到办公室）和 FTTH（光纤到户），它们统称为 FTTx。FTTx 不是具体的接入技术，而是光纤在接入网中的推进程度或使用策略。

6. 电力网接入

电力线通信（power line communication，PLC）技术是指利用电力线传输数据和媒体信号的一种通信方式，也称电力线载波（power line carrier），把载有信息的高频加载于电流，然后用电线传输到接收信息的适配器，再把高频从电流中分离出来并传送到计算机或电话。PLC 属于电力通信网，包括 PLC 和利用电缆管道或电杆铺设的光纤通信网等。电力通信网的内部应用，包括电网监控与调度、远程抄表等。面向家庭上网的 PLC，俗称电力宽带，属于低压配电网通信。

一般来说，运营商希望把一个站点上的多台主机连接到同一台远程接入设备上，同时接入设备能够提供与拨号上网类似的访问控制和计费功能。在众多的接入技术中，把多个主机连接到接入设备最经济的方法就是以太网，而 PPP 可以提供良好的访问控制和计费功能，于是产生了在以太网上传输 PPP 报文的技术，及以太网上的点对点协议（point-to-point protocol over ethernet，PPPoE）。

PPPoE 是一种允许在以太网广播域中的两个以太网接口之间创建点对点隧道的协议，它描述了如何将 PPP 帧封装在以太帧中。

7.2 网络地址转换

在计算机网络中，网络地址转换（NAT）也称网络掩蔽或 IP 掩蔽（IP masquerading），是一种在 IP 数据包通过路由器或防火墙时重写来源 IP 地址或目的 IP 地址的技术。在有多台主机的私有网络中，如果只有一个公有 IP 地址可以访问 Internet，那么就要用到 NAT 技术。

NAT 技术是一种将私有 IP 地址（或保留地址）转换成公有 IP 地址的转换技术，被广泛应用于各种类型的 Internet 接入方式和各种类型的网络中，它属于接入广域网技术。在 IP 地址的设计过程中，确定了 1 个 A 类地址、16 个 B 类地址和 256 个 C 类地址作为私有 IP 地址，为通过 NAT 技术解决 IPv4 地址不足的问题创造了条件。同时，NAT 技术还能起到防火墙的作用，隐藏内部网络的拓扑结构，保护内部主机。

1. NAT 分类

NAT 有三种类型：静态 NAT、动态地址 NAT、网络地址端口转换 NAPT。

① 静态 NAT（static NAT）。静态地址转换将内部私有地址与合法公网地址进行一对一转换，且每个内部地址的转换都是确定的。

② 动态地址 NAT（pooled NAT）。动态地址转换也是将内部本地地址与合法地址一对一转换，但是动态地址转换是从合法地址池中动态选择一个未使用的地址来对内部私有地址进行转换。

③ 网络地址端口转换（network address port translation，NAPT），把内部地址映射到外部网络的一个 IP 地址的不同端口上。它可以将中小型的网络隐藏在一个合法的 IP 地址后面。与动态地址 NAT 不同，NAPT 将内部连接映射到外部网络中的一个单独的 IP 地址上，同时在该地址上加上一个由 NAT 设备选定的端口号。

NAPT 是使用最普遍的一种转换方式，它又包含两种转换方式：SNAT 和 DNAT。

SNAT（source NAT，源 NAT）指修改数据包的源地址。SNAT 改变第一个数据包的来源地址，它会在数据包发送到网络之前完成，如数据包的伪装。

DNAT（destination NAT，目的 NAT）指修改数据包的目的地址。DNAT 改变第一个数据包的目的地址，如负载均衡、端口转发和透明代理等。

2. NAT 工作过程

NAT 的工作过程主要有以下四步：

① 客户机将数据包发送给运行 NAT 的计算机。

② NAT 将数据包中的端口号和私有 IP 地址转换成它自己的端口号和公用 IP 地址，然后将数据包发送给外部网络的目的主机，同时记录一个跟踪信息在映像表中，以便向客户机回送应答信息。

③ 外部网络发送应答信息给 NAT。

④ NAT 将所收到的数据包的端口号和公有 IP 地址转换为客户机的端口号和内部网络使用的私有 IP 地址并转发给客户机。

以上步骤对网络内部的客户机和网络外部的主机都是透明的，对它们来说，就像直接通信一样。

3. NAT 示例

例如，PC1 用户的 IP 地址为 10.1.1.10，其使用 Web 浏览器连接到 Web 服务器的 IP 地址为 30.1.1.100，网络连接情况如图 7-3 所示。PC1 计算机在访问 Web 服务器时 NAT 的工作过程如下：

① PC1 计算机在准备发送数据时，将创建的 IP 数据包带有的信息为：

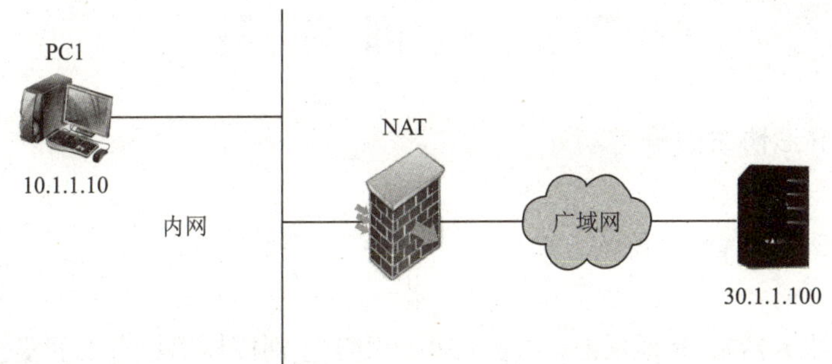

图7-3 NAT示例的网络连接情况

目的 IP 地址：30.1.1.100，端口号：TCP 端口 80；

源 IP 地址：10.1.1.10，端口号：TCP 端口 2000。

② IP 数据包转发到运行 NAT 的计算机（或路由器、防火墙）上，它用自己的 IP 地址重新打包后转发，将传出的数据包地址转换成为：

目的 IP 地址：30.1.1.100，端口号：80；

源 IP 地址：20.1.1.1，端口号：1024。

③ 同时，NAT 协议在转换表中保留了 {10.1.1.10：2000} ~ {20.1.1.1：1024} 的映射，以便回传。

④ 转发的 IP 数据包是通过广域网（Internet）发送到 Web 服务器。Web 服务器的相应信息发回给 NAT 计算机（或路由器、防火墙）。此时，NAT 计算机（或路由器、防火墙）接收到的数据包包含下面的公有 IP 地址信息：

目的 IP 地址：20.1.1.1，端口号：1024；

源 IP 地址：30.1.1.100，端口号：80。

⑤ NAT 协议检查转换表，将公有 IP 地址 20.1.1.1 映射到私有 IP 地址 10.1.1.10，将 TCP 端口号 1024 映射到 TCP 端口 2000，然后将数据包转发给 IP 地址为 10.1.1.10 的 PC1 计算机。映射转换后的数据包包含信息为：

目的 IP 地址：10.1.1.10，端口号：2000；

源 IP 地址：30.1.1.100，端口号：80。

该示例中，NAT 的工作过程如图 7-4 所示。

请读者自行分析 PC2 计算机在访问 Web 服务器时 NAT 的工作过程。

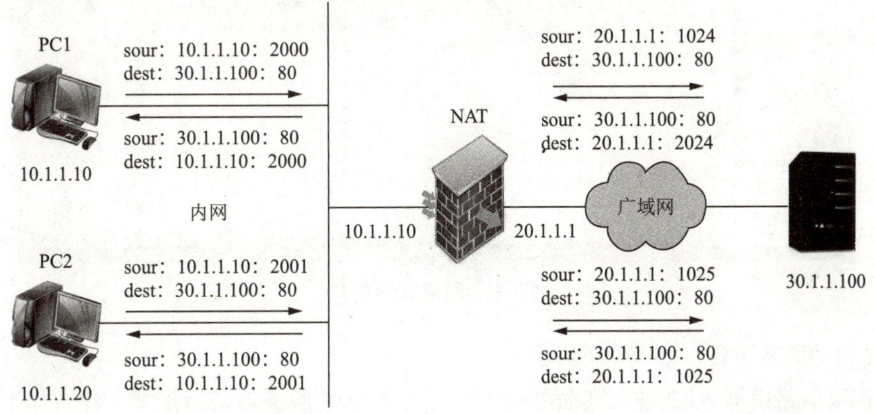

图7-4 示例中NAT的工作过程

7.3 实训任务

任务：采用 PPPoE 协议拨号上网

（1）任务目标

掌握采用 PPPoE 协议拨号上网的方法。

（2）任务内容

① 配置 PPPoE 服务器端 IP 地址池、授权用户、用于鉴别授权用户身份的鉴别协议。

② 搭建客户端 PPPoE，并配置私网内的 NAT 转换。

（3）完成任务所需的设备和软件

安装有 Windows 10 操作系统的 PC 一台，华为 eNSP。

（4）网络拓扑结构

网络拓扑结构如图 7-5 所示。

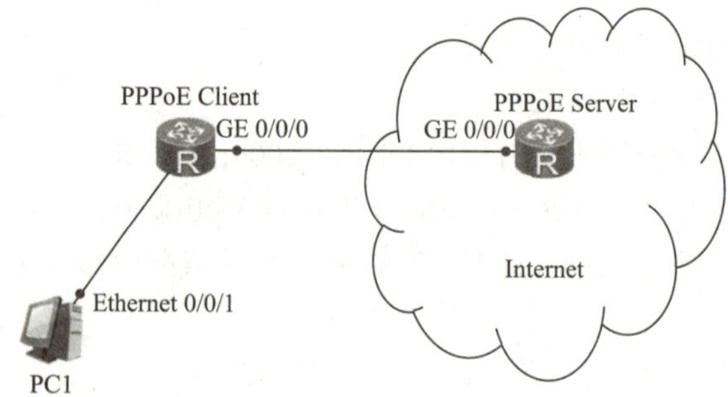

图7-5　网络拓扑结构

（5）任务实施步骤

步骤 1：打开 eNSP 模拟器，创建网络拓扑如图 7-6 所示，其中路由器使用 AR2240。

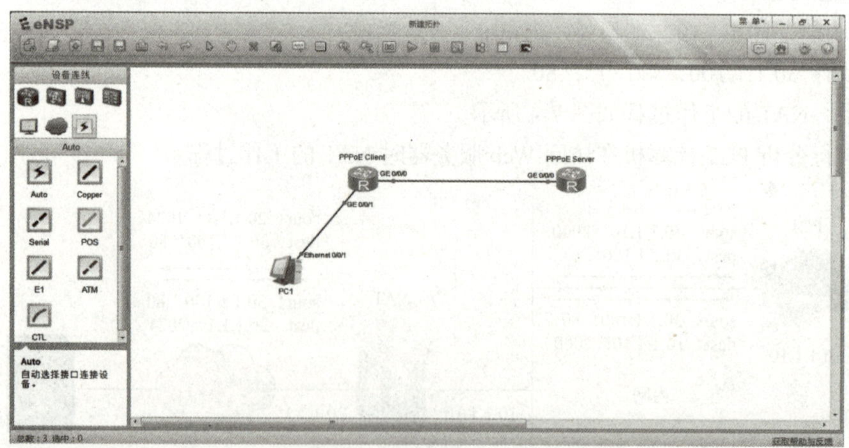

图7-6　创建网络拓扑

步骤 2：启动所有设备，如图 7-7 所示。

步骤 3：双击路由器 AR2 进入其命令行窗口，对 PPPoE 服务器进行配置，输入如下命令，命令运行情况如图 7-8 所示。

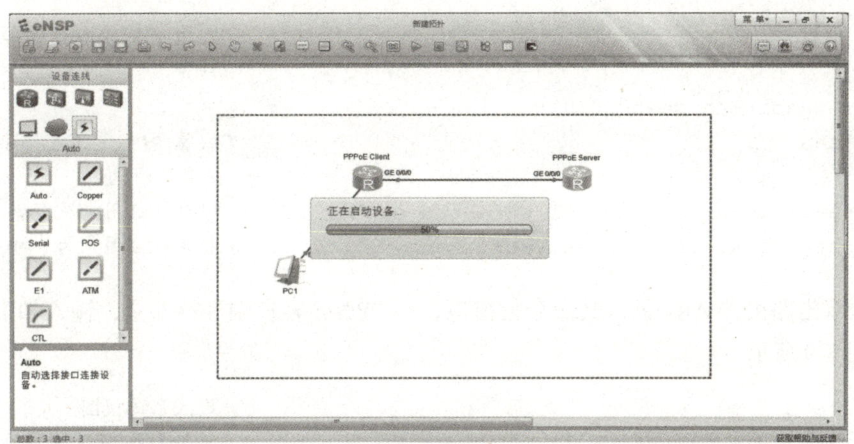

图7-7 启动所有设备

```
AR2
The device is running!

<Huawei>sys
Enter system view, return user view with Ctrl+Z.
[Huawei]sysname pppoe
[pppoe]ip pool 1
Info: It's successful to create an IP address pool.
[pppoe-ip-pool-1]network 10.1.1.0 mask 255.255.255.0
[pppoe-ip-pool-1]gateway-list 10.1.1.1
[pppoe-ip-pool-1]q
[pppoe]interface Virtual-Template 1
Feb 28 2023 11:13:06-08:00 pppoe %%01IFPDT/4/IF_STATE(l)[0]:Interface Virtual-Te
mplate1 has turned into UP state.
[pppoe-Virtual-Template1]ppp authentication-mode chap
[pppoe-Virtual-Template1]remote address pool 1
[pppoe-Virtual-Template1]ip address 10.1.1.1 255.255.255.0
[pppoe-Virtual-Template1]int g0/0/0
[pppoe-GigabitEthernet0/0/0]pppoe-server bind Virtual-Template 1
[pppoe-GigabitEthernet0/0/0]q
[pppoe]aaa
[pppoe-aaa]local-user huawei password cipher 123
Info: Add a new user.
[pppoe-aaa]local-user huawei service-type ppp
[pppoe-aaa]
```

图7-8 PPPoE服务器的配置

```
<Huawei>sys                                         //进入系统视图
[Huawei]sysname pppoe                               //给路由器 AR2 命名为 pppoe
[pppoe]ip pool 1        //配置 PPPoE 服务器的地址池，用于给 PPPoE 客户端协商配置地址
[pppoe-ip-pool-1]network 10.1.1.0 mask 255.255.255.0 //配置地址池可分配的网段地址
[pppoe-ip-pool-1]gateway-list 10.1.1.1               //配置网关
[pppoe-ip-pool-1]q                                   //退出
[pppoe]interface Virtual-Template 1 //创建并进入虚拟接口配置模板，因为以太网接口不支
                                      持 PPP 协议，用于 PPPoE 认证并且分配地址
[pppoe-Virtual-Template1]ip address 10.1.1.1 255.255.255.0 //配置此虚拟接口地址
[pppoe-Virtual-Template1]ppp authentication-mode chap //本端 PPP 协议对对端设备的认证
                                                        方式为 chap 认证方式
[pppoe-Virtual-Template1]remote address pool 1      //为对端分配 IP 地址或指定地址池
[pppoe-Virtual-Template1]int g0/0/0                 //创建以太网子接口
[pppoe-GigabitEthernet0/0/0]pppoe-server bind Virtual-Template 1
```

```
                                               //在以太网接口使用 PPPoE 功能并
                                                 绑定 VT 接口 1
[pppoe-GigabitEthernet0/0/0]q
[pppoe]aaa                                     //配置 PPPoE 客户端拨号使用的用
                                                 户名及密码
[pppoe-aaa]local-user huawei password cipher 123 //创建认证用户及密码
[pppoe-aaa]local-user huawei service-type ppp  //指定认证用户为 PPP 认证服务
```

步骤 4：双击路由器 AR1 进入其命令行窗口，对 PPPoE 客户端进行配置，输入如下命令，命令运行情况如图 7-9 所示。

```
<Huawei>sys                                    //进入系统视图
[Huawei]sysname client                         //给路由器 AR2 命名为 client
[client]dialer-rule                            //进入拨号规则编辑器
[client-dialer-rule]dialer-rule 1 ip permit    //设定拨号规则 1，所有 IP 流量都
                                                 可以触发拨号
[client-dialer-rule]int Dialer 1               //创建虚拟拨号进程 1
[client-Dialer1]ppp chap user huawei           //设定用户 PPP 协商的用户名
[client-Dialer1]ppp chap password simple 123   //设定用户 PPP 协商的密码
[client-Dialer1]dialer user huawei             //指定对端设备用户名
[client-Dialer1]dialer bundle 1                //此拨号器绑定拨号策略编号 1
[client-Dialer1]dialer-group 1                 //此拨号器划归拨号编组 1
[client-Dialer1]ip address ppp-negotiate       //设定 PPP 协商完成后，IP 地址通
                                                 过协商获得
[client-Dialer1]int g0/0/0
[client-GigabitEthernet0/0/0]pppoe-client dial-bundle-number 1
                                               //本物理接口的 PPPoE 客户端进程
                                                 与虚拟拨号组 1 绑定
[client-GigabitEthernet0/0/0]q
```

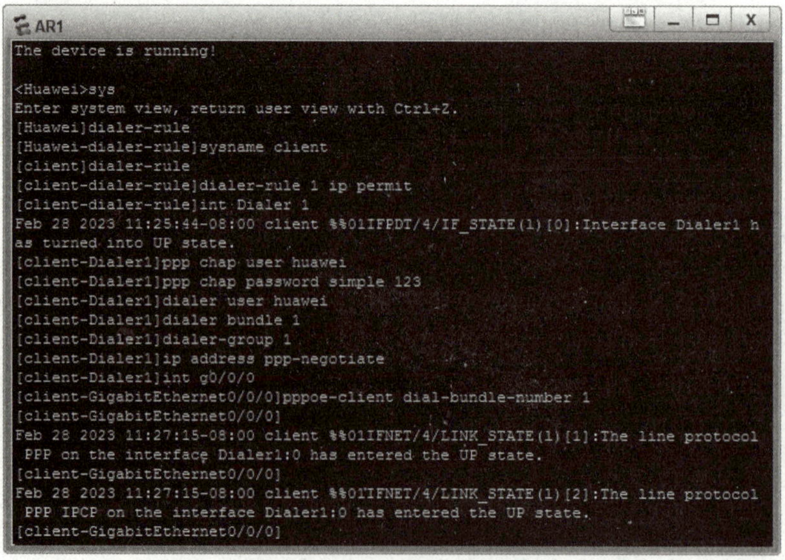

```
AR1
The device is running!

<Huawei>sys
Enter system view, return user view with Ctrl+Z.
[Huawei]dialer-rule
[Huawei-dialer-rule]sysname client
[client]dialer-rule
[client-dialer-rule]dialer-rule 1 ip permit
[client-dialer-rule]int Dialer 1
Feb 28 2023 11:25:44-08:00 client %%01IFPDT/4/IF_STATE(l)[0]:Interface Dialer1 h
as turned into UP state.
[client-Dialer1]ppp chap user huawei
[client-Dialer1]ppp chap password simple 123
[client-Dialer1]dialer user huawei
[client-Dialer1]dialer bundle 1
[client-Dialer1]dialer-group 1
[client-Dialer1]ip address ppp-negotiate
[client-Dialer1]int g0/0/0
[client-GigabitEthernet0/0/0]pppoe-client dial-bundle-number 1
[client-GigabitEthernet0/0/0]
Feb 28 2023 11:27:15-08:00 client %%01IFNET/4/LINK_STATE(l)[1]:The line protocol
 PPP on the interface Dialer1:0 has entered the UP state.
[client-GigabitEthernet0/0/0]
Feb 28 2023 11:27:15-08:00 client %%01IFNET/4/LINK_STATE(l)[2]:The line protocol
 PPP IPCP on the interface Dialer1:0 has entered the UP state.
[client-GigabitEthernet0/0/0]
```

图7-9 PPPoE客户端的配置

步骤 5：查看 AR1 上的拨号接口的信息，并确认拨号接口能够从 PPPoE 服务器获得 IP 地址，输入命令如下，运行结果显示客户端通过 PPPoE 获取的 IP 地址是 10.1.1.254，如图 7-10 所示。

```
[client]dis ip interface brief
```

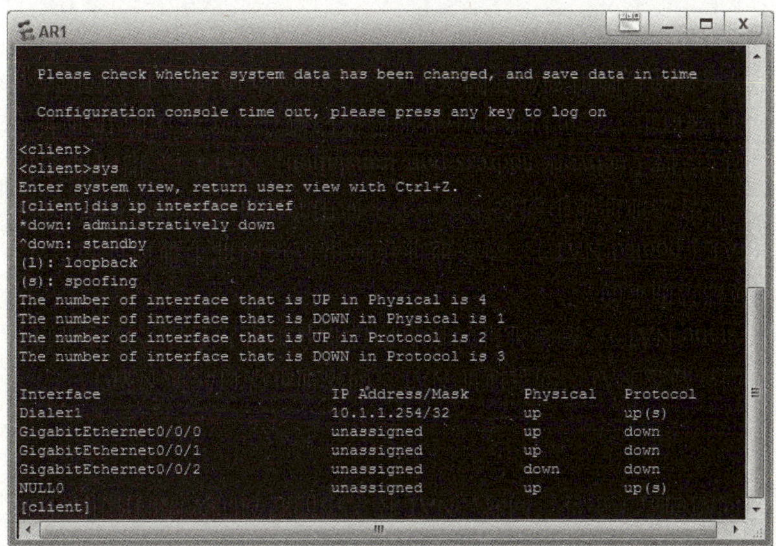

```
 Please check whether system data has been changed, and save data in time

 Configuration console time out, please press any key to log on

<client>
<client>sys
Enter system view, return user view with Ctrl+Z.
[client]dis ip interface brief
*down: administratively down
^down: standby
(l): loopback
(s): spoofing
The number of interface that is UP in Physical is 4
The number of interface that is DOWN in Physical is 1
The number of interface that is UP in Protocol is 2
The number of interface that is DOWN in Protocol is 3

Interface                         IP Address/Mask      Physical   Protocol
Dialer1                           10.1.1.254/32        up         up(s)
GigabitEthernet0/0/0              unassigned           up         down
GigabitEthernet0/0/1              unassigned           up         down
GigabitEthernet0/0/2              unassigned           down       down
NULL0                             unassigned           up         up(s)
[client]
```

图7-10 查看端口IP简要状态信息

步骤 6：测试 PPPoE 客户端与 PPPoE 服务器端的连通性，输入命令如下，运行结果如图 7-11 所示。

```
[client]ping 10.1.1.1
```

```
AR1
Interface                         IP Address/Mask      Physical   Protocol
Dialer1                           10.1.1.254/32        up         up(s)
GigabitEthernet0/0/0              unassigned           up         down
GigabitEthernet0/0/1              unassigned           up         down
GigabitEthernet0/0/2              unassigned           down       down
NULL0                             unassigned           up         up(s)
[client]ping 10.1.1.1
  PING 10.1.1.1: 56  data bytes, press CTRL_C to break
    Reply from 10.1.1.1: bytes=56 Sequence=1 ttl=255 time=110 ms
    Reply from 10.1.1.1: bytes=56 Sequence=2 ttl=255 time=30 ms
    Reply from 10.1.1.1: bytes=56 Sequence=3 ttl=255 time=30 ms
    Reply from 10.1.1.1: bytes=56 Sequence=4 ttl=255 time=20 ms
    Reply from 10.1.1.1: bytes=56 Sequence=5 ttl=255 time=20 ms

  --- 10.1.1.1 ping statistics ---
    5 packet(s) transmitted
    5 packet(s) received
    0.00% packet loss
    round-trip min/avg/max = 20/42/110 ms

[client]
[client]
[client]
[client]
[client]
```

图7-11 测试PPPoE客户端与PPPoE服务器端的连通性

步骤 7：配置路由器 client 接口的 IP 地址、NAT 转换，让私有网络的 PC 能够访问外部网络，输入命令如下，运行结果如图 7-12 所示。

```
[client]int g0/0/1                                         //进入接口
[client -GigabitEthernet0/0/0]ip address 100.1.1.254 24   //配置接口的 IP 地址
[client -GigabitEthernet0/0/0]acl 2000                     //配置基本访问控制列表 ACL
[client -acl-basic-2000]rule permit                        //允许所有报文通过
[client -acl-basic-2000]q
[client]int Dialer 1                                       //进入 Dialer 1 接口
[client -Dialer1]nat outbound 2000                         //配置出接口 Easy IP（网
络 IP 地址隐藏工具，可以匿名或者安全的访问网络，轻松隐藏真实 IP，防止网上活动被监视或个人信息被窃取）
```

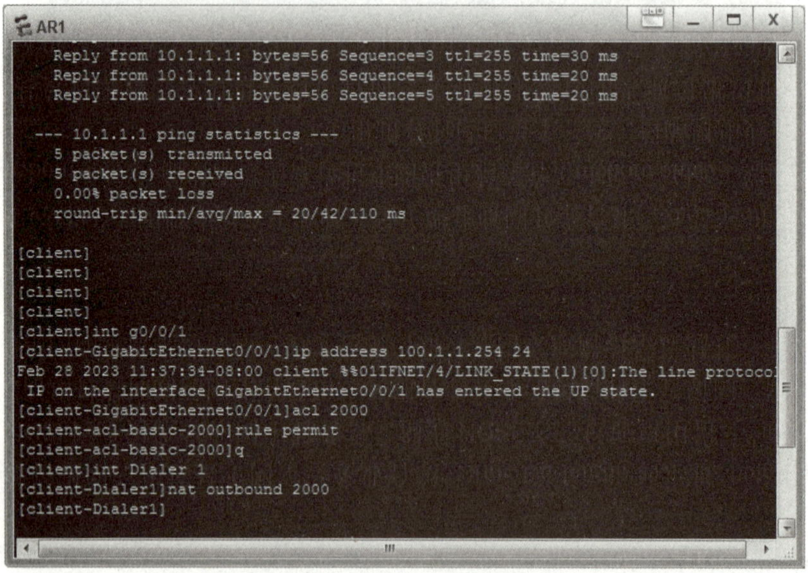
AR1
Reply from 10.1.1.1: bytes=56 Sequence=3 ttl=255 time=30 ms
Reply from 10.1.1.1: bytes=56 Sequence=4 ttl=255 time=20 ms
Reply from 10.1.1.1: bytes=56 Sequence=5 ttl=255 time=20 ms
--- 10.1.1.1 ping statistics ---
5 packet(s) transmitted
5 packet(s) received
0.00% packet loss
round-trip min/avg/max = 20/42/110 ms
[client]
[client]
[client]
[client]
[client]int g0/0/1
[client-GigabitEthernet0/0/1]ip address 100.1.1.254 24
Feb 28 2023 11:37:34-08:00 client %%01IFNET/4/LINK_STATE(l)[0]:The line protoco
IP on the interface GigabitEthernet0/0/1 has entered the UP state.
[client-GigabitEthernet0/0/1]acl 2000
[client-acl-basic-2000]rule permit
[client-acl-basic-2000]q
[client]int Dialer 1
[client-Dialer1]nat outbound 2000
[client-Dialer1]

图7-12　配置路由器client接口的IP地址、NAT转换

步骤 8：配置 PC1 的 IP 地址、子网掩码和网关，如图 7-13 所示。

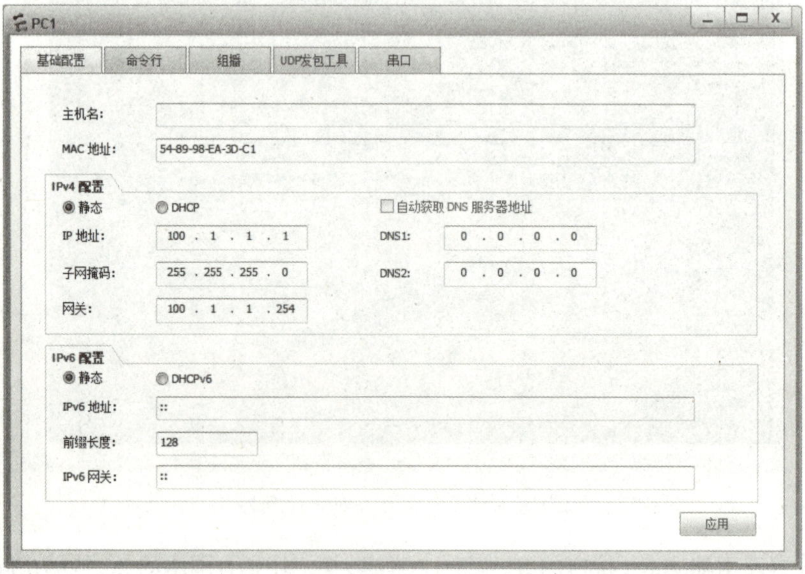
PC1
基础配置
命令行
组播
UDP发包工具
串口
主机名:
MAC 地址:
54-89-98-EA-3D-C1
IPv4 配置
静态
DHCP
自动获取 DNS 服务器地址
IP 地址:
100 . 1 . 1 . 1
DNS1:
0 . 0 . 0 . 0
子网掩码:
255 . 255 . 255 . 0
DNS2:
0 . 0 . 0 . 0
网关:
100 . 1 . 1 . 254
IPv6 配置
静态
DHCPv6
IPv6 地址:
::
前缀长度:
128
IPv6 网关:
::
应用

图7-13　配置PC1的IP地址、子网掩码和网关

步骤 9：测试 PC1 和 PPPoE 服务器的连通性，如图 7-14 所示，连通则表示 PC1 已接入 Internet。

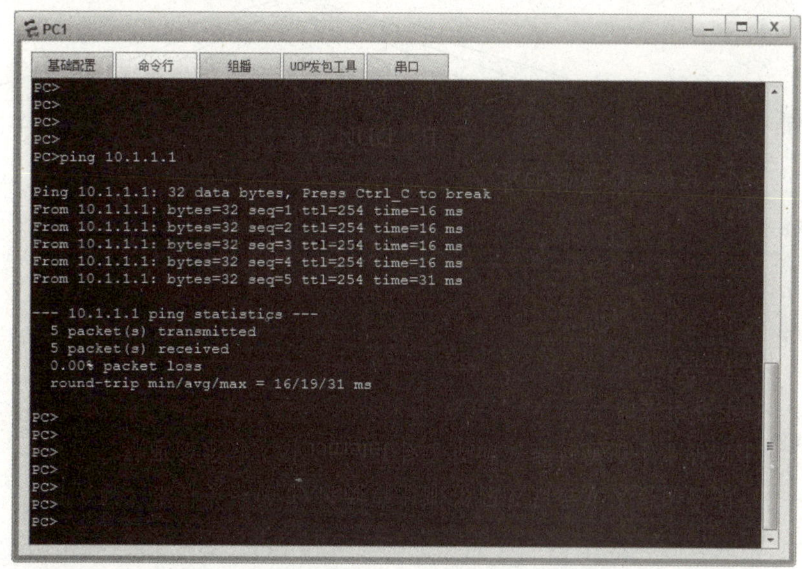

图7-14 测试PC1和PPPoE服务器的连通性

拓展知识：域名系统

域名（domain name）又称网域，是由一串用点分隔的名字组成的 Internet 上某一台计算机或计算机组的名称，用于在数据传输时对计算机的定位标识（有时也指地理位置）。

尽管 IP 地址能够唯一地标记网络上的计算机，但 IP 地址是一长串数字，不直观而且不方便记忆，于是人们又发明了另一套字符型的地址方案，即域名地址。IP 地址和域名是一一对应的，域名地址信息存放在域名服务器内，用户只需了解易记的域名地址，而域名服务器会将其转换为对应的 IP 地址。

域名系统（domain name system，DNS）是互联网的一项服务，它是将域名和 IP 地址相互映射的一个分布式数据库，能够使用户更方便地访问互联网。DNS 使用 TCP 和 UDP 端口 53，当前对于每一级域名长度的限制是 63 字符，域名总长度则不能超过 253 字符。

1. 域名的层次结构

一个域名下可以有多个主机，主机名和域名一起构成完全限定域名，也称完整域名，以指定其在互联网中的确定位置。例如，有一台服务器的本地主机名为 myhost，其域名为 example.com，指向该服务器的完整域名就是 myhost.example.com。虽然世界上可能有很多服务器的本地主机名是 myhost，但 myhost.example.com 是唯一的，因此完整域名能识别该特定服务器。通常所说的网站的域名严格来说是指完全限定域名。

域名的分层结构如图 7-15 所示，最上面是域名的根，根下面依次是顶级域名、二级域名、三级域名和四级域名。顶级域名包括国家和地区顶级域名（如 cn、us、un 等）和通用顶级域名（gov、com、edu 等），其中国家和地区顶级域名由各个国家和地区的互联网络信息中心（NIC）管理，通用顶级域名则由美国的全球域名最高管理机构（ICANN）负责管理。

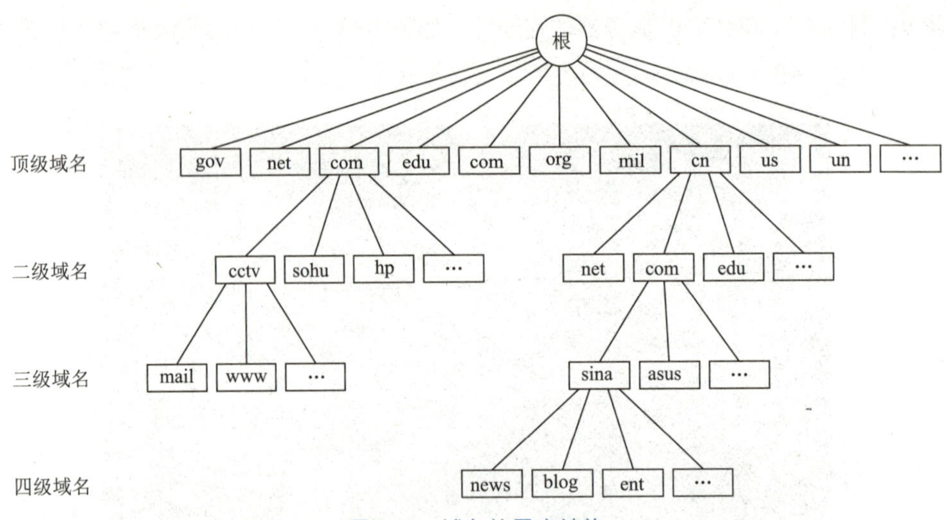

图7-15 域名的层次结构

对于 IPv4，根域名服务器有 13 台（名字分别为 A 至 M），其中 10 台在美国，另外 3 台分别在英国、瑞典和日本。在与现有 IPv4 根域名服务器体系架构充分兼容的基础上，2016 年“雪人计划”在全球 16 个国家完成 25 台 IPv6 根域名服务器架设，形成了 13 台原有根和 25 台 IPv6 根的新格局，中国部署了其中的 4 台，分别位于北京、上海、广州和成都。

根服务器完成互联网的顶级域名解析服务，根服务器对网络安全、运行稳定至关重要，被称为互联网的“中枢神经”。

2. 域名服务器

互联网上的每一台计算机都被分配一个 IP 地址，数据的传输实际上是在不同 IP 地址之间进行的。网站服务器本质上也是一台连网的计算机，只不过配置上更适合作为服务器，并且放置在数据中心，保持低温、低尘环境，同时有安全保卫。这些服务器使用固定 IP 地址连入互联网。

域名解析服务最早于 1983 年由 Paul Mockapetris 发明，目的是避免去记忆能够被机器直接读取的 IP 地址数串，使用户能够更方便地访问互联网。域名系统（DNS）是进行域名与对应的 IP 地址之间转换的系统，装有域名系统的机器称为域名服务器。

根据存储信息的不同，域名服务器分为以下几种类型：

① 主域名服务器。负责维护一个区域的所有域名信息，是特定的所有信息的权威信息源，数据可以修改。

② 辅助域名服务器。当主域名服务器出现故障、关闭或负载过重时，辅助域名服务器作为主域名服务器的备份提供域名解析服务。辅助域名服务器中的区域文件中的数据是从另外的一台主域名服务器中复制过来的，是不可以修改的。

③ 缓存域名服务器。从某个远程服务器取得每次域名服务器的查询回答，一旦取得一个答复就将它存放在高速缓存中，以后查询相同的信息就用高速缓存中的数据回答，缓存域名服务器不是权威的域名服务器，因为它提供的信息都是间接信息。

④ 转发域名服务器。负责所有非本地域名的本地查询。转发域名服务器接到查询请求后，在其缓存中查找，如找不到就将请求依次转发到指定的域名服务器，直到查找到结果为止，否则返回无法映射的结果。

根据所起的作用，域名服务器可分为以下类型：

① 根服务器。根域名服务器是最高层次的域名服务器，所有的根域名服务器都知道所有顶级域名服务器的域名和 IP 地址。如果本地域名服务器没有缓存相应记录，首先会向根域名服务器发起请求。

② 顶级域名服务器。顶级域名服务器管理在该顶级域名服务器注册的所有二级域名，一旦收到 DNS 查询就会有相应应答，应答信息可能是给出最后的结果或下一步应当找的域名服务器的 IP 地址。

③ 权威域名服务器。权威域名服务器是负责查询域名的解析设置，一般由域名解析服务商提供，权威域名服务器可直接对域名进行解析。

④ 本地域名服务器。每一个 ISP 都可以拥有一个本地域名服务器，有时也称默认域名服务器。本地域名服务器一般离用户较近，不超过几个路由的距离。如果要查询的 IP 同属一个本地 ISP 时即可直接返回结果 IP 地址。

3. 域名解析

域名解析过程一般分为以下几个步骤：

① 用户发起域名解析请求后，主机会先查询浏览器缓存和本机操作系统缓存。

② 如果本机没有记录，主机向本地服务器发起查询请求。

③ 如果本地服务器没有记录，会向根服务发起域名解析请求。

④ 根据根服务器返回的结果，本地服务器向对应的顶级服务器发起请求。

⑤ 根据顶级服务器返回结果，本地服务器向权威服务器发起请求。

⑥ 本地服务器将解析记录告知主机，并保存在本地缓存，以供下次使用。

根据查询对象不同，DNS 解析可分为递归解析和迭代解析两种方式。

递归解析是最常见也是默认的一种解析方式，如果客户端配置的本地域名服务器不能解析，则后面的查询过程全部由本地域名服务器代替 DNS 客户端进行查询，直到本地域名服务器从权威域名服务器得到正确的解析结果，最后由本地域名服务器发送 DNS 客户端查询结果。

迭代解析是指当主机向本地服务器发起请求后，如果本地服务器没有记录，就会由客户端自己向根服务、顶级服务器、权威服务器依次发起查询请求，直到获得查询结果。

心灵启迪：科技自强，民族复兴

党的二十大报告指出：“坚持把国家和民族发展放在自己力量的基点上，坚持把中国发展进步的命运牢牢掌握在自己手中。”

互联网、大数据、人工智能等现代信息技术不断取得突破，数字经济蓬勃发展，各国利益更加紧密相连，形成人类命运共同体。我国建设网络强国的战略部署与“两个一百年”奋斗目标同步推进，向着网络基础设施基本普及、自主创新能力显著增强、信息经济全面发展、网络安全保障有力的目标不断前进。

网络信息技术是全球研发投入最集中、创新最活跃、应用最广泛、辐射带动作用最大的技术创新领域，是全球技术创新的竞争高地，我们要大力发展网络核心技术，只有科技自强，才能民族复兴。

世界新一轮科技革命和产业变革迅猛发展，我们既面临难得的历史机遇，又面临严峻挑战。只有加快实现高水平科技自立自强，才能在这场激烈的科技竞争中占有先机，把握住这千载难逢的历史机遇。

以网络强国建设新成效助力全面建设社会主义现代化国家、全面推进中华民族伟大复兴。坚持蕴含中华文明的中国主张，以包容的发展观、正确的安全观，兼顾国际国内两个大局，构建创新、活力、联动、包容的网络经济，续写中华文明推动人类社会进步的华丽篇章。

小　结

本单元讲解了广域网的接入方式以及网络地址转换 NAT 的相关技术。通过任务实施，了解了采用 PPPoE 协议拨号上网的整个配置过程，加深了对 Internet 接入技术的理解，为更全面和深入学习计算机网络技术知识打下坚实基础。

思考与练习

一、单选题

1. 下面接入方式中传输速率最快的是（　　）。

   A. 无线接入　　B. DDN 专线

   C. HFC 接入　　D. 光纤接入

2. 如果用户计算机通过电话线接入 Internet，则用户端必须有（　　）。

   A. 集线器　　B. 交换机

   C. 路由器　　D. 调制解调器

3. ADSL 是在（　　）上传输高速数字信号的技术。

   A. 普通电话线　　B. 同轴电缆

   C. 双绞线　　D. 光纤

4. 网络中上行和下行速率分别指（　　）的速度。

   A. 发送和接收

   B. 接收和发送

   C. 从网络上下载，从计算机上传

   D. 从计算机上传，从网络上下载

5. NAT 是一种（　　）的转换技术。

   A. 将私有 IP 地址转换为特殊 IP 地址

   B. 将特殊 IP 地址转换为私有 IP 地址

   C. 将私有 IP 地址转换为公有 IP 地址

   D. 将公有 IP 地址转换为私有 IP 地址

二、多选题

1. 调制解调器是（　　）之间的转换。

A. 图像　　　　B. 声音

C. 数字信号　　　　D. 模拟信号

2. HFC 是一种结合光纤与同轴电缆的宽带接入网，是（　　）结合的产物。

A. 有线电视（CATV）　　　　B. 有线网

C. 无线网　　　　D. 电话网

三、简答题

简述网络地址转换 NAT 的工作过程。

附录A  计数制及其相互转换

1. 计数制

计数制是计数的方式方法，按进位原则进行计数的方法称为进位计数制，简称进位制。在日常生活中，最常用的是十进制数，即“逢十进一”。除了十进制外还有六十进制（如钟表的时、分、秒）、十二进制（如十二个月为一年）等。

数据无论是哪种进位制，都包含两个要素：基数（radix）和位权（weight）。基数是某种计数制中允许的数字符号的个数。如十进制数，有0，1，2，…，9十个数字符号，其基数为十。在R进制数中，基数为R，即包含R个不同的数字符号，每个数位计满R就向高位进1，即“逢R进1”。

一个数字符号（数码）所在的位置不同，代表数值的大小也不同。如十进制数3456，数码6所在的位置是“个位”，代表6个；5所在的位置是“十位”，代表50。每个数字符号所表示的数值等于该数字符号值乘以一个与数码位置有关的常数，这个常数称为位权，简称权。十进制中的“个、十、百、千……”就是各位的位权。所以每一位上的数码值与该位权的乘积表示了该位数值的大小。

位权的大小是以基数为底、数字符号所在的位置序号为指数的整数次幂。如十进制888.8，百位的8表示800，即8×10^2，10^2为百位的位权。可见十进制数中十分位、个位、十位、百位……的位权分别为10^{-1}、10^0、10^1、10^2……，注意个位的位置序号为0。

例如，在十进制计数制中，365.19可以表示为按权展开的多项式和的形式：

$$365.19=3\times10^2+6\times10^1+5\times10^0+1\times10^{-1}+9\times10^{-2}$$

一般R进制数可以参照十进制数表示出来。

2. 认识二、八、十六进制

十进制我们非常熟悉，可以通过比对十进制来学习二进制、八进制和十六进制。

（1）十进制

十进制有10个基本数码，分别是：0、1、2、3、4、5、6、7、8、9。

运算规则是：加法逢10进1，减法借1当10。

它的基数是：10。

（2）二进制

二进制有两个基本数码，分别是：0、1。

运算规则是：加法逢2进1，减法借1当2。

它的基数是：2。

(3) 八进制

八进制有八个基本数码，分别是：0、1、2、3、4、5、6、7。

运算规则是：加法逢 8 进 1，减法借 1 当 8。

它的基数是 8。

(4) 十六进制

十六进制有 16 个基本数码，分别是：0、1、2、3、4、5、6、7、8、9、A、B、C、D、E、F，其中 A 代表 10，B 代表 11，C 代表 12，D 代表 13，E 代表 14，F 代表 15。

运算规则是：加法逢 16 进 1，减法借 1 当 16。

它的基数是 16。

因为乘法和除法等运算可以通过加法和减法来实现，所以这里的运算规则只描述了加法和减法。

既然有多种进制，那么在写出一个数字时就要说明它是哪一个进制。一般情况下，数字后边跟大写字母 D、B、O、H，分别表示该数字是十进制、二进制、八进制或十六进制数字。因为十进制数很常用，通常会省略掉大写字母 D，因此当一个数字没有任何标识，则这个数字就是一个十进制数。另外，大写字母 O 和数字 0 在手写时很难区分，所以在手写八进制数时常跟大写字母 Q。也时常用 0X 来表明一个十六进制数，如 0X513C。

还可以通过给数字加下标来表示不同进制，如 $(10110111)_2$ 表示一个二进制数 ,$(806A)_{16}$ 表示一个十六进制数。

3. 十进制数转换为二、八、十六进制数

十进制转换为二、八、十六进制时，分为整数部分和小数部分分别进行转换，整数部分的转换方法是除基数取余法，小数部分的转换方法是乘基数取整法。

(1) 十进制数转换为二进制数

例如，将十进制数 25.51 转换为二进制数，其过程如图 A-1 所示。

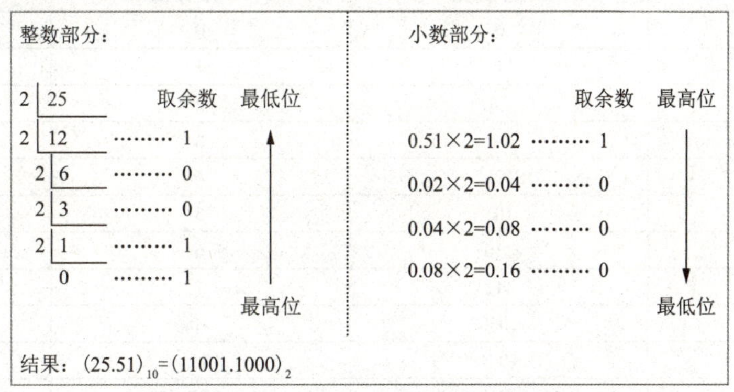

图A-1 十进制数转换二进制数的过程

(2) 十进制数转换为八进制数

例如，将十进制数 25.51 转换为八进制数，其过程如图 A-2 所示。

(3) 十进制数转换为十六进制数

例如，将十进制数 25.51 转换为十六进制数，其过程如图 A-3 所示。

整数部分：

取余数

8 | 25　　　　最低位

8 | 3 ……… 1

0 ……… 3　　　　最高位

小数部分：

取整数　最高位

0.51×8=4.08 ……… 4

0.08×8=0.64 ……… 0

0.64×8=5.12 ……… 5

0.12×8=0.96 ……… 0

最低位

结果：$(25.51)_{10}=(31.4050)_8$

图A-2　十进制数转换八进制数的过程

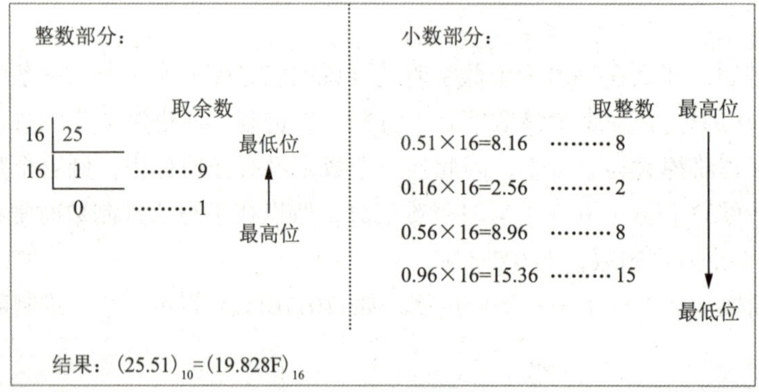

图A-3　十进制数转换十六进制数的过程

十进制数 0 ～ 16 的其他进制表示见表 A-1。

表A-1　十进制数0～16的其他进制表示

十进制数	二进制数	八进制数	十六进制数
0	0	0	0
1	1	1	1
2	10	2	2
3	11	3	3
4	100	4	4
5	101	5	5
6	110	6	6
7	111	7	7
8	1000	10	8
9	1001	11	9
10	1010	12	A
11	1011	13	B
12	1100	14	C
13	1101	15	D
14	1110	16	E
15	1111	17	F
16	10000	20	10

4. 二、八、十六进制数转换为十进制数及其之间的转换

（1）二、八、十六进制数转换为十进制数

二、八、十六进制数转换为十进制数的方法为按权展开求和，即每一位数字乘以它的权再相加。从小数点开始左边第 n 位的权为基数 R 的（n–1）次方，即 R^{n-1}；右边第 n 位的权为基数 R 的（–n）次方，即 R^{-n}。

① 二进制数转换为十进制数。

例如，将 1111.11B 转换为十进制数的过程为

$$\begin{aligned}1111.11\text{B} &= 1\times2^3+1\times2^2+1\times2^1+1\times2^0+1\times2^{-1}+1\times2^{-2}\\ &= 8+4+2+1+0.5+0.25\\ &= 15.75\text{D}\end{aligned}$$

② 八进制数转换为十进制数。

例如，将 56.2O 转换为十进制数的过程为

$$\begin{aligned}56.2\text{O} &= 5\times8^1+6\times8^0+2\times8^{-1}\\ &= 40+6+0.25\\ &= 46.25\text{D}\end{aligned}$$

③ 十六进制数转换为十进制数。

例如，将 C3.5H 转换为十进制数的过程为

$$\begin{aligned}\text{C3.5H} &= 12\times16^1+3\times16^0+5\times16^{-1}\\ &= 192+3+0.3125\\ &= 195.3125\text{D}\end{aligned}$$

（2）二、八、十六进制数之间的相互转换

① 二、八进制数的相互转换。

二进制数转换为八进制数的方法为三合一法，八进制数转换为二进制数的方法为一化三法，其互相转换过程如图 A-4 所示。

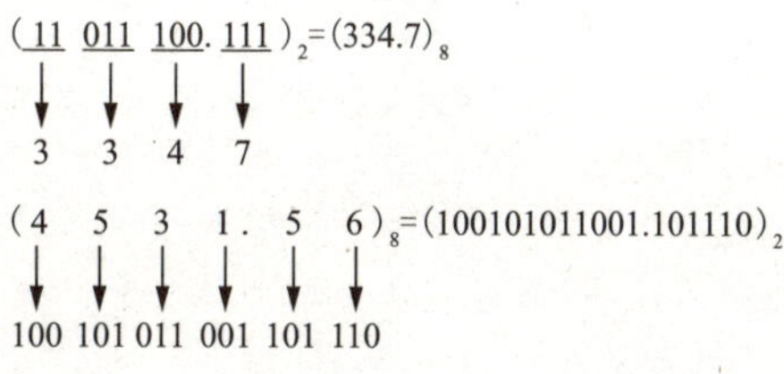

图A-4 二进制与八进制数的相互转换

② 二、十六进制数的相互转换。二进制数转换为十六进制数的方法为四合一法，十六进制数转换为二进制数的方法为一化四法，其互相转换过程如图 A-5 所示。

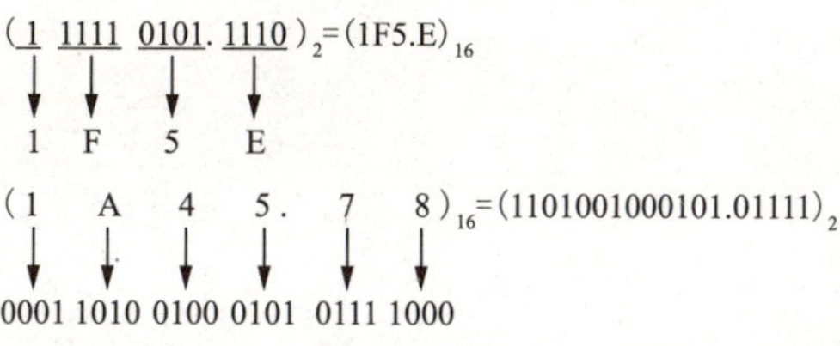

图A-5 二进制与十六进制数的相互转换

③ 八、十六进制数的相互转换。八进制数首先转换为二进制，再进一步转换为十六进制数；反之，十六进制数首先转换为二进制，再进一步转换为八进制数，如图 A-6 所示。

图A-6　八进制与十六进制数的相互转换

附录B 计算机中数值数据的表示

计算机中的数据信息分为数值数据和非数值数据两大类。其中数值数据包括定点数、浮点数、无符号数、数串等；非数值数据又称符号数据，包括字母、数值、通用符号、控制符号、汉字等字符信息，以及逻辑信息、图形、图像、语音等信息。

1. 机器数与真值

（1）机器数

数值数据在计算机中的二进制表示形式称为机器数，也就是一个数值数据的机内编码。

数有正负之分，其中正号“+”和负号“–”在计算机中也要进行二进制编码，最简单的方法是用一位二进制数来表示，用“0”代表“+”，用“1”代表“–”，通常符号位放在二级制数的最高位。符号数值化是机器数的一个特征。

一个机器数可有多种表示形式，不但可进行符号的数值化，数值位也可有多种编码方法，这将在后边进行介绍。

（2）真值

机器数将符号进行了数值化，将数值部分进行了编码，因此机器数的形式值与其真值是有差别的。机器数所对应的实际数值称为机器数的真值。

2. 无符号数的表示

当计算机字长的所有位都用来表示数值，而不设置符号位，称为无符号数。当一个无符号二进制数表示整数时，称为无符号整数；而当其表示纯小数时，称为无符号小数。无符号整数的小数点默认在最低位之后，无符号小数的小数点默认在最高位之前。

例如，二进制数10010000B表示无符号整数时，其十进制值为10010000B $= 1\times2^7+1\times2^4 = 128+16 = 144$；当其表示无符号小数时，其十进制值为10010000B $= 1\times2^{-1}+1\times2^{-4} = 0.5+0.0625 = 0.5625$。8位无符号整数能表示的数据范围是00000000B ～ 11111111B，即0 ～ 255，在计算机中无符号数常用来表示地址。

3. 数的定点表示方法

定点数指小数点的位置固定不变的数，小数点是隐含约定的，不占数据位。根据小数点的约定，定点数可分为定点整数和定点小数。

（1）定点整数

当约定小数点位置在机器数的最低位之后时，称为定点整数。定点整数是纯整数，在计算机中的格式如图B-1所示。

例如，8位字长的定点整数表示的最小值为11111111B $= -(2^7-1) = -127$，最大值为01111111B $= 2^7-1 = 127$。

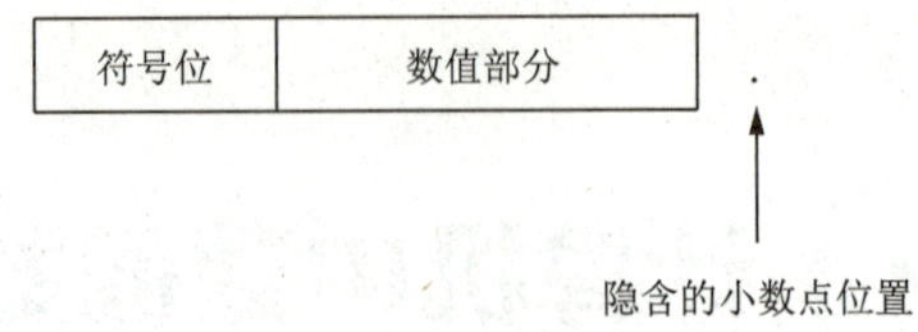

图B-1 定点整数在计算机中的格式

(2) 定点小数

当约定小数点位置在机器数的符号位之后、数值部分最高位之前，称为定点小数。定点小数是绝对值小于1的纯小数，在计算机中的格式如图B-2所示。

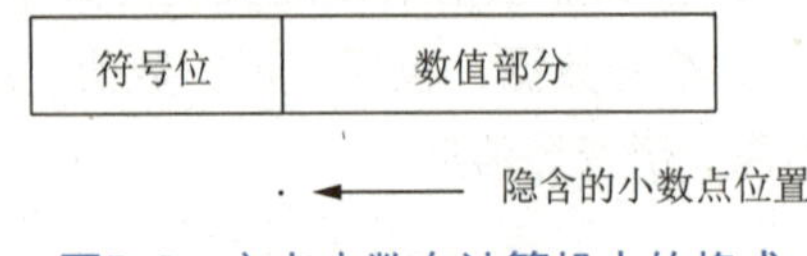

图B-2 定点小数在计算机中的格式

例如，8位字长的定点小数表示的最小值为11111111B＝-（$1-2^{-7}$）＝-0.9921875，最大值为01111111B＝$1-2^{-7}$＝0.9921875。

4. 数的浮点表示方法

浮点数指小数点的位置是浮动变化的数。采用浮点数是为了扩大数的表示范围，浮点数将一个R进制数N表示为纯小数M和R的E次幂的乘积形式，即$N = \pm M \cdot R^E$，其中M为尾数，一般为定点小数；R为底数，称作基数，机器数中通常取为2；E为指数，称作阶码。

例如，1100.11B的浮点数表示为0.110011×2^4B。在计算机中，一般浮点数的基数固定不变为2，其表示形式由阶码和尾数两部分组成，格式如图B-3所示。

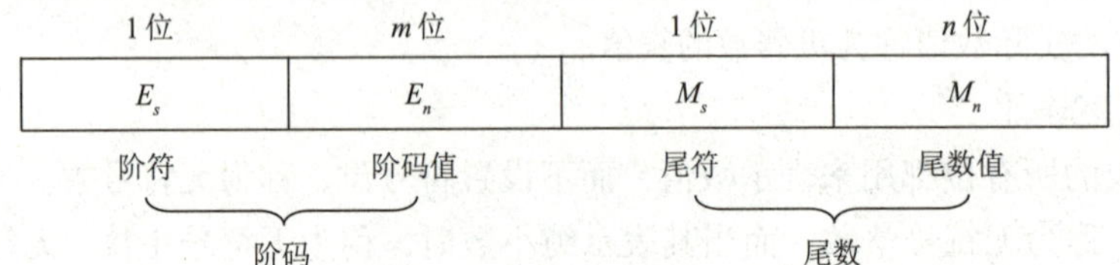

图B-3 浮点数的表示形式

机器中的浮点数，阶码和尾数要分别表示，且都有自己的符号位，分别称为阶符和尾符。阶码反应了小数点的位置，当基数为2时，小数点每右移一位，阶码减少1，反之阶码增加1。尾数的尾数值决定了数的精度，尾数越长精度越高。

例如，设阶码部分为3位，其中阶符占1位，阶码占2位；尾数部分为5位，其中尾符占1位，尾数值占4位。现有一个数$N = -2^3 \times 13$D，则其浮点二进制表示形式为$N = 2^{11} \times$（-1101）B，在机器中的表示形式如图B-4所示。

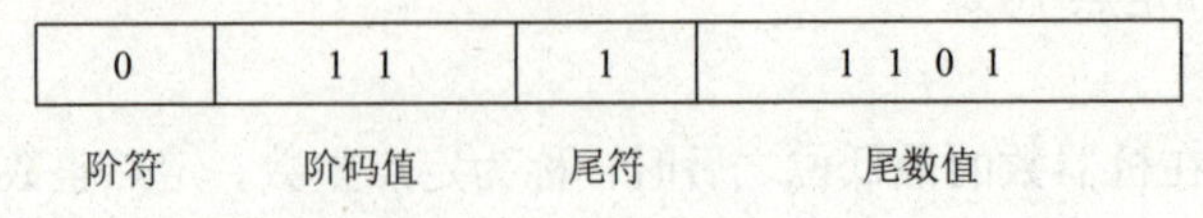

图B-4 数$N=-2^3 \times 13$D在机器中的表示形式

5. BCD码

通常用二进制为十进制数进行编码，一般用四位二进制数编码表示一位十进制数，称为二进制编码的十进制数，又称二－十进制编码，即 BCD 码（Binary-Coded Decimal）。

四位二进制数有 16 个不同的编码，可用其中任意 10 个编码表示 BCD 码，所以有多种 BCD 码。常用的有 8421 码、2421 码、余 3 码、格雷码、余 3 循环码等，见表 B-1。

表B-1 几种BCD码

十进制数	8421码	2421码	余 3 码	格雷码	余3循环码
0	0000	0000	0011	0000	0010
1	0001	0001	0100	0001	0110
2	0010	0010	0101	0011	0111
3	0011	0011	0110	0010	0101
4	0100	0100	0111	0110	0100
5	0101	1011	1000	1110	1100
6	0110	1100	1001	1010	1101
7	0111	1101	1010	1000	1111
8	1000	1110	1011	1100	1110
9	1001	1111	1100	0100	1010

8421BCD 码是计算机中使用最广泛的一种 BCD 码，8421 这四位数字是指四位二进制码各位的权。例如，8421BCD 码 001010000110 表示的十进制数的求解过程如图 B-5 所示。

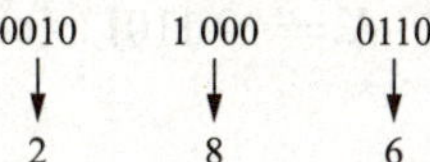

图B-5 8421BCD码转换为十进制数的过程

所以 8421BCD 码 001010000110 表示的十进制数为 286。注意十进制数的 BCD 码与十进制数对应的二进制数是不同的，如十进制数 286 对应的二进制数为 100011110，与其 BCD 码完全不同。

附录C 计算机中带符号数的表示

为了方便对机器数进行运算，提高运算速度和效率，人们对带符号数设计了多种编码方法，常用的有原码、反码和补码。

1. 原码

原码将机器数的符号位（即最高位）用 0 或 1 来表示，其中 0 代表正数，1 代表负数，其余位为数值的绝对值。

（1）定点小数的原码表示

$[X]_{原} = X, \quad 0 \leqslant X < 1$

$[X]_{原} = 1-X, \ -1 < X \leqslant 0$

例如，$X = +0.1101$，$[X]_{原} = 0.1101$；$X = -0.1101$，$[X]_{原} = 1.1101$。

（2）定点整数的原码表示

$[X]_{原} = X, \quad 0 \leqslant X < 2^{n-1}$

$[X]_{原} = 2^{n-1}-X, \ -2^{n-1} < X \leqslant 0$

例如，$X = +1101$，$[X]_{原} = 1101$；$X = -1101$，$[X]_{原} = 11101$。

（3）原码的性质

①$[X]_{原}$=符号位+$|X|$。

② 原码机器数中零的两种表示：

$[+0]_{原} = 00\cdots\cdots0$

$[-0]_{原} = 10\cdots\cdots0$

原码表示简单、直观，与真值转换很方便，易实现乘除运算，但是，原码的符号位不能同数值一样参加加减运算，需要判断运算数的符号和绝对值来决定如何运算，所以导致运算不方便且速度慢。

2. 反码

反码将机器数的符号位（即最高位）用 0 或 1 来表示，其中 0 代表正数，1 代表负数，数值部分若为负数按位取反，正数不变。

（1）定点小数的反码表示

$[X]_{反} = X, \quad 0 \leqslant X < 1$

$[X]_{反} = (2-2^{-n})+X, \ -1 < X \leqslant 0$

例如，$X = +0.1101$，$[X]_{反} = 0.1101$；$X = -0.1101$，$[X]_{反} = 1.0010$。

（2）定点整数的反码表示

$[X]_{反} = X, \quad 0 \leqslant X < 2^{n-1}$

$[X]_{反}=(2^n-1)+X$，$-2^{n-1}<X\leqslant 0$

例如，$X=1101$，$[X]_{反}=1101$；$X=-1101$，$[X]_{反}=10010$。

（3）反码的性质

① 反码机器数中零的两种表示：

$[+0]_{反}=00\cdots\cdots0$

$[-0]_{反}=11\cdots\cdots1$

② 对于正数，$[X]_{反}=[X]_{源}$；对于负数，符号位为 1，其他位按位取反，即得反码。

3. 补码

补码来源于数学上“模”的概念，通常把计数器的容量称为“模”，记为 MOD M。

例如，钟表的模为 $M=12$，将指针顺时针拨 3 点和逆时针拨 9 点，指针的位置是一样的，即 $+3=-9$（MOD 12），称作 +3 是 –9 对于模 12 的补数。

一个 4 位二进制计数器，其容量是 $2^4=16$，即 $M=16$，计数范围为 0000B-1111B，当计数到 1111B（15）时，再加 1 为 10000B，但此时计数器中的 4 位数为 0000B，重新开始计数了，再加 101B（5）时，计数器中的数字为 0101B，这与 16–11 = 10000B–1011B = 0101B 相同，即 $+5=-11$（MOD 16），称作 +5 是 –11 对于模 16 的补数。

因此可得，$[X]_{补}=$模$+X$，变减法运算为加法运算，这是计算机中采用补码的原因。

计算机中的补码将机器数的符号位（即最高位）用 0 或 1 来表示，其中 0 代表正数，1 代表负数，其余位为数值按 2（2^n）取模的结果。

（1）定点小数的补码表示

$[X]_{补}=X$，　$0\leqslant X<1$

$[X]_{补}=2+X$，$-1\leqslant X\leqslant 0$

例如，$X=+0.1101$，$[X]_{补}=0.1101$；$X=-0.1101$，$[X]_{补}=1.0011$。

（2）定点整数的补码表示

$[X]_{补}=X$，　$0\leqslant X<2^{n-1}$

$[X]_{补}=2^n+X$，$-2^{n-1}\leqslant X\leqslant 0$

例如，$X=+01110011$，$[X]_{补}=01110011$；$X=-01110011$，$[X]_{补}=10001101$。

（3）补码的性质

① 当 X 为正数时，$[X]_{补}=[X]_{反}=[X]_{原}=X$；

当 X 为负数时，符号位为 1，数值部分为各位按位取反后末位加 1。

② 在补码表示中，$[+0]_{补}=[-0]_{补}=00\cdots\cdots0$。

③ 当 $X=-2^{n-1}$ 时，$[X]_{补}=2^n+(-2^{n-1})=2^{n-1}$。

例如，当 $n=8$ 时，若 $X=-2^7=-10000000B=-128$，$[X]_{补}=2^7=10000000B=128$。

④ 补码加法运算时，可连同符号位一起运算，只要不溢出（溢出是指运算结果超出机器数所能表示的范围），结果为和的补码，即 $[X+Y]_{补}=[X]_{补}+[Y]_{补}$。

例如，$[X]_{补}=11011001$，$[Y]_{补}=00111000$，$[X+Y]_{补}=[X]_{补}+[Y]_{补}=11011001+00111000=00010001$。

4. 变形补码

变形补码指双符号位补码，即模 4 补码。

$[X]_{补}=X, \quad 0 \leqslant X < 1$

$[X]_{补}=4+X, \ -1 \leqslant X \leqslant 0$

例如，$X=+0.1101$，$[X]_{补}=00.1101$；$X=-0.1101$，$[X]_{补}=11.0011$。

变形补码常用于判断溢出：

① 运算时符号位 00 表示整数，符号位 11 表示负数。两个符号位相同，说明没有溢出。

② 运算时符号位不同，表示溢出，符号位 01 表示上溢出，符号位 10 表示下溢出。上溢出实际上是指两个正的纯小数之和大于 1，下溢出实际上指两个负的纯小数之和小于 –1，若为整数则指超出 n 位二进制数的表示范围。

附录D  计算机中非数值数据的编码

计算机除了进行数值计算外，还要进行字符、文字、声音、图像等非数值信息的编辑，所有信息在计算机内部都必须以二进制码的形式进行存储和处理。用二进制表示非数值数据，即为非数值数据的编码。

1. 字符的编码

字符包括字母、数字、通用符号等。用不同的二进制编码可分别表示这些字符，常用的编码有ASCII码和EBCDIC码。

ASCII码（American Standard Code for Information Interchange，美国标准信息交换代码）用七位二进制数进行编码，共有128种不同的组合（状态），可表示128个字符。ASCII码选择了国际上最通用的字符（共128个）进行编码。这些字符包括：

① 字母：A,B,…,Z a,b,…,z。

② 数字：0,1,2,…,9。

③ 通用符号：+、–、*、S、各种括号、空格等。

④ 通用控制符。

常用字符的ASCII码编码见表D-1。

表D-1 常用字符的ASCII码

$b_3b_2b_1b_0$	$b_6b_5b_4$							
	000	001	010	011	100	101	110	111
0000	NUL	DLE	SP	0	@	P	、	p
0001	SOH	DC1	!	1	A	Q	a	q
0010	STX	DC2	”	2	B	R	b	r
0011	ETX	DC3	#	3	C	S	c	s
0100	EOT	DC4	$	4	D	T	d	t
0101	ENQ	NAK	%	5	E	U	e	u
0110	ACK	SYN	&	6	F	V	f	v
0111	BEL	ETB	'	7	G	W	g	w
1000	BS	CAN	(	8	H	X	h	x
1001	HT	EM	)	9	I	Y	i	y
1010	LF	SUB	*	:	J	Z	j	z
1011	VT	ESC	+	;	K	[	k	{
1100	FF	FS	,	<	L	\	l	|
1101	CR	GS	-	=	M	]	m	}
1110	SO	RS	.	>	N	∧	n	~
1111	SI	US	/	?	O	-	o	DEL

128个字符分为两大类：一类是可显示字符；另一类是非显示字符。

可显示字符可以从键盘上输入、在屏幕上显示、在打印机上打印出来，其编码从0100000到1111110，共95个。非显示字符主要用来控制输入输出设备，是不可显示的，其编码是从0000000到0011111还有1111111，共33个。

非显示字符的控制功能如下：

NUL（null）	空
SOH（start of heading）	标题开始
STX（start of text）	正文开始
ETX（end of text）	正文结束
EOT（end of transmission）	传送结束
ENQ（enquiry）	询问
ACK（affirmative acknowledgement）	承认
BEL（bell）	响铃
BS（back space）	退格
HT（horizontal table）	横向列表
LF（line feed）	换行
VT（vertical table）	垂直列表
FF（form feed）	换页
CR（carriage return）	回车
SO（shift out）	移出
SI（shift in）	移入
DLE	跳出数据通信
DC1（device control1）	设备控制 1
DC2（device control2）	设备控制 2
DC3（device control3）	设备控制 3
DC4（device control4）	设备控制 4
NAK（negative acknowledge character）	否认
SYN（synchronous）	同步
ETB（end of transimission block）	块传送结束
CAN（cancel）	作废
EM（end of medium）	纸尽
SUB	减
ESC（escape）	换码
FS（file separator）	文件分隔符
GS（group separator）	组分隔符

RS（recod separator） 记录分隔符

US（unit separator） 单元分隔符

DEL（delete） 作废，删除

一般用八位二进制编码表示字符，低七位表示字符，最高一位一般用作校验位。

常用的编码方法还有 EBCDIC 码（Extended Binary-Code-Decimal Interchange Code，扩充的二—十进制交换码）。EBCDIC 码编码方式与 ASCII 码类似，只是扩充使用八位二进制数进行编码。八位256 个状态，可为 256 个字符进行编码。EBCDIC 码无论是显示字符还是非显示字符比 ASCII 码都有扩充。

2. 汉字的编码

汉字也是一种字符，也需用 0、1 组合进行编码，才能被计算机接收。汉字有近 60 000 左右，常用汉字就有 7 000 左右。汉字进入计算机有以下三种途径：

① 机器自动识别汉字：计算机通过“视觉”装置（光学字符阅读器或其他），用光电扫描等方法识别汉字。

② 通过语音识别输入：计算机利用人们给它配备的“听觉器官”，自动辨别汉语语音要素，从不同的音节中找出不同的汉字，或从相同音节中判断出不同汉字。

③ 通过汉字编码输入：根据一定的编码方法，由人借助输入设备将汉字输入计算机。

机器自动识别汉字和汉语语音识别已取得一定进展，现阶段最常用的是通过汉字编码方法使汉字进入计算机。汉字的编码处理与西文的拼音文字有较大区别，汉字信息处理较复杂，涉及输入码、机内码、字形码等多种编码。

（1）输入码

输入码也称外码，是用来将汉字输入到计算机中的一组键盘符号。常用的输入码有拼音码、五笔字形码、自然码、表形码、认知码、区位码和电报码等。一种好的编码应有编码规则简单、易学好记、操作方便、重码率低、输入速度快等优点。每个人可根据自己的需要选择相应输入码。

（2）国标码

计算机内部处理的信息，都是用二进制代码表示的，汉字也不例外。而二进制代码使用起来不方便，于是需要采用信息交换码。中国标准总局 1981 年制定了中华人民共和国国家标准 GB/T 2312—1980《信息交换用汉字编码字符集 基本集》，即国标码。

区位码是国标码的另一种表现形式，把国标 GB/T 2312—1980 中的汉字、图形符号组成一个 94×94 的方阵，分为 94 个“区”，每区包含 94 个“位”，其中“区”的序号由 01 至 94，“位”的序号也是从 01 至 94。94 个区中位置总数 $=94 \times 94=8\ 836$ 个，其中 7 445 个汉字和图形字符中的每一个占一个位置后，还剩下 1 391 个空位，这 1 391 个位置空下来保留备用。

（3）机内码

根据国标码的规定，每一个汉字都有确定的二进制代码，在微机内部汉字代码都用机内码，在磁盘上记录汉字代码也使用机内码。

(4) 字形码

字形码是汉字的输出码，输出汉字时都采用图形方式，无论汉字的笔画多少，每个汉字都可以写在同样大小的方块中，通常用 16×16 点阵来显示汉字。

(5) 汉字地址码

汉字地址码是指汉字库中存储汉字字形信息的逻辑地址码。它与汉字内码有着简单的对应关系，以简化内码到地址码的转换。

附录E 数据校验码

数据在计算机系统内存取、传送过程中可能产生错误，如二进制数据中的 1 误变为 0 或 0 误变为 1 等。为提高数据传输的正确性，一方面要提高硬件电路的可靠性和抗干扰能力，另一方面在数据的编码上采取检错纠错的措施。数据校验是通过少量电路和软件的方法发现某些错误，甚至确定错误的性质和出错的位置，进而改进的一种措施。

数据校验码（Check Code）是一种常用的带有发现某些错误或带有自动改错能力的数据编码方法，实现原理是在合法的数据之间加进一些不允许出现的编码（非法码），使得当合法数据出现错误时，就成为非法码，通过检测码的合法性而发现错误。

码距是指任意两个合法码之间不相同二进制位数的最小值，当仅有 1 位不相同时，称其码距为 1。例如，用 4 位二进制数表示 16 种状态，16 种编码都用到了，每个状态都合法，码距为 1，此时无查错能力，因为任何 1 位出错都变成另一个合法码，无法检错。

合理安排编码数量和规则，可提高查错能力和纠错能力。如果采用如下编码来表示 0 ～ 7，即 0000、0011、0101、0110、1001、1010、1100、1111，任意两个码之间至少有两个二进制位不同，则码距为 2，若有一位出错，则变成非法码，可查出一位出错。可见增加码距可增强差错能力。

1. 奇偶校验码

奇偶校验码是一种通过增加冗余位使得码字中 1 的个数恒为奇数或偶数的编码方法，它是一种检错码。奇偶校验码能发现数据代码中 1 位出错的情况，因为其简单、开销小而被广泛采用。

奇偶校验码是奇校验码和偶校验码的统称，是一种最基本的检错码，它由 n–1 位信息元和 1 位校验元组成，如果是奇校验码，在附加上 1 位校验元以后，码长为 n 的码字中 1 的个数为奇数个；如果是偶校验码，在附加上 1 位校验元以后，码长为 n 的码字中 1 的个数为偶数个。例如，由 8421BCD 码变换而得到的奇偶校验码见表 E-1，其中最高位为校验位，有时校验位也可放在最低位。

表E-1 奇偶校验码

十进制数	信息码	奇校验码	偶校验码
0	0000	10000	00000
1	0001	00001	10001
2	0010	00010	10010
3	0011	10011	00011
4	0100	00100	10100
5	0101	10101	00101
6	0110	10110	00110
7	0111	00111	10111
8	1000	01000	11000
9	1001	11001	01001

当某一位出错时，则整个校验码中 1 的个数奇偶性发生变化，从而发现出错。计算机中有专门的奇偶检测电路负责对校验码进行检错，当检测无错时，自动去掉校验位取出有效数据。

2. 交叉校验

当传输数据块时，每个字设置一个奇偶校验位（称为水平校验位），数据块的同一位也设置奇偶校验位（称为垂直校验位），对数据块水平、垂直方向同时进行校验，这种校验方法叫交叉校验。

设有 4 字节的信息组成数据块，约定水平、垂直都采用偶校验，校验位的位置和取值见表 E-2，每行、每列代码含 1 的个数均为偶数。

表E-2　交叉校验校验位的取值

字　节	a_7	a_6	a_5	a_4	a_3	a_2	a_1	a_0	水平校验位
第 1 字节	1	0	0	1	1	0	0	1	0
第 2 字节	0	0	1	0	1	1	0	0	1
第 3 字节	1	1	1	0	0	1	1	1	0
第 4 字节	0	1	1	1	1	1	1	0	0
垂直校验位	0	0	1	0	1	1	0	0	

传输过程中，若只有某字节的 1 位发生错误，则可通过两个方向的奇偶检验，查出有错误，且能确定出错的位置。若两位出错，用此方法可查出有错误，但不能定位是哪一位出错。

假设传输过程中，使第 2 字节的 a_3 位发生错误，由 1 变成 0，则第 2 字节的水平校验码 1 的个数变成 3 个，不符合偶校验规则，同时 a_3 所在的列也发生了 3 个 1 的校验错，行列交叉点可确定出错的位置是第 2 字节的 a_3 位出错。

若第 3 字节的 a_0、a_5 位同时发生错误，由 1 变成 0，则第 3 字节的水平校验码 1 的个数变成 4 个，仍是偶数个，符合偶校验规则，不能发现错误；但 a_0、a_5 所在的列同时发生了奇数个 1 的偶校验错，说明有 2 位发生错误，但不能定位出错的位置。

3. 循环冗余校验码

循环冗余校验码（Cyclic Redundancy Check，CRC 码），简称循环码，是一种具有很强检错、纠错能力的校验码，在计算机信息通信中被广泛采用。

（1）CRC 码的检错方法

CRC 码由两部分组成，左边是信息码，右边是校验码。对 n 位信息位，校验位占 k 位，CRC 码共计为 $n+k$ 位，如图 E-1 所示。

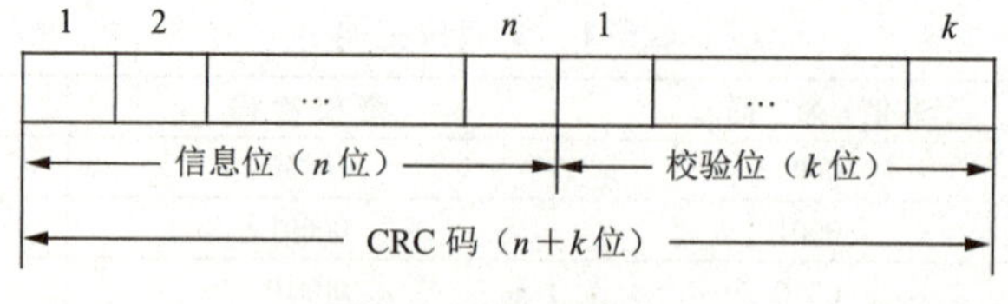

图E-1　CRC码格式

n 位信息代码左移 k 位后，被一个约定好的生成表达式（k+1 位）相除，相除后得到 k 位余数，该余数即为 k 位校验位，将校验位拼接在 n 位信息位的后面，形成 $n+k$ 位 CRC 码。

CRC 码有能被生成表达式整除的特性，当校验时，用 CRC 码与生成表达式相除，如果正好除尽，表明无信息错误，否则说明有信息错误。

(2) 校验位的生成

n 位信息位可以表示成为一个报文多项式 $M(x)$，最高幂次是 X^{n-1}。约定的生成多项式 $G(x)$ 是一个 k+1 位的二进制数，最高幂次是 X^k。将 $M(x)$ 乘以 X^k，即左移 k 位后，除以 $G(x)$，得到的 k 位余数就是校验位。这里的除法是模 2 除法，即当部分余数首位是 1 时商取 1，反之商取 0。模 2 运算时，不考虑加减的进借位，即按位运算，规则如下：

$$0 \pm 0 = 0，\ 0 \pm 1 = 1，\ 1 \pm 0 = 1，\ 1 \pm 1 = 0$$

例如，设信息码为 1101，选择生成表达式为 $X^3+X^0 = 1001$，试计算校验位，并写出 CRC 码。

解：因为生成表达式是 $k+1 = 4$ 位，所以 $k = 3$，将信息码左移 3 位为 1101000，除以 1001，计算过程如图 E-2（a）所示。

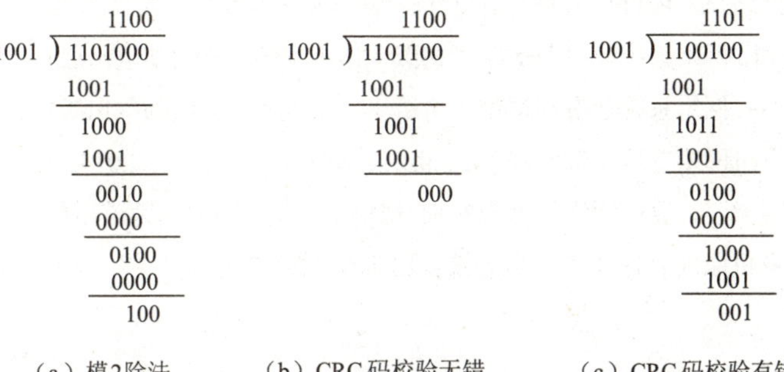

（a）模2除法　（b）CRC 码校验无错　（c）CRC 码校验有错

图E-2　模2除法及校验过程

余数 100 即为校验位，CRC 码为 1101100。

在校验数据信息时，将 CRC 码除以同一表达式 $X^3+X^0 = 1001$，若余数为 0 则检查无错，若余数不为 0 则检查有错，检查过程如图 E-2（b）和图 E-2（c）所示。

当余数不为 0 时，继续模 2 相除，余数值将出现反复循环，这就是“循环码”的由来，又因为校验位扩充了数据码的位数，基于“冗余校验”的思想，所以称其为循环冗余校验码。

选择适当的生成表达式，在信息码长度确定时，余数与 CRC 码出错位的位置存在对应关系，由此可以用余数作为判定出错位置的依据，进而达到纠错的目的。

生成表达式的位数越多，校验能力越强。并不是任意一个 k+1 位的二进制数都可以作为生成表达式，它应满足一些要求。比如，任意一位发生错误时都能使检错时的余数不为 0，不同位发生错误时应当使余数不相等。

参 考 文 献

[1] 谢希仁 . 计算机网络 [M]. 北京 : 电子工业出版社，2021.

[2] 黄林国 . 计算机网络技术项目化教程 [M]. 北京 : 清华大学出版社，2016.

[3] 华为技术有限公司 . 网络系统建设与运维（初级）[M]. 北京 : 人民邮电出版社，2020.

[4] 华为技术有限公司 . 网络系统建设与运维（中级）[M]. 北京 : 人民邮电出版社，2020.

[5] 张晖，杨云 . 计算机网络项目实训教程 [M]. 北京 : 清华大学出版社，2014.

[6] 杨云，吴敏，邱清辉 . 计算机网络技术与实训 [M].5 版 . 北京 : 中国铁道出版社有限公司，2022.

[7] 宋汉珍 . 微型计算机原理 [M]. 北京 : 高等教育出版社，2007.